Bohner
Ott
Deusch
Rosner

Mathematik für Berufsfachschulen
Baden-Württemberg

Bohner
Ott
Deusch
Rosner

Mathematik für Berufsfachschulen
Baden-Württemberg

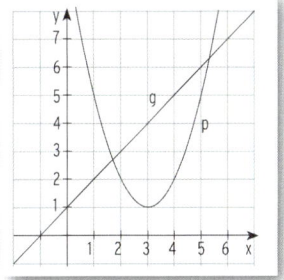

 Geogebra interaktiv

 Erklärvideos

Merkur

Verlag Rinteln

Wirtschaftswissenschaftliche Bücherei für Schule und Praxis
Begründet von Handelsschul-Direktor Dipl.-Hdl. Friedrich Hutkap †

Die Verfasser:

Kurt Bohner
Studium der Mathematik und Physik an der Universität Konstanz

Roland Ott
Studium der Mathematik an der Universität Tübingen

Ronald Deusch
Lehrauftrag Mathematik am BSZ Bietigheim-Bissingen
Studium der Mathematik an der Universität Tübingen

Stefan Rosner
Lehrauftrag Mathematik an der Kaufmännischen Schule in Schwäbisch Hall
Studium der Mathematik an der Universität Mannheim

* * * *

Bildnachweise

Umschlag: kleines Bild rechts oben: Africa Studio - stock.adobe.com
                      kleines Bild rechts unten: kiwi1902 - Fotolia.com

Es war leider nicht möglich, alle Rechteinhaber ausfindig zu machen. Berechtigte Ansprüche werden selbstverständlich nach den üblichen Konditionen abgegolten.

4. Auflage 2019
© 2005 by MERKUR VERLAG RINTELN

Gesamtherstellung:
MERKUR VERLAG RINTELN Hutkap GmbH & Co. KG, 31735 Rinteln

E-Mail: info@merkur-verlag.de
Internet: www.merkur-verlag.de

Merkur-Nr. 0119-04
ISBN 978-3-8120-0119-9

Vorwort

Vorbemerkungen

Der vorliegende Band ist ein Arbeitsbuch für den Mathematikunterricht in den Berufsfachschulen aller Schultypen.

Aufgrund des neuen Lehrplans (2019) wurden neue Unterrichtsmethoden berücksichtigt. So soll die Mathematik auch mit **neuen Medien** erlernt werden, z. B. durch **Lehr- und Lernvideos** und **Geogebra-Arbeitsblätter.**

Die Schüler in den Berufsfachschulen haben unterschiedliche Vorkenntnisse. Um die Schüler dennoch möglichst auf gleiches Wissensniveau zu bringen und damit gleiche Ausgangsbedingungen für den Mathematikunterricht zu schaffen, beginnen die Kapitel mit anschaulichen, einfachen Beispielen. Die Einführungsbeispiele sind oft Beispiele aus dem Alltag, sodass ein Bezug zur Praxis hergestellt wird.

Der Stoff wird danach schrittweise anhand von weiteren Musterbeispielen mit ausführlichen und kommentierten Lösungen erarbeitet. Dabei legen die Autoren großen Wert auf die Verknüpfung von Anschaulichkeit und sachgerechter mathematischer Darstellung. Die übersichtliche Präsentation und die methodische Aufarbeitung bieten dem Schüler die Möglichkeit, Unterrichtsinhalte selbstständig zu erschließen bzw. sich anzueignen. Der Lernerfolg wird positiv beeinflusst.

Jede Lerneinheit schließt mit einer ausreichenden Anzahl von Aufgaben ab. Diese sind zur Ergebnissicherung und Übung gedacht und auch als Hausaufgaben geeignet. Die Aufgaben eignen sich zum Einüben des Stoffes und regen zur Bearbeitung neuer mathematischer Fragestellungen an.

Am Ende eines jeden Kapitels findet der Schüler eine Zusammenfassung, die den Stoff in übersichtlicher Darstellung auf das Wesentliche konzentriert. Aufgaben mit unterschiedlichem Schwierigkeitsgrad und ein Test, die es dem Schüler ermöglichen, den Stoff zu festigen und zu vertiefen, beenden die Kapitel. Das Buch schließt mit einem Kapitel Prüfungsvorbereitung ab.

Begleitend zu diesem Band werden ein Arbeitsheft (ISBN 978-3-8120-2119-7) und eine Formelsammlung (ISBN 978-3-8120-1119-8) angeboten. Das Arbeitsheft soll Schüler und Lehrer durch Aufgaben zur Wiederholung und Vertiefung unterstützen.

Hinweise und Anregungen, die zur Verbesserung beitragen, werden dankbar aufgegriffen.

Die Verfasser

Der Aufbau dieses Buches

Jedes Hauptkapitel beginnt mit Modellierung einer Situation, die die Schüler/innen eigenverantwortlich und selbstorganisiert bearbeiten können. Die Modellierungsaufgaben werden im Anhang ausführlich gelöst. Der Stoff in den einzelnen Kapiteln wird schrittweise anhand von Musterbeispielen mit ausführlichen Lösungen erarbeitet. Dabei legen die Autoren großen Wert auf die Verknüpfung von Anschaulichkeit und sachgerechter mathematischer Darstellung. Die übersichtliche Präsentation und die methodische Aufarbeitung beeinflusst den Lernerfolg positiv und bietet dem Schüler die Möglichkeit, Unterrichtsinhalte selbstständig zu erschließen bzw. sich anzueignen.

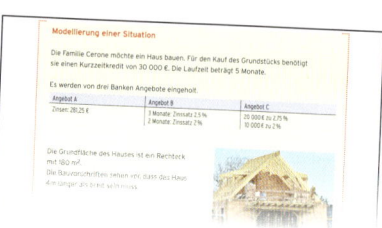

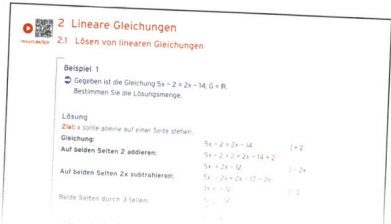

Kompetenzorientierte Fragestellungen mit unterschiedlichem Schwierigkeitsgrad ermöglichen es dem Schüler, den Stoff zu festigen und zu vertiefen. Beispiele und Probleme aus dem Alltag, aus der Wirtschaft und der Technik stellen einen praktischen Bezug her.

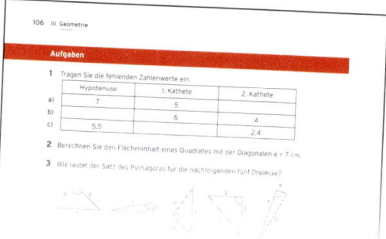

Jede Lerneinheit endet mit einer umfassenden Anzahl von Aufgaben und einem „Test zur Überprüfung Ihrer Grundkenntnisse". Diese sind zur Ergebnissicherung und Übung gedacht, aber auch als Hausaufgaben geeignet. Die Aufgaben „Test zur Überprüfung Ihrer Grundkenntnisse" werden im Anhang ausführlich gelöst.

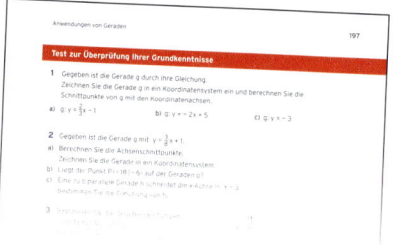

Für Aufgaben mit dem Download-Logo stehen ausführliche Lösungen zum Download bereit. Sie finden diese in der Mediathek zum Buch auf unserer Webseite http://www.merkur-verlag.de.

Um das Lernen mit dem Buch zu unterstützen und zu fördern, werden Lehr- und Lernvideos sowie interaktive Geogebra-Arbeitsblätter angeboten, die z. B. direkt am mobilen Gerät abgerufen werden können.

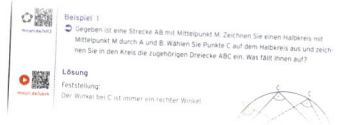

Definitionen, Festlegungen, Merksätze und mathematisch wichtige Grundlagen sind in Rot gekennzeichnet.

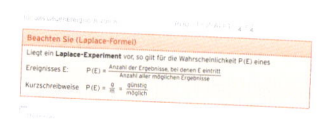

Inhaltsverzeichnis

IV Wahrscheinlichkeitsrechnung — 139

V Geraden — 164

VI Lineare Gleichungssysteme — 198

I Termumformungen

Modellierung einer Situation

Landwirt Huber möchte an einer Mauer
eine Pferdekoppel mit einem 400 m langen
Zaun abstecken (vgl. Skizze).

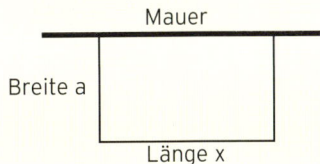

a) Berechnen Sie die Länge x, wenn die Breite a = 80 m ist.
b) Geben Sie einen Term zur Berechnung der Länge x an.
   Welche Werte sind für x sinnvoll?
c) Wie groß ist der Inhalt der Rechtecksfläche,
   wenn die Länge doppelt so groß ist wie die Breite?

d) Den Zaun und die benötigten Gerätschaften fährt Herr Huber mit seinem Anhänger zur
   Pferdkoppel. Er läd Gegenstände mit den Gewichten $\frac{1}{4}$t, $\frac{2}{3}$t und $\frac{1}{5}$t auf den
   Anhänger. Der Anhänger hat ein zulässiges Gesamtgewicht von 1 t.
   Überprüfen Sie, ob der Anhänger überladen ist.

Bearbeiten Sie diese Situation, nachdem
Sie die rechts aufgeführten **Qualifikationen
und Kompetenzen** erworben haben.

Qualifikationen & Kompetenzen

- Terme aufstellen und zusammenfassen
- Mit Brüchen und Potenzen rechnen
- Potenzgesetze anwenden
- Zahlen in Potenzschreibweise
  angeben
- Große und kleine Zahlen in Zehner-
  potenzschreibweise angeben
- Die mathematische Fachsprache
  verwenden
- Realitätsbezogene Zusammenhänge beschreiben, darstellen und
  deuten

1 Terme

1.1 Einführung

Beispiel

⮕ In der Fahrschule lernt man zur Berechnung des Bremsweges (in m) folgende **Faustregel:**

Dividiere die Geschwindigkeit (in $\frac{km}{h}$) durch 10 und multipliziere das Ergebnis mit sich selbst.

a) Ein Auto fährt mit der Geschwindigkeit v = 40 $\frac{km}{h}$. Berechnen Sie den Bremsweg.

Wie groß ist der Bremsweg bei der doppelten Geschwindigkeit?

b) Erstellen Sie eine Formel zur Berechnung des Bremsweges.

c) Berechnen Sie den Bremsweg für weitere Geschwindigkeiten.

Lösung

a) v = 40 $\frac{km}{h}$:   Dividiere 40 durch 10: $\frac{40}{10}$ = 4

                Multipliziere das Ergebnis mit sich selbst   4 · 4 = 16

                Bei einer Geschwindigkeit von 40 $\frac{km}{h}$ beträgt der Bremsweg 16 m.

   v = 80 $\frac{km}{h}$:   Dividiere 80 durch 10: $\frac{80}{10}$ = 8

                Multipliziere das Ergebnis mit sich selbst   8 · 8 = 64

                Bei einer Geschwindigkeit von 80 $\frac{km}{h}$ beträgt der Bremsweg 64 m.

Hinweis: Verdoppelt sich die Geschwindigkeit, so vervierfacht sich der Bremsweg.

b) Allgemein   Dividiere v durch 10: $\frac{v}{10}$

                Multipliziere das Ergebnis mit sich selbst $\frac{v}{10} \cdot \frac{v}{10} = \frac{v^2}{100}$

                Formel zur Berechnung des Bremsweges: $\frac{v^2}{100}$

c)

Einsetzen für v	in die Formel $\frac{v^2}{100}$
12,2	$\frac{12,2^2}{100}$ = 1,49
50	$\frac{50^2}{100}$ = 25
100	$\frac{100^2}{100}$ = 100

Vorteil der Formel:

Durch **Einsetzen** kann man für jede Geschwindigkeit den Bremsweg berechnen.

Für v darf man Zahlen einsetzen. v hält somit den Platz frei für Zahlen. Man sagt, v ist ein **Platzhalter** bzw. eine **Variable.**

Einen Ausdruck wie z. B. $\frac{v^2}{100}$ **nennt man einen Term.**

Beispiele für Terme

v + 10;   2 · x + 3;   4 − 5x;   3a − 4;   a + b;   − 5 + 4(x + 3); x^2 + 5x − 4;   9;   − 117

> ### Beachten Sie
>
> Ein **Term** ist ein (sinnvoller) mathematischer Ausdruck. Terme können Zahlen sein oder
>
> Terme können Variable enthalten.

Beispiel

➲ Bei einem Rechteck ist die eine Seite 3 cm größer als die andere. Stellen Sie einen
Term zur Berechnung des Flächeninhalts auf. Ermitteln Sie den Flächeninhalt mithilfe dieses Terms, wenn die kleinere Seite 7 cm lang ist.

Lösung

Die kleinere Seite ist x, die größere Seite x + 3 (in cm)

Flächeninhalt A:	A = x · (x + 3)
Für x = 7:	A = 7 · (7 + 3) = 7 · 10 = 70

x + 3

Der Flächeninhalt beträgt 70 cm^2.

Aufgaben

1 Setzen Sie für x jeweils die Zahlen 0; 4; 5; 10; 33 ein.

a) 2 · x + 5   b) 21 − x   c) $-\frac{x}{2}$ + 5

2 Setzen Sie in den Term 3a − b + 2c die Zahl 6 für a, 7 für b und 8 für c ein und
berechnen Sie den Wert.

3

a) Welche Zahl muss man für x einsetzen, damit der Term 14 + 3x das Ergebnis 29 hat?

b) Geben Sie jeweils eine Zahl für x und y an, sodass der Term x + 3y in die Zahl 12 übergeht.

4 In einem Dreieck ist die eine Seite um 4 cm länger als die kürzeste und die andere um
6 cm länger als die kürzeste. Stellen Sie einen Term zur Berechnung des Umfangs auf.
Ermitteln Sie mithilfe dieses Terms den Umfang, wenn die kürzeste Seite 7 cm lang ist.

5 Ein Unternehmen produziert x Stück einer Ware.
Der Erlös kann mit dem Term 14x berechnet werden.
Bestimmen Sie den Erlös für drei selbst gewählte Stückzahlen. Erläutern Sie den Erlösterm.

6 Ein Stromunternehmen berechnet 28 Cent für 1 kWh und verlangt eine monatliche
Grundgebühr von 6,85 €.

a) Vergleichen Sie den Verbrauch und die Stromkosten verschiedener Kunden.

b) Familie Müller verbraucht pro Monat durchschnittlich 250 kWh.
Wie hoch sind die Stromkosten?

c) Die Variable x beschreibt die Anzahl der verbrauchten kWh (pro Monat).
Geben Sie einen Term zur Berechnung der monatlichen Stromkosten in Abhängigkeit
vom Verbrauch x an.

1.2 Gliedern und Umformen von Termen

1.2.1 Addition und Subtraktion von Termen

Addition

Zunächst beschäftigen wir uns mit einfachen Termen, den Zahlen.

Im Alltag muss man mit Zahlen rechnen können.

Für die Addition gibt es Bezeichnungen und Regeln.

5	+	2	=	7
1. Summand	plus	2. Summand	gleich	Summe

Beim Addieren von Zahlen muss man **Rechenzeichen** und **Vorzeichen** unterscheiden.

3	**+**	(− 4)
	Rechenzeichen	Vorzeichen

Hinweis: Die Zahl 3 hat das Vorzeichen „+". Man könnte auch schreiben 3 = + 3.

Bei der Addition kann eine positive Zahl als Einnahmen (E) und eine negative Zahl als Ausgaben (A) aufgefasst werden.

Beispiele

a) 5 + 2	5,00 € E und 2,00 € E ergeben 7,00 € E.	5 + 2 = 7
b) 5 + (− 2)	5,00 € E und 2,00 € A ergeben 3,00 € E.	5 + (− 2) = 3
c) (− 5) + 2	5,00 € A und 2,00 € E ergeben 3,00 € A.	(− 5) + 2 = − 3
d) (− 5) + (− 2)	5,00 € A und 2,00 € A ergeben 7,00 € A.	(− 5) + (− 2) = − 7

Subtraktion

Für die Subtraktion führt man neue Begriffe ein.

6	−	2	=	4
Minuend	minus	Subtrahend	gleich	Differenz

Die Probe zur Subtraktion führt man mit einer Addition durch.

6 − 2 = 4; Probe 4 + 2 = 6

Beispiel

Sabine und Stephanie haben jeweils ein Girokonto.

	Sabine	Stephanie
Kontostand (in €)	5	5
Kontostand nach 2 Tagen	3	− 3
Auszahlung	5 − 3 = 2	5 − (− 3) = 8
Probe durch Addition	2 + 3 = 5	8 + (− 3) = 5

Die Subtraktion $5 - (- 3) = 8$ kann mit der Additon $5 + 3 = 8$ verglichen werden.

Regeln (Vereinfachungen)

$5 - (- 3) = 8$	Vergleich mit	$5 + 3 = 8$	$- (- \quad)$	ergibt +
$5 - (+ 3) = 2$		$5 - 3 = 2$	$- (+ \quad)$	ergibt −
$5 + (- 3) = 2$		$5 - 3 = 2$	$+ (- \quad)$	ergibt −
$5 + (+ 3) = 8$		$5 + 3 = 8$	$+ (+ \quad)$	ergibt +

Beispiele

a) $7 + (- 5) = 7 - 5 = 2$

b) $9 + (- 12) = 9 - 12 = - 3$

c) $- 10 - (- 4) = - 10 + 4 = - 6$

d) $- 7 + (+ 3) = - 7 + 3 = - 4$

e) $- 4 + (- 3) = - 4 - 3 = - 7$

f) $- 8 + (- 6) = - 8 - 6 = - 14$

g) $8 - (- 4) - 15 + (- 5) = 8 + 4 - 15 - 5 = 12 - 20 = - 8$

Aufgaben

1 Berechnen Sie ohne Hilfsmittel.

a) $3 + (- 15)$ b) $- 8 + (- 10)$ c) $- 6 + 4$ d) $13 + (- 13)$ e) $- 9 + (- 11)$

f) $2 + (- 20) + (- 6) + 5$ g) $10 + (- 19) + (- 10) + 3 + (- 30)$

2 Berechnen Sie ohne Hilfsmittel.

a) $- 7 - (+ 13)$ b) $8 - (- 3)$ c) $5 + (- 1)$ d) $- 7 - (+ 3)$

e) $- 15 + 13$ f) $- 8 + (- 4)$ g) $- 5 + (- 5)$ h) $7 - (+ 7)$

i) $- 9 - (- 3) + (- 3)$ j) $5 - (- 1) - 2 + (- 10)$ k) $- 11 + (+ 5) - (- 9) - 0$

l) $14 - 15 - (- 13) + (- 1) - (+ 2) + 5$ m) $- 30 + 20 + (- 11) - (- 7) - (+ 9) - 3$

Addition und Subtraktion von Termen mit Variablen

Beispiele

a) $4a + 3a = 7a$

b) $8b + (-10b) = 8b - 10b = -2b$

c) $-8a + (-6a) = -8a - 6a = -14a$

d) $5a + (-6a) = 5a - 6a = -1a = -a$

e) $-9a + (-4a) = -9a - 4a = -13a$

f) $7a + (-a) = 7a - a = 6a$

g) $a + (-a) = a - a = 0$

h) $-4x + 2b + (-x) = -4x + 2b - x = -4x - x + 2b = -5x + 2b$

i) $4a + 5a = 9a$ Zusammenfassung ist möglich. 4a, 5a sind gleichartige Terme.

j) $4a + 3b$ **Keine** Zusammenfassung möglich. 4a, 3b sind verschiedenartige Terme.

Beachten Sie

Gleichartige Terme lassen sich zusammenfassen, verschiedenartige nicht.

---

k) $5a - (-4a) = 5a + 4a = 9a$

l) $4a - 7a = 4a + (-7a) = -(7a - 4a) = -3a$

m) $6x - (-8y) - 11x + (-y) = 6x + 8y - 11x - y = 6x - 11x + 8y - y = -5x + 7y$

Aufgaben

1 Fassen Sie zusammen.

a) $7a + (-10a)$

b) $3a + (-7a)$

c) $-9b + 4b$

d) $-15x + 2x$

e) $5a + (-5b) + (-2a) + (-7b)$

f) $7x + (-5y) + (-12x) + (-10x)$

g) $6a + (-4b) + 2b + (-3a) + (+8b) + (-b)$

h) $10x + (-14y) + (-z) + (-21x) + 9y + (-14z)$

i) $-5x + (-8) + 2b + (-5) + (-x) + 7b$

j) $6x - (-4y) - 10x + (-4y) - (-4x)$

k) $5ab + (-3a) - (-3ab) - (-2a)$

2 Ergänzen Sie.

a) $5a + \boxed{} = 7a$

b) $-9x + \boxed{} = 4x$

c) $a + \boxed{} + 4b = -10b + a$

d) $x + 8y + \boxed{} = x$

3 Formen Sie um.

a) $5a - (+12a)$ b) $-5b - (-5b)$ c) $(-5x) + (-2x)$ d) $(-5a) - 3a$

e) $6b + (+12b)$ f) $-7b + (-12b)$ g) $5x + (-5x)$ h) $(-5c) - (-c)$

i) $-17b + (-13b) - 3b$ j) $5a - 12a + (-7a)$ k) $-5x + (-6x) - 7x - (-9x)$

4 Fassen Sie zusammen.

a) $2a - (-12b) - 9a + (-3b) - 5a$ b) $-5x - (-2y) + (-3x) - 15y$

c) $(-8m) + (-7n) - (-7n) - (-8m)$ d) $(-7p) - (-12q) + (-8p) + (-q)$

e) $5x + (-6y) - 3z - (-5x) - (-7y) + (-5z) - (+5z)$

f) $-2a + (-3b) - (+9c) + (-3a) - (-5b) + (+c)$

5 Sortieren Sie zuerst, fassen Sie dann zusammen.

a) $-3x - (+2y) - 9x + (-3x) - (7y) - (-6y)$

b) $3a + (-3b) - (-3a) - (+5b) + (+a)$

c) $a - (-3b) - 5c - (+5a) + (-b) - (-3c)$

d) $-x - (-4y) - 5z - (+2x) + (-y) - (-7z)$

e) $-13x - (-17y) - (-10) - 14z - (+14z) + (-3) - (-12x) - 13y + 17z + 17$

6 Füllen Sie die Tabellen aus.

+	$-a$	b	$-2a$	5
$5a$				
-6				
10				

$-$ ⟶	$3a$	$-7b$	-10	$-8a$
$-3a$				
5				
$-6b$				

7 Lena hat folgenden Term zusammengefasst. Finden Sie den Fehler und korrigieren Sie.

a) $5a + 4a + 6 = 15a$ b) $a - 4a + 5b = 2a$ c) $5a + 3b - 6ab = 2ab$

8 Zahlenmauer
Regel: Die Summe zweier benachbarter Steine ergibt den Wert des darüber liegenden
Steines. Füllen Sie die Zahlenmauer aus.

a)

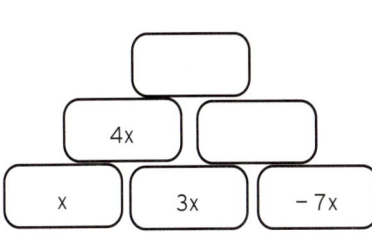

b)

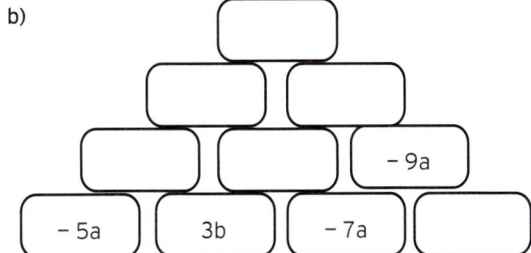

2 Bohner u.a. - ISBN 978-3-8120-0119-9

Auflösen von Klammern

Bei dem Term „a + (3 + a)" wird zu a die **Summe** (3 + a) **addiert**.

Um den Term zu vereinfachen, muss man die **Klammer auflösen.**

a) **Addition einer Summe**

   $4 + (5 + 3) = 4 + 8 = 12$ Es gilt auch: $4 + 5 + 3 = 12$

   Man kann erkennen: $4 + (5 + 3) = 4 + 5 + 3 = 12$

   $a + (3 + a) = a + 3 + a = a + a + 3 = 2a + 3$

   Addition einer Differenz

   $4 + (5 - 3) = 4 + 2 = 6$ Es gilt auch: $4 + 5 - 3 = 6$

   Man kann erkennen: $4 + (5 - 3) = 4 + 5 - 3 = 6$

   $3a + (2b - 4c) = 3a + 2b - 4c$

Beachten Sie

Steht vor einer Klammer ein Pluszeichen, so kann man die Klammer weglassen.

---

b) **Subtraktion einer Summe**

   $4 - (5 + 3) = 4 - 8 = -4$ Es gilt auch: $4 - 5 - 3 = -4$

   Man kann erkennen: $4 - (5 + 3) = 4 - 5 - 3 = -4$

   $a - (2b + c) = a - 2b - c$

   Subtraktion einer Differenz

   $4 - (5 - 3) = 4 - 2 = 2$ Es gilt auch: $4 - 5 + 3 = 2$

   Man kann erkennen: $4 - (5 - 3) = 4 - 5 + 3 = 2$

   $4x - (5y - 3z) = 4x - 5y + 3z$

Beachten Sie

Steht vor einer Klammer ein Minuszeichen, so kann man die Klammer weglassen, wenn

man alle Zeichen in der Klammer umdreht.

Beispiele

a) $5x - (6z - 2x) = 5x - 6z + 2x = 5x + 2x - 6z = 7x - 6z$

b) $3a + (5a - 4) - (2a - 5) = 3a + 5a - 4 - 2a + 5 = 3a + 5a - 2a - 4 + 5 = 6a + 1$

                              1. Klammer auflösen   **2. Ordnen**   **3. Zusammenfassen**

Hinweis: Die Umformung eines Terms kann in mehreren Schritten erfolgen.

Beispiele (Vereinfachen und Einsetzen)

a) $(12a + 4b) - (-3a - 5b) = 12a + 4b + 3a + 5b = 12a + 3a + 4b + 5b = 15a + 9b$

b) $-(2a - 3b) - (3a - 6b) + (-3a + b) = -2a + 3b - 3a + 6b - 3a + b$

$= -2a - 3a - 3a + 3b + 6b + b = -8a + 10b$

Setzt man 2 für a und 3 für b ein, so erhält man:

$-8a + 10b = -8 \cdot 2 + 10 \cdot 3 = -16 + 30 = 14$

c) $(3x - 6y) - (-2x - 5y) - (12x + 3y) = 3x - 6y + 2x + 5y - 12x - 3y$

$= 3x + 2x - 12x - 6y + 5y - 3y = -7x - 4y$

Setzt man 5 für x und 2 für y ein, so erhält man:

$-7x - 4y = -7 \cdot 5 - 4 \cdot 2 = -35 - 8 = -43$

Beispiele (Klammern in einer Klammer)

a) $a - [2a - (-3b - 4c)] = a - [2a + 3b + 4c] = a - 2a - 3b - 4c = -a - 3b - 4c$

b) $[a - (b - 2c)] - [(a - c) - (b - 3c)] = [a - b + 2c] - [a - c - b + 3c]$

$= a - b + 2c - a + c + b - 3c = a - a - b + b + 2c + c - 3c = 0$

> **Beachten Sie**
>
> Kommt eine Klammer in einer Klammer vor, so löst man zuerst die innere, dann die
> äußere Klammer auf.

Aufgaben

Lösen Sie bei den Aufgaben 1 bis 5 die Klammern auf und fassen Sie zusammen.

1

a) $5 + (8 - 9 + 2)$

b) $-3 - (5 - 2)$

c) $4 + (2 - 3 + 5) - (5 + 2 - 9)$

d) $-2 - (3 + 5) + 6 - (7 - 10)$

e) $(5 - 7) - (4 + 5 - 7) + (8 - 10)$

f) $-(4 - 5 - 7) - (3 - 5) + (-4 - 8)$

g) $4 + (5 - 3 + 7) - (-4 - 6 + 9)$

h) $-(4 + 2 - 10) - (3 - 12) + (-15 + 7 - 4)$

2

a) $(3a + 4b) - (-2a - 6b)$

b) $-(-2a - 3b) - (4a - 7b)$

c) $(-3x - 7y) - (-3x + 6y)$

d) $-(2a - 5b + 6c) + (-2a - b - 3c)$

3

a) $(5a - 5b) - (8a + 2b) + (6a - 7b)$

b) $(6x - 4) - (-8x + 12) + 20x$

c) $(12x + 6y) + (-3x - 4y) - (-2x - 4y)$

d) $(15x + 7y) + (-4x - 12y) - (9x - 7y)$

e) $-(6m + 7n) - (9m + 5n - 20) + (7m - n - 9)$

f) $-(5m - 4n) - (8m + 3n) + (-m + 3n) - (-3m + 7n)$

g) $(4x - 3y + 2z) - (-3x + 4y - 2z) - (-6x + 2y) - 4$

4

a) $7 - (x + 2y - z) + (6x - 7z) - (10y - 6z + 8)$

b) $- (2x - 2y + 4z) + 4 - 3z - (- 4x) + (- 2y) - (- 8)$

c) $- (a + 4b - 3) - (3a - 5b + 7) + (- a - b - 17)$

d) $(12a - 9b - 2) - (- 2a - 4b + 5) + (a + b)$

e) $- (x - 3y) - (a + 2x - 3y) + (3 - 3y)$

f) $(- x + 5y) + (- 4x + 5y - a) - (5x - 5y + 5a)$

g) $[8a + 5b - (- 4c)] - (- 3a) - (- 7b) + (- a - c)$

h) $5x - 6y + 7z - (3x + 7y - 9z) - (3x - 12y - z) + (z - 4y - 10x)$

5

a) $- [7x - (5x + 3y)]$

b) $1 - [- (2x - 3) + 4x]$

a) b)

c) $[15x - (3x + 4y)] - [(2x - 4y) - (10x + 3y)]$

d) $20 - [2x + 4 - (10 + 3x) - (8 + 12x)]$

e) $(6r - 2s) + [- 4r - (4s - 7)] - [(2r + 2) - (5s - 6)]$

f) $60 - [x - 6 - (6 + 2x) - (2 + x)]$

g) $20x - (2x + 5y) - [(7x - 3y) - (5x + 2y)]$

h) $- [(- 10x + 3y) + (4x - 14y)] + 12 - (4x + 2y)$

i) $12m + 4n + 15 - [3m - (13m + 9n + 8) - (m - n)]$

6 Fassen Sie zusammen und setzen Sie die angegebenen Zahlen ein.

a) $- (- a - 5b) - (8 - 4a + 3b)$;   5 für a und 6 für b

a) b)

b) $(4x - 2y) + (- 3x + 5y) - (- 2x) - 10$;   0 für x und 7 für y

c) $3x - 3y - (- 5x - 7y) + (x - 10y)$;   2 für x und 3 für y

d) $- (a - 2b + 3) - (7 - 7a - 7b) + (3 + a - b)$;   6 für a und 5 für b

e) $- m - n + (17m - 14n) - (5m + 4n) - (- 9m - 14n)$;   5 für m und 4 für n

f) $(7r - s + 7) - (r - 14 + 9s) - (5r + 2s) - (- 9 - s + r)$;   10 für r und 2 für s

g) $- 7q - [- 17p - (3p - 5q)]$;   1 für p und 3 für q

7 Ergänzen Sie.

a) $12a - (\boxed{}) = 10a - b$ **b)** $- 3x + (\boxed{}) = 7x + 3y$ **c)** $\boxed{} - (- 5a + b) = 7a$

8 Bestimmen Sie zwei Klammerausdrücke, deren Summe $a - 3b$ ergibt.

1.2.2 Multiplikation von Termen

Enthält eine Summe gleiche Summanden, so lässt sich die Addition als eine Multiplikation schreiben.

	Addition		**Multiplikation**	
7 + 7 + 7 + 7	=	4	·	7
4 gleiche Summanden		**4**	mal	**Summand**

	4	·	7	=	28	
	Faktor	mal	**Faktor**	gleich	**Produkt**	

Entsprechend gilt:

$(-7) + (-7) + (-7) + (-7)$
$= 4 \cdot (-7) = -28$

Faktoren dürfen vertauscht werden.

$4 \cdot (-7) = (-7) \cdot 4 = -28$

Beide Faktoren sind negativ.

$(-4) \cdot (-7) = -(+4) \cdot (-7) = -(-28) = 28$

Beachten Sie

....

„Minus mal minus ergibt plus".   „Plus mal minus ergibt minus".

Beispiele

a) $3 \cdot (-2) = -6$ $(-5) \cdot (-1) = +5 = 5$

$(-4) \cdot (-4) = 16$ $(-2) \cdot (-5) \cdot 4 = 10 \cdot 4 = 40$

$(+2) \cdot (-3) + 4 = -6 + 4 = -2$ $5 + (-4) \cdot (-3) = 5 + 12 = 17$

Beachten Sie

....

Zuerst multiplizieren und dann addieren. **„Punktrechnung vor Strichrechnung"**

---

b) $3 \cdot (-6a) = -18a$

$1 - (-2a) \cdot (-6b) = 1 - 12ab$

$(-5a) \cdot 5a = -25a \cdot a = -25a^2$ $a \cdot a = a^2$ (a-Quadrat)

$(-2p)(5q) + 3r = -10pq + 3r$ $a + a = 2a$

$(-a) \cdot (-1) = 1 \cdot a = a$

$(-2ab) \cdot (-3b) = 6ab \cdot b = 6ab^2$

Hinweis: Der Multiplikationspunkt kann im Allgemeinen weggelassen werden,

z. B. $3 \cdot a = 3a$; $ab = a \cdot b$. Statt $1 \cdot a$ schreibt man a.

Aber z. B. $a \cdot \frac{1}{2}$ oder $\frac{2}{3} \cdot \frac{1}{2}$ wird mit Malpunkt geschrieben.

Aufgaben

1 Schreiben Sie als Produkt.

a) $9 + 9 + 9 + 9 + 9$

b) $a + a + a + a$

c) $(a + b) + (a + b) + (a + b)$

d) $(x - y) + (x - y)$

e) $(2a - 3b) + (2a - 3b) + (2a - 3b)$

f) $(a + 1) + (a + 1) + (a + 1) + 2 \cdot (a + 1)$

2 Schreiben Sie als Summe.

a) $4 \cdot 6$　　　b) $3 \cdot (-5)$　　　c) $4 \cdot x$　　　d) $5(m + n)$

3 Vergleichen Sie.

a) $4 + 2 \cdot 3$ mit $(4 + 2) \cdot 3$

b) $-2 - 8 \cdot 4$ mit $(-2 - 8) \cdot 4$

4 Berechnen Sie.

a) $3 \cdot (-5)$　　　b) $(+8) \cdot (-1)$　　c) $(-3) \cdot 4$　　d) $-3 \cdot (-4)$

e) $3 \cdot (-5) \cdot (-2)$　　f) $(+2) \cdot (+9) \cdot (-1)$　　　g) $(+17) \cdot (+6) \cdot 0$

5 Vereinfachen Sie soweit wie möglich.

a) $a \cdot (-5a)$　　　b) $2a \cdot (-3b) - ab$　　c) $3a \cdot (-9)$　　d) $-2a \cdot (-6)$

e) $4 \cdot (-6a)$　　　f) $-10a \cdot (-5b)$　　g) $(-4a) \cdot (4a)$　　h) $(-1) \cdot (-b)$

i) $-3a \cdot (-8a)$　　j) $-b \cdot (-b)$　　k) $3a \cdot (-9ab)$　　l) $2ab \cdot (-3ab)$

m) $-3a - 8a$　　n) $-b - b$　　o) $3ab - 9ab$　　p) $2ab - 3ab$

6 Fassen Sie zusammen.

a) $2x \cdot (-y) \cdot (-7z)$　　　b) $-p \cdot (-7q) \cdot r$　　　c) $-a \cdot (-7b) \cdot (-c)$

d) $3x \cdot (-y) - 7xy$　　　e) $-2p \cdot (-7q) + pq$　　f) $5ab - b \cdot (-4a)$

7 Fassen Sie zusammen und setzen Sie dann ein: -2 für a, 3 für b und 0 für x.

a) $-3 \cdot (-5) \cdot a - 6$　　　b) $(+a) \cdot (+2b) \cdot (-1)$　　c) $(-17x) \cdot 6ab$

d) $2a \cdot (-a) \cdot (-7b) + 3x$　　e) $-b \cdot (-7b) \cdot 3$　　f) $-2a \cdot (-5b) \cdot (-x)$

8 Fassen Sie die Terme zusammen.

a) $-3 \cdot (-3) \cdot a + 2a$　　　b) $a \cdot (+2b) - 5ab$　　　c) $-18x - 7x \cdot (-2)$

d) $-p \cdot (-7q) + 9pq$　　　e) $-r \cdot (-7s) - 4rs + 8r$　　f) $-2x \cdot (-x) + 5x^2 \cdot (-2)$

g) $-a(-6b) + 3a(-b)$　　　h) $4xy + 5x(-6y)$　　　i) $xy + 6x(-5y) - (-x)y$

j) $-[3x(-2) - (-x + 5)]$　　　k) $20a - [3a(-2) - (2a + 3)]$

l) $10 - [2x^2 \cdot (-3) - (-6x^2 - 5)]$　　　m) $-[3ab \cdot (-2) - (2ab + 3)] + 3 + 8ab$

9 Ergänzen Sie.

a) $-5a \cdot \boxed{} = 15ab$　　　b) $\boxed{} \cdot (-3x) = 21xy$　　c) $6x \cdot \boxed{} = -30x^2$

Multiplikation von Summen

Beispiel 1

➲ Frau Lennartz besitzt ein rechteckiges Grundstück von 60 m Länge und 40 m Breite.

Sie kann das anliegende Grundstück mit einer Breite von 20 m kaufen.

Berechnen Sie den Inhalt der Gesamtfläche.
Geben Sie zwei Lösungsmöglichkeiten an.

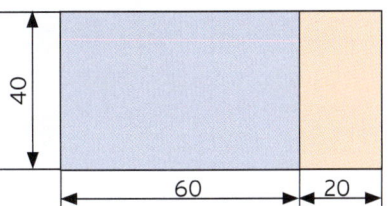

mvurl.de/71os

Lösung

Gesamtinhalt

als Inhalt des großen Rechtecks $40 \cdot (60 + 20) = 40 \cdot 80 = 3\,200$

als Inhalt der beiden Rechtecke $40 \cdot 60 + 40 \cdot 20 = 3\,200$

Vergleich: $40 \cdot (60 + 20) = 40 \cdot 60 + 40 \cdot 20$

Allgemein mit Variablen: $a \cdot (b + c) = a \cdot b + a \cdot c$

Beachten Sie

Eine Variable wird mit einer Summe multipliziert, indem man die Variable mit jedem

Summanden multipliziert.

$$a \cdot (b + c) = ab + ac$$

Beispiele

a) $3 \cdot (8 + 2) = 3 \cdot 8 + 3 \cdot 2 = 30$

b) $6 \cdot (3a - b) = 18a - 6b$

c) $(2a - 4b) \cdot 5 = 10a - 20b$

d) $(-6x) \cdot (5 - 2x) = -30x + 12x^2$

e) $-3(2a - 3b) - 4(5b - 3a) = -6a + 9b - 20b + 12a = 6a - 11b$

Aufgaben

1 Vergleichen Sie die Terme.

a) $2(5a + 3b)$; $10a + 3b$ b) $6x - 3y$; $(6x - y) \cdot 3$ c) $4(3 - 2x)$; $-8x + 12$

2 Multiplizieren Sie aus und fassen Sie soweit wie möglich zusammen.

a) $3(5 - 2a)$

b) $(4x - 2y)(-5)$

c) $2b(-4 - 5b)$

d) $(7a - 2)(-a)$

e) $-5a(-a + 3b)$

f) $-3a(5a - 6) - 17a$

g) $4(2a - 3b) - 2(-3a + 5b)$

h) $6(3u - 5v) + (-2u - 7v)$

i) $4(2a)(-3b)$

j) $6(3u)(-5v) + (-2u)(-7v)$

3 Fassen Sie zusammen und setzen Sie die angegebenen Zahlen ein.

a) $2(3a - 5) - 6(2a - 3) + 4(-5a + 1)$;   2 für a

b) $3(5x - y) - 4(-2x + 4y) + 2(3x + 2)$; -3 für x und -1 für y

4 Füllen Sie die Lücken aus.

a) $(6 - \ldots) \cdot 2a = 8a$

b) $\ldots \cdot (7b - 2) = 10 - 35b$

mvurl.de/x7sp

Beispiel 2

➲ Ein rechteckiges Grundstück wird in vier rechteckige Grundstücke aufgeteilt (s. Abbildung, Längen in m).

Berechnen Sie den Inhalt des gesamten Grundstückes. Geben Sie zwei Lösungsmöglichkeiten an.

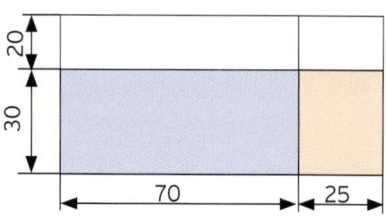

Lösung

Gesamtinhalt

als Inhalt des Grundstückes $(30 + 20) \cdot (70 + 25) = 50 \cdot 95 = 4\,750$

als Inhalt der vier Teilgrundstücke $30 \cdot 70 + 30 \cdot 25 + 20 \cdot 70 + 20 \cdot 25 = 4\,750$

Vergleich: $(30 + 20) \cdot (70 + 25) = 30 \cdot 70 + 30 \cdot 25 + 20 \cdot 70 + 20 \cdot 25$

Allgemein mit Variablen: $(a + b) \cdot (c + d) = ac + ad + bc + bd$

Beachten Sie

Zwei Summen werden miteinander multipliziert, indem man **jeden Summanden der ersten Klammer mit jedem Summanden der zweiten Klammer multipliziert.**

$$(a + b) \cdot (c + d) = ac + ad + bc + bd$$

Beispiele

a) $(4x + 3)(2x + 5) = 4x \cdot 2x + 4x \cdot 5 + 3 \cdot 2x + 3 \cdot 5 = 8x^2 + 20x + 6x + 15 = 8x^2 + 26x + 15$

b) $(3x - 2)(x + 3) = 3x \cdot x + 3x \cdot 3 - 2 \cdot x - 2 \cdot 3 = 3x^2 + 9x - 2x - 6 = 3x^2 + 7x - 6$

c) $(4a - 7)(2 - b) = 4a \cdot 2 - 4a \cdot b - 7 \cdot 2 + 7 \cdot b = 8a - 4ab - 14 + 7b$

d) $2(-7a - 3b)(2a + b) = (-14a - 6b)(2a + b) = -14a \cdot 2a - 14ab - 6b \cdot 2a - 6b \cdot b$

   $= -28a^2 - 26ab - 6b^2$

Aufgaben

Multiplizieren Sie aus und fassen Sie zusammen.

1

a) $(a + 1)(a - 2)$

b) $(a - 3)(a + 5)$

c) $(2a - 5)(a + 4)$

d) $(2x + 1)(2x + 1)$

e) $(3x - 2)(2x + 3)$

f) $(2a^2 - a)(b - 1)$

g) $(7 - 3y)(1 - 2y)$

h) $(x - 3y)(2x - y)$

i) $5(1 - 6c)(a + 4b)$

2

a) $(3a^2 - 2a)(2b + 1)$

b) $(4b + 2a)(b - 3a)$

c) $(-2x + 1)(x + 2)$

d) $(2a + b)(3a + 2b + 1)$

e) $(a^2 + a + 2)(b - 3)$

f) $3(m - 3n)(6 - 2n)$

Multiplizieren Sie aus und fassen Sie soweit wie möglich zusammen.

3

a) $(a + 5)(a + 3)$ b) $(b - 7)(b + 4)$ c) $(c - 3)(c - 8)$

d) $(2a - 6)(a - 5)$ e) $(3x + 4)(6x - 3)$ f) $(6 - 5r)(- 2 + 9r)$

g) $(x - 5y)(3x + 8y)$ h) $(5a + 9b)(- a - b)$ i) $(7r - s)(r - 10s)$

j) $(- 4y + 2b)(- y + 4b)$ k) $(a + 2b)(3c + 4d)$ l) $(- 5u + 4v)(3a - 4b)$

m) $(10a + 2b)(- a + 7)$ n) $(- 9a + b)(3c + 4d)$ o) $(- 5u + 4v)(3 - 11b)$

p) $(ax + y)(x + 4y)$ q) $(2 - 4y)(3x - 5)$ r) $(a - 4v)(3a - 4)$

s) $4(x + y)(3x - 2y)$ t) $5(6a + b)(3 - 5b)$ u) $- a(4a - b)(b + 11)$

4

a) c)

a) $(2a + 5)(a + b - 4)$ b) $(- b - a + 3)(2b + 4)$ c) $(2c - 3)(7 - c - d)$

d) $(- 2a - 1)(a - 5)$ e) $(3x + 4)(6x - 3)$ f) $(6 - 5r)(- 4 + 7r)$

g) $(a + 3b)(a + 3b)$ h) $(a + 5b)^2$ i) $(2x - 4b) (2x - 4b)$

j) $(3a - 2b)(3a - 2b)$ k) $(3a + 2b)^2$ l) $(a - 6b)(a + 6b)$

m) $2(a^2 + 1)(b - 4)$ n) $- 3(2x + 4)(- 6x - 3)$ o) $(3u - 2v)(8u + v) \cdot 5$

p) $3(ab - 5b)(3a + 8)$ q) $- 5(5xy + x)(- xy - x)$ r) $(7r - rs)(r - 10s) \cdot 3$

5

a) $(a + 2b)(- a + 4b) + (2a + b)(3a - 4b)$

b) $(- 2x + 2y)(8 + 4y) + (2y + x)(3x - 4y) - 7$

c) $- (3a - 5y)(4a - y) + (2a + y) \, 9$

d) $2(a - 3b)(3 + 5a) - 5(2a - 7b)(a - 9)$

e) $(2x + 3y - z)(5x + 2z) + 12xy - 8z^2$

f) $ab - 7ab + (2a - b)(6b + 7a) - 4a(b + 3)$

g) $(r + s)(3r - 6s) - (4r - 3s)(5r - 2s) + 4(3r - 2s)(r - s)$

6 Jana hat Terme umgeformt. Überprüfen Sie.

a) $(a + 4)(5 - b) = 5a - 4b$ b) $3(4x - 2y) = 12x - 2y$ c) $2(- 3a)(5b) = - 60ab$

7 Rechnen Sie mit den Figuren.

Binomische Formeln

Bei der Multiplikation von Summen und Differenzen gibt es drei Sonderfälle.

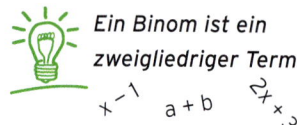

Ein Binom ist ein zweigliedriger Term.

1. Fall: (a + b)(a + b)

Beispiel

➲ Ein Quadrat hat die Seitenlänge $(a + b)$. Bestimmen Sie den Inhalt der Fläche.

Lösung

Flächeninhalt: $(a + b)^2$

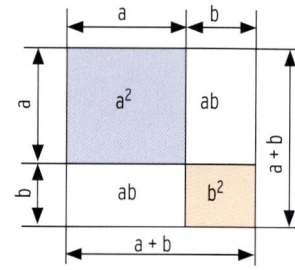

Geometrische Deutung

Inhalt des Quadrats: $(a + b)^2$

Summe der vier Rechtecke: $a^2 + 2ab + b^2$

Gleicher Flächeninhalt: $(a + b)^2 = a^2 + 2ab + b^2$

Ausmultiplizieren ergibt: $(a + b)^2 = (a + b)(a + b) = a^2 + ab + ab + b^2 = a^2 + 2ab + b^2$

---

1. binomische Formel: $(a + b)^2 = a^2 + 2ab + b^2$ (Eine Summe wird quadriert.)

Beispiele

a) $(3x + 2y)^2 = (3x)^2 + 2 \cdot 3x \cdot 2y + (2y)^2 = 9x^2 + 12xy + 4y^2$

Hierbei wurde die 1. **binomische Formel** angewendet.

(Summe)^2 = (1. Summand)^2 + doppeltes Produkt aus beiden Summanden + (2. Summand)^2

b) $(2z + 5)^2 = 4z^2 + 2 \cdot 2z \cdot 5 + 25 = 4z^2 + 20z + 25$

2. Fall: (a − b)(a − b)

Beispiele

a) $(a − 5)^2 = (a − 5)(a − 5) = a^2 − 5a − 5a + 25 = a^2 − 10a + 25$

b) $(a − b)^2 = (a − b)(a − b) = a^2 − 2ab + b^2$

---

2. binomische Formel: $(a − b)^2 = a^2 − 2ab + b^2$ (Eine Differenz wird quadriert.)

---

c) $(x − 7)^2 = x^2 − 14x + 49$ d) $(2z − 5)^2 = 4z^2 − 20z + 25$

Vorteilhaftes Rechnen mithilfe einer binomischen Formel:

e) $41^2 = (40 + 1)^2 = 1600 + 80 + 1 = 1681$ f) $19^2 = (20 − 1)^2 = 400 − 40 + 1 = 361$

3. Fall: (a − b)(a + b)

Beispiele

a) $(z - 3)(z + 3) = z^2 - 3z + 3z - 9 = z^2 - 9$

b) $(a - b)(a + b) = a^2 - ab + ab - b^2 = a^2 - b^2$

---

3. binomische Formel: $(a - b)(a + b) = a^2 - b^2$

---

c) $(x - 8)(x + 8) = x^2 - 64$

d) $(2a - 3b)(2a + 3b) = 4a^2 - 9b^2$

e) $(7p - 6q)(7p - 6q) = 49p^2 - 36q^2$

Vorteilhaftes Rechnen mithilfe der 3. binomischen Formel.

f) $21 \cdot 19 = (20 + 1)(20 - 1) = 400 - 1 = 399$

Die drei binomischen Formeln

$$(a + b)^2 = a^2 + 2ab + b^2$$

$$(a - b)^2 = a^2 - 2ab + b^2$$

$$(a - b)(a + b) = a^2 - b^2$$

Beipiele

a) $(4x + 5)^2 = 16x^2 + 40x + 25$

b) $(2x + 3y)^2 = 4x^2 + 12xy + 9y^2$

c) $(4x - 5)^2 = 16x^2 - 40x + 25$

d) $(2x - 3y)^2 = 4x^2 - 12xy + 9y^2$

e) $(4x - 5)(4x + 5) = 16x^2 - 25$

f) $(2x - 3y)(2x + 3y) = 4x^2 - 9y^2$

Bemerkung: Die binomischen Formeln sind ein Hilfsmittel zum Ausmultiplizieren. Beim Ausmultiplizieren lassen sich Zwischenschritte einsparen und damit Zeit sparen.

Aufgaben

1 Wenden Sie eine binomische Formel an.

a) $(a + 5)^2$

b) $(a - 3)^2$

c) $(u + 12)^2$

d) $(x - 1)^2$

e) $(2 - x)^2$

f) $3(7 - a)^2$

g) $(7 + y)(7 + y)$

h) $-(- x + 5)^2$

i) $(b - 11)(b + 11)$

j) $4(x + 7)(x - 7)$

k) $(- x + 6)(x + 6)$

l) $(a - x)(a + x)$

m) $(b - 4c)(4c - b)$

n) $(5 - x)(x + 5)$

o) $(x - 7)(7 + x)$

2 Rechnen Sie vorteilhaft mithilfe einer binomischen Formel.

a) 31^2

b) 99^2

c) $31 \cdot 29$

3 Wenden Sie gegebenenfalls eine binomische Formel an.

a) $(7 + 3y)^2$

b) $(-x + 3y)^2$

c) $(b + 6c)^2$

d) $(4x - 1)^2$

e) $(3x + 5y)^2$

f) $3(8b - 4c)^2$

g) $(2a + 3)^2$

h) $(4a - 3)(4a - 3)$

i) $(5u - 2)(5u + 2)$

j) $(7a - 5)^2$

k) $(6 - 3y)^2$

l) $(8y - x)(-8y + x)$

m) $2(m - 4)^2$

n) $(4n - 3m)^2 \cdot 5$

o) $-(5a - 4)(5x + 4)$

a) b)

4 Vereinfachen Sie.

a) $(2a + b)^2 + (3a - b)^2$

b) $(4x + y)^2 - (2x - 3y)^2$

c) $(a + 2b)(a - 2b) + 5ab$

d) $(m - n)^2 - (m - n)(m + n)$

e) $(x - 4y)(x - 4y) + (x - 4y)(x + 4y)$

f) $3(2a + 3b)^2 + 4(3a - 4b)^2$

g) $(2x - 5y)(x + 4y) - (x - y)(x - y) + 10x^2$

h) $(a - 1)^2 + 3(a + 1)^2 + (a - 1)(a + 1)$

i) $(2a - 3)^2 - 3(2a - 3)^2 - 4(4 - a)(a + 4)$

j) $(5p - q)^2 - (p - 5q)^2 - 2p^2 - 3pq + 3q^2$

5 Gegeben sind die Terme $4a^2 - 12ab + 9b^2$; $4a^2 + 12ab - 9b^2$; $4a^2 - 6ab + 9b^2$. Welcher Term ist gleichwertig zu $(2a - 3b)^2$? Begründen Sie Ihre Antwort.

6 Ergänzen Sie die Symbole durch die fehlenden Terme.

a) $(5x + ⬡)^2 = ⬤ + △ + 4$

b) $(⬡ + 3y)^2 = ⬤ + 24xy + ▢$

c) $(⬡ + ⬤)^2 = △ + 12x + ▢$

7 Wählen Sie für die Längen a und b geeignete Zahlen.

a) Schneiden Sie sich vier Kärtchen entsprechend der Abbildung aus und setzen Sie diese zu einem Quadrat zusammen.

b) Berechnen Sie den Flächeninhalt des Quadrates auf zwei verschiedene Arten.

8 Welches Binom lässt sich mit nebenstehender Abbildung veranschaulichen? Erläutern Sie die Abbildung.

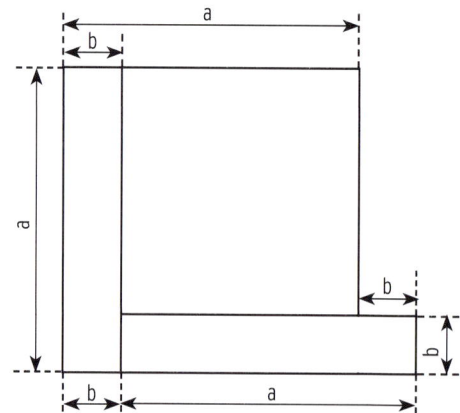

Zerlegung von Summen in Faktoren (Faktorisieren)

Ausmultiplizieren (Ein Produkt wird zu einer Summe.)

$$5(a + 2) = 5a + 5 \cdot 2 = 5a + 10$$

Ausklammern bzw. Faktorisieren (Eine Summe wird zu einem Produkt.)

$$5a + 10 = 5a + 5 \cdot 2 = 5(a + 2)$$

Beispiele

1. Ausklammern

a) $6a + 18 = 6a + 3 \cdot 6 = 6(a + 3)$ b) $4 - 6x = 2 \cdot 2 - 2 \cdot 3x = 2(2 - 3x)$

c) $24a - 18b = 6(4a - 3b)$ d) $15a - 5b = (3a - b) \cdot 5$

e) $7x^2 + 42x = (x + 6)7x$ f) $-5a - 6b = -(5a + 6b)$

g) $18a + 9 = 9 \cdot 2a + 9 \cdot 1 = 9(2a + 1)$ h) $4x^2 - 12x = 4x \cdot x - 4x \cdot 3 = 4x(x - 3)$

i) $x^2 + 4x = x(x + 4)$ j) $9a^2 - 18ab = 9a(a - 2b)$

k) $7a + 14ab + 35a^2 = 7a \cdot 1 + 7a \cdot 2b + 7a \cdot 5a = 7a(1 + 2b + 5a)$

l) $a + 3 + (a + 3)^2 = (a + 3) \cdot 1 + (a + 3)(a + 3) = (a + 3)(1 + (a + 3)) = (a + 3)(a + 4)$

2. Anwendung der binomischen Formeln

a) $x^2 + 2x + 1 = (x + 1)(x + 1) = (x + 1)^2$ 1. binomische Formel

$$\underbrace{a^2 + 12a + 36}_{\text{Summe}} \quad \underbrace{= (a + 6)^2}_{\text{Produkt}}$$

b) $9x^2 - 12x + 4 = (3x - 2)(3x - 2) = (3x - 2)^2$ 2. binomische Formel

c) $25 - 16v^2 = (5 - 4v)(5 + 4v)$ 3. binomische Formel

d) $2 + 12y + 18y^2 = 2(1 + 6y + 9y^2)$ Ausklammern

$\quad = 2(1 + 3y)^2$ 1. binomische Formel

Beachten Sie

Ausklammern bzw. **Anwendung der binomischen Formeln** macht aus einer

Summe ein Produkt.

Aufgaben

1 Zerlegen Sie die Summe in Faktoren.

a) $8a + 16$

b) $2a - 6$

c) $9x + 9$

d) $16a - 12b$

e) $21r - 21s$

f) $24n - 8m$

g) $3ab + 9a$

h) $16xy - 14y$

i) $20mn + 20m$

j) $5abc - 10ab$

k) $abc - ab$

l) $ax + bx^2$

m) $ab + ab^2$

n) $xy + ax + bx^2$

o) $xyz + x^2y - xy^2$

2 Faktorisieren Sie.

a) $a^2 - 4ab$

b) $4a^2 + 8a$

c) $9x^2 + 24xy$

d) $12z^2 - 12z$

e) $x^2 + 3x$

f) $4 + 4a$

g) $5x - 5$

h) $9 - 9a$

i) $x^2 - x$

j) $2(b + 1) + (b + 1)^2$

k) $x(2x + b) + 3(2x + b)$

l) $x + 1 + (x + 1)^2$

3 Klammern Sie den Faktor (-1) aus.

a) $-6 + a$

b) $-4a - 5$

c) $-x^2 + 24y$

d) $-7 - 5a$

e) $-x^2 - 3y + 7$

f) $4 - 9a + b$

4 Bestimmen Sie den Klammerinhalt.

a) $a^2 - 5a = a(\dots)$

b) $8x^2 - 8xy = 8x(\dots)$

c) $24(\dots) = 24x - 24y - 48z$

d) $-(\dots) = 4 - 3x$

e) $3a^2 + 6a = 3a(\dots)$

f) $6a^2b + ab + ab^2 = ab(\dots)$

5 Welche Terme sind gleichwertig?

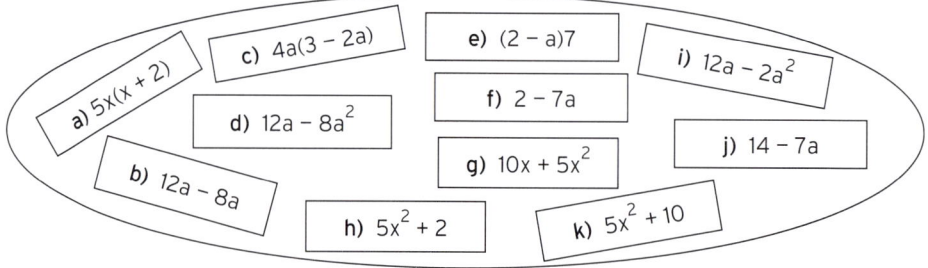

a) $5x(x + 2)$

b) $12a - 8a$

c) $4a(3 - 2a)$

d) $12a - 8a^2$

e) $(2 - a)7$

f) $2 - 7a$

g) $10x + 5x^2$

h) $5x^2 + 2$

i) $12a - 2a^2$

j) $14 - 7a$

k) $5x^2 + 10$

6 Verwandeln Sie in ein Produkt.

a) $x^2 + 2x + 1$

b) $x^2 - 14x + 49$

c) $1 - 2z + z^2$

d) $x^2 - 4x + 4$

e) $9 - 6p + p^2$

f) $x^2 - 1$

g) $x^2 - 9$

h) $16 - a^2$

i) $9 - 16b^2$

j) $a^2 - 4a + 4$

k) $4a^2 + 8a + 4$

l) $2a^2 - 20a + 50$

m) $4 - 4a$

n) $8x^2 + x$

o) $15ab - 15b^2$

7 Lösen Sie das Rechenpuzzle mit den vier Zahlenkarten.

     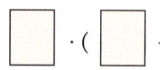 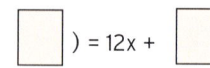

1.2.3   Vereinfachung von Termen mit Brüchen

mvurl.de/vbwv

Beispiel

➲ Vereinfachen Sie folgende Terme.

a) $\frac{1}{2}x + \frac{2}{3}x$ b) $\frac{2}{3}(\frac{4}{5}x + \frac{1}{2})$

Lösung

a) Ungleichnamige Brüche werden gleichnamig gemacht.

Der kleinste gemeinsame Nenner ist der Hauptnenner (6).

$$\frac{1}{2}x + \frac{2}{3}x = \frac{1\cdot3}{2\cdot3}x + \frac{2\cdot2}{3\cdot2}x = \frac{3}{6}x + \frac{4}{6}x = \frac{7}{6}x$$

b) $\frac{2}{3}(\frac{4}{5}x + \frac{1}{2}) = \frac{2}{3}\cdot\frac{4}{5}x + \frac{2}{3}\cdot\frac{1}{2} = \frac{2\cdot4}{3\cdot5}x + \frac{2\cdot1}{3\cdot2} = \frac{8}{15}x + \frac{1}{3}$

Beachten Sie

Ungleichnamige **Brüche werden addiert,** indem man sie gleichnamig macht. Es ist günstig, den kleinsten gemeinsamen Nenner, d.h. den **Hauptnenner**, zu wählen.

Brüche **werden miteinander multipliziert,** indem man Zähler mit Zähler und Nenner mit Nenner multipliziert.

Beispiele   Hauptnenner

a) $\frac{1}{2}x + \frac{5}{6}x = \frac{1\cdot6}{2\cdot6}x + \frac{5\cdot2}{6\cdot2}x = \frac{6}{12}x + \frac{10}{12}x = \frac{16}{12}x = \frac{4}{3}x$ 12

b) $\frac{1}{2}x + \frac{1}{5}x - 3 = \frac{5}{10}x - \frac{2}{10}x - 3 = \frac{3}{10}x - 3$ 10 (Nenner 2 und 5)

c) $3x - \frac{x}{2} + \frac{5}{7}x = \frac{42x}{14} - \frac{7x}{14} + \frac{10x}{14} = \frac{45x}{14} = \frac{45}{14}x$ 14

d) $\frac{4}{3}(\frac{1}{2}x + \frac{2}{3}) = \frac{4}{3}\cdot\frac{1}{2}x + \frac{4}{3}\cdot\frac{2}{3} = \frac{2}{3}x + \frac{8}{9}$

e) $(\frac{1}{3}x + \frac{1}{2})(x + \frac{5}{2}) = \frac{1}{3}x^2 + \frac{5}{6}x + \frac{1}{2}x + \frac{5}{4} = \frac{1}{3}x^2 + \frac{5}{6}x + \frac{3}{6}x + \frac{5}{4} = \frac{1}{3}x^2 + \frac{8}{6}x + \frac{5}{4} = \frac{1}{3}x^2 + \frac{4}{3}x + \frac{5}{4}$

f) $\frac{2}{3}x - \frac{1}{3} = \frac{1}{3}(2x - 1)$

g) $(\frac{1}{2} - x)^2 = \frac{1}{4} - 2\cdot\frac{1}{2}x + x^2 = \frac{1}{4} - x + x^2$

h) $(\frac{2}{3}x - \frac{1}{5})^2 = \frac{4}{9}x^2 - 2\cdot\frac{2}{3}x\cdot\frac{1}{5} + \frac{1}{25} = \frac{4}{9}x^2 - \frac{4}{15}x + \frac{1}{25}$

Aufgaben

1 Berechnen Sie ohne Hilfsmittel.

a) $\frac{1}{8} + \frac{1}{4}$

b) $\frac{1}{9} - \frac{1}{12} + \frac{3}{4}$

c) $\frac{2}{5} + \frac{1}{10} - \frac{3}{4}$

2 Fassen Sie zusammen.

a) $\frac{1}{2}x - \frac{2}{3}x$

b) $-\frac{1}{5}x + 3x$

c) $-\frac{1}{3}x - \frac{2}{9}x$

d) $\frac{1}{2}x - \frac{3}{5}x + \frac{7}{9}y$

e) $-\frac{x}{3} + \frac{5}{4}x - 4x$

f) $-\frac{2}{5}x + 4x - \frac{1}{6}x$

3 Multiplizieren Sie aus.

a) $\frac{1}{2}(x + \frac{3}{2})$

b) $\frac{4}{5}(\frac{1}{2}x - 3)$

c) $-\frac{1}{4}(5 - \frac{2}{5}x)$

d) $(\frac{1}{2}x - \frac{2}{5}) \cdot \frac{2}{7}$

e) $(x - \frac{1}{2})(x + \frac{2}{5})$

f) $(\frac{1}{4}x - \frac{1}{3})(x - \frac{1}{2})$

4 Multiplizieren Sie aus mithilfe einer binomischen Formel.

a) $(x - \frac{1}{4})^2$

b) $(\frac{2}{3} - x)^2$

c) $(\frac{1}{3}x - 4)^2$

d) $(\frac{1}{2}x - 5) \cdot (\frac{1}{2}x + 5)$

e) $(\frac{2}{5}x - \frac{1}{4}) \cdot (\frac{2}{5}x + \frac{1}{4})$

f) $(\frac{1}{2}x - \frac{1}{3})^2$

5 Bestimmen Sie den Klammerinhalt.

a) $(\frac{1}{4}x - \frac{1}{4}) = \frac{1}{4}(\ldots)$

b) $(\frac{5}{3}x - \frac{1}{3}) = \frac{1}{3}(\ldots)$

c) $(\frac{1}{2}x - \frac{1}{3}) = \frac{1}{6}(\ldots)$

6 Füllen Sie die Tabelle aus.

a)

$\cdot$	$\frac{2}{5}$	$-\frac{1}{3}x$	$(x + \frac{1}{2})$
$\frac{5}{3}$			
$-\frac{x}{2}$			
$(1 - x)$			

b)

$\cdot$	$(\frac{1}{4} - x)$	$(x - \frac{1}{4})$	$(\frac{1}{4} + x)$
$4x$			
$(\frac{1}{4} - x)$			
$(x + 4)$			

7 Lösen Sie das Rechenpuzzle mit den vier Zahlenkarten.

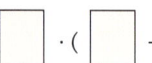 $\cdot$ (___ − ___) = 3 +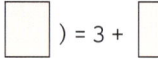

8 Ersetzen Sie die Symbole durch die fehlenden Terme.

$(\hexagon + \bullet)^2 = \triangle + x + \blacksquare$

2 Potenzrechnung

Die Fläche A eines Quadrats mit Seitenlänge a = 6 cm
beträgt A = 6 · 6 = 36 (cm^2)
Kurzschreibweise 6 · 6 = (6^2)
Das Volumen V eines Würfels mit Seitenlänge a = 6 cm
beträgt V = 6 · 6 · 6 = 216 (cm^3).
Kurzschreibweise 6 · 6 · 6 = 6^3

Beispiel
⮞ Die Formel für die Berechnung des Flächeninhaltes eines Quadrats mit der Seiten-
länge a lautet A = a^2. Ein Quadrat mit der Seitenlänge a = 4 hat somit den
Inhalt A = 4^2 = 4 · 4. Wie berechnet man 4^3; 4^4; 4^5?

Lösung
4^3 = 4 · 4 · 4 = 64
4^4 = 4 · 4 · 4 · 4 = 256
4^5 = 4 · 4 · 4 · 4 · 4 = 1024
4^5 nennt man eine Potenz zur Basis 4 mit der Hochzahl 5.
Der Potenzwert 1024 ist das Ergebnis der Rechnung.

2.1 Potenzen mit natürlichen Hochzahlen

Definition

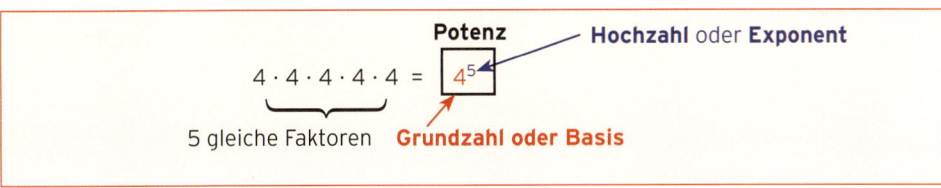

Hinweis: 4^5 bedeutet, die Basis 4 wird mit der Hochzahl 5 potenziert,
daher nennt man 4^5 eine Potenz.
Die Potenz 4^5 ist die Kurzschreibweise für 4 · 4 · 4 · 4 · 4.

Beachten Sie

a^n = a · a · a · ... · a . Dabei ist n (n ∈ ℕ*) die Anzahl der Faktoren a.

        n gleiche Faktoren

Hinweis: 4^1 = 4; 6^1 = 6; a^1 = a

3 Bohner u.a. - ISBN 978-3-8120-0119-9

Beispiele

a) $5^4 = 5 \cdot 5 \cdot 5 \cdot 5 = 625$

b) $(-5)^2 = (-5) \cdot (-5) = 25 = 5^2$

c) $(-5) \cdot (-5) \cdot (-5) = (-5)^3 = -125 = -5^3$

Hinweis: $(-5)^2 = 5^2$, aber $(-5)^3 = -5^3$; $1^2 = 1$; $0^2 = 0$

d) $p \cdot p \cdot p \cdot p = p^4$ e) $(a + 4)^3 = (a + 4)(a + 4)(a + 4)$

f) $\left(\frac{a}{5}\right)^3 = \left(\frac{a}{5}\right) \cdot \left(\frac{a}{5}\right) \cdot \left(\frac{a}{5}\right) = \frac{a}{5} \cdot \frac{a}{5} \cdot \frac{a}{5} = \frac{a^3}{125}$ g) $6 \cdot a^5 = 6 \cdot a \cdot a \cdot a \cdot a \cdot a$

Beachten Sie

....

Potenzrechnung geht vor Punktrechnung.

$3 \cdot 5^2 = 3 \cdot 5 \cdot 5 = 75$; Zuerst Potenzieren! Vgl. $(3 \cdot 5)^2 = (3 \cdot 5)(3 \cdot 5) = 225$

Bestimmung von Potenzwerten mit

Hilfsmittel

3×5^2	
	75
$(3 \times 5)^2$	
	225

Aufgaben

1 Bestimmen Sie mit dem Taschenrechner.

a) π^3 b) $4 + 3^5$ c) $(-5)^4 - 5^4$ d) $1{,}4^3 - 0{,}79^5$

2 Schreiben Sie kürzer.

a) $4 + 4 + 4$ b) $4 \cdot 4 \cdot 4$ c) $2 \cdot x \cdot x \cdot x$ $a + a + a = 3a$

d) $(a + b)(a + b)$ e) $(a + b) + 2(a + b)$ f) $7 \cdot a \cdot b \cdot b$ $a \cdot a \cdot a = a^3$

3 Schreiben Sie ausführlich.

a) 2^4 b) $4 \cdot 6^5$ c) $3 \cdot 10^5 \frac{km}{s}$

d) $3{,}6 \cdot 10^3$ s   e) $4x$ f) $3x^3$

4 Berechnen Sie. Wo liegt der Unterschied?

a) 2^3 und 3^2 b) $3 \cdot 3$ und 3^3 c) $3 \cdot 6$ und 6^3

d) $5 \cdot 2$; $2 \cdot 5$; 5^2; 2^5 e) $3 \cdot 2^3$; $2 \cdot 3^2$; $(2 \cdot 3)^2$;   f) $(-2 \cdot 3)^2$; $-2 \cdot 3^2$

5 Vergleichen Sie: a) $(-3)^2$ mit -3^2 b) $(-3)^3$ mit -3^3

6 Berechnen Sie. Finden Sie eine Regel.

a) -4^3; $(-4)^3$ b) $(-3)^2$; $(-1)^2$ c) $(-3x)^4$; $(-2a)^6$

7 Ein Fahrradhändler bietet seinen Kunden die Möglichkeit, sich ihr Fahrrad aus 6 verschiedenen Rahmen und 6 Lenkerformen zusammenzustellen. Unter wie vielen verschiedenen Fahrrädern kann der Kunde wählen?

Addition und Subtraktion

Bei den Rechenoperationen Addition, Multiplikation und der neu hinzukommenden Rechenart Potenzieren müssen bestimmte Regeln beachtet werden.

Beispiel $5 + 4 \cdot 2^3$ = $5 + 4 \cdot 8$ =   **5 + 32** $= 37$

Zuerst Potenzrechnung, dann Punktrechnung, dann **Strichrechnung.**

Beachten Sie
....
Potenzrechnung vor Punktrechnung vor Strichrechnung.

Potenzen mit gleicher Basis und gleicher Hochzahl (gleiche Potenzen)

Beispiele

$5\ \square\ +\ 6\ \square\ = 11\ \square$

$5\ \boxed{x^2}\ +\ 6\ \boxed{x^2}\ = 11\ \boxed{x^2}$ } Eine Zusammenfassung **ist möglich.**

$\frac{1}{2}x^3 - 4x^3 = -\frac{7}{2}x^3$

Bei verschiedenen Potenzen ist eine Zusammenfassung nicht möglich.

Beispiele

$5\ \boxed{x^2}\ +\ 6\ \boxed{x^3}$ oder $a^3 + b^3$

Beachten Sie
....
Man kann nur Potenzen mit **gleicher Grundzahl und gleicher Hochzahl** zusammenfassen.

Beispiele

a) $-6a^2 - a^4 + 4a^2 - 3a^4 = -2a^2 - 4a^4$ b) $-x^2 - 2(x^4 + x^2) + 2 = -3x^2 - 2x^4 + 2$

c) $4x^2 + ax^2 = (4 + a)x^2$ d) $8x^3 - ax^3 + bx^3 = (8 - a + b)x^3$

Aufgaben

1   Vereinfachen Sie, soweit möglich.

a) $8a^2 - 12a^2$ b) $7x^5 - x^5 + 5x^5$ c) $9a^3 - 4a^3 - a^3$

d) $q^3 + \frac{1}{4}q^3$ e) $z^4 - \frac{1}{6}z^4$ f) $\frac{3}{4}x^4 - \frac{3}{5}x^4$

g) $\frac{4}{5}a^4 - \frac{4}{5}a^4$ h) $\frac{5}{6}a^3 - \frac{2}{3}a^3$ i) $z^{17} - z^{17}$

j) $5a^4 - 3a^3 - 8a^4 + 4a^3$ k) $7a^5 + 6b^5 - 4a^5 + 3b^5$ l) $ax^2 + bx^2$

m) $az^4 - bz^4$ n) $x^n + ax^n$ o) $ax^3 + ax^4 + x^3 + x^4$

p) $0{,}5b^4 - \frac{1}{4}b^4 + b^4$ q) $9a^2x^7 - 8a^2x^7$ r) $ax^3 + bx^3 - x^3$

s) $18x^2 - 2(6x^2 - x^3) + 4x^3$ t) $-3(x^2 + 4) + 2(x^3 + 2x) - 4x^2 + 5x^3$

Multiplikation

Multiplikation von Potenzen mit gleicher Grundzahl

Beispiele

$2^3 \cdot 2^4 = \underbrace{(2 \cdot 2 \cdot 2)}_{2^3} \underbrace{(2 \cdot 2 \cdot 2 \cdot 2)}_{2^4} \qquad = 2^7$

$\qquad = \quad 2^3 \quad \cdot \quad 2^4 \quad = 2^{3+4} = 2^7$

$a^2 \cdot a^3 = (a \cdot a)(a \cdot a \cdot a) = a^{2+3} = a^5$

$a^2 \cdot a^3 = ?$

---

1. Potenzgesetz

Potenzen mit gleicher Grundzahl werden multipliziert, indem man die Grundzahl beibehält und die Hochzahlen addiert.

$$a^n \cdot a^m = a^{n+m}; \quad n, m \in \mathbb{N}^*$$

Beispiele

a) $3^4 \cdot 3^7 = 3^{4+7} = 3^{11}$

b) $(-7)^4 \cdot (-7)^5 = (-7)^{4+5} = (-7)^9 = -7^9$

c) $5^4 \cdot 5 = 5^4 \cdot 5^1 = 5^{4+1} = 5^5$

d) $-a^2 \cdot a = -a^2 \cdot a^1 = -a^3$

e) $x^3 \cdot x^2 = x^{3+2} = x^5$

f) $x^n \cdot x = x^n \cdot x^1 = x^{n+1}$

g) $e^x \cdot e^5 = e^{x+5}$

h) $10^{x+1} = 10^x \cdot 10^1 = 10^x \cdot 10$

i) $(a^2 + a^3) \cdot a^4 = a^2 \cdot a^4 + a^3 \cdot a^4 = a^6 + a^7$

j) $a^8 + a^6 = a^6 (a^2 + 1)$

Aufgaben

1 Vereinfachen Sie.

a) $6^2 \cdot 6^3$

b) $2^4 \cdot 2^3$

c) $10^5 \cdot 10$

d) $a^2 \cdot a^4$

e) $5x^2 \cdot 2x$

f) $5a \cdot 3a^2$

2 Vereinfachen Sie.

a) $a^5 \cdot (a-4) + a^5$

b) $-12a^2 + 3a(a+1)$

c) $ax^n + 4x^n$

d) $3x^4 - x^4 - x^3 \cdot (x+2)$

e) $-2(ab)^2 - 3a^2 b^2$

f) $ap^3 + bp^3$

3 Vereinfachen Sie.

a) $t^3 \cdot t^4 - t^5 \cdot (t^2 + 1)$

b) $x^2 \cdot x^3 \cdot x^4$

c) $3a^k \cdot a^4 \cdot a$

d) $2^{b+1} \cdot 2$

e) $b^{a-1} \cdot b$

f) $y^k \cdot y^{2-k} + 5y^2$

4 Multiplizieren Sie aus.

a) $ab(a^2 + ab^2)$

b) $(a^2 + 1)(a^2 - a^3)$

c) $(3a + 5b^2)^2$

5 Schreiben Sie als Produkt.

a) a^{m+1}

b) a^{k+3}

c) x^{n+4}

6 Klammern Sie die höchste Potenz aus.

a) $a^3 + a^2$

b) $x^4 - 3x^3$

c) $a^7 - a^4$

d) $-5x^4 - x^2 + x$

e) $2x^6 - 4x^4 - 12x^3$

f) $\dfrac{a^2}{2} - a^3 + \dfrac{a^4}{4}$

Multiplikation von Potenzen mit gleicher Hochzahl, aber verschiedener Grundzahl

Beispiele

$2^3 \cdot 5^3 = 2 \cdot 2 \cdot 2 \cdot 5 \cdot 5 \cdot 5 = (2 \cdot 5)(2 \cdot 5)(2 \cdot 5) = (2 \cdot 5)^3 = 10^3$

$a^2 \cdot b^2 = a \cdot a \cdot b \cdot b = (a \cdot b)(a \cdot b) = (a \cdot b)^2$

---

2. Potenzgesetz

Potenzen mit gleicher Hochzahl und verschiedener Grundzahl werden multipliziert, indem man die Grundzahlen multipliziert und die gemeinsame Hochzahl beibehält.

$$a^n \cdot b^n = (a \cdot b)^n; \quad n \in \mathbb{N}^*$$

Beispiele

a) $3^4 \cdot 5^4 = (3 \cdot 5)^4 = 15^4 = 50\,625$

b) $2^2 \cdot 3^2 \cdot 5^2 = (2 \cdot 5)^2 \cdot 3^2 = 10^2 \cdot 3^2 = 30^2 = 900$

c) $(-4)^2 \cdot (-5)^2 = [(-4) \cdot (-5)]^2 = 20^2 = 400$

d) $(-2)^2 \cdot 3^2 = [(-2) \cdot 3]^2 = (-6)^2 = 6^2 = 36$

e) $10^5 \cdot \left(\frac{1}{5}\right)^5 = \left(10 \cdot \frac{1}{5}\right)^5 = 2^5 = 32$

f) $x^4 \cdot y^4 = (x \cdot y)^4$

g) $\left(\frac{1}{4}\right)^3 (4a + 4)^3 = [\frac{1}{4} \cdot (4a + 4)]^3 = [\frac{1}{4} \cdot 4(a + 1)]^3 = (a + 1)^3$

h) $\frac{1}{16} \cdot (2x + 6)^4 = \frac{1}{16} \cdot [2(x + 3)]^4 = \frac{1}{16} \cdot 2^4 \cdot (x + 3)^4 = (x + 3)^4$

Aufgaben

1 Berechnen Sie im Kopf.

a) $4^3 \cdot \left(\frac{1}{4}\right)^3$

b) $16^2 \cdot \left(\frac{1}{8}\right)^2$

c) $27^2 \cdot \left(\frac{1}{9}\right)^2$

2 Vereinfachen Sie.

a) $5^3 \cdot 4^3$

b) $8^4 \cdot 0{,}25^4$

c) $6^7 \cdot \left(\frac{1}{6}\right)^7$

d) $0{,}3^6 \cdot \left(\frac{10}{3}\right)^6$

e) $4^3 \cdot \left(\frac{3}{4}\right)^3$

f) $2^5 \cdot \left(\frac{1}{2}\right)^4$

g) $\left(\frac{x}{4}\right)^4 \cdot 4^4$

h) $2^x \cdot \left(\frac{5}{2}\right)^x \cdot 5$

i) $2^n \cdot \left(\frac{x}{2}\right)^n \cdot x^2$

j) $(-5)^n \cdot (-0{,}5)^n$

k) $x^3 \cdot (-y)^3$

l) $-a^4 \cdot (-b)^4$

m) $\frac{1}{4}(2x + 8)^2$

n) $\frac{1}{25}(5x + 5)^3$

o) $\frac{1}{16}(10 - 2x)^4$

3 Schreiben Sie ausführlich und fassen Sie zusammen.

a) $(2ab)^3$

b) $(-\frac{1}{2}a)^4$

c) $81 \cdot \left(\frac{2}{3}x\right)^5$

4 Schreiben Sie als eine Potenz.

a) $a \cdot a^2 \cdot b^3$

b) $a^m \cdot 4^m$

c) $2^{k+1} \cdot 3^{k+1}$

Division

Division von Potenzen mit gleicher Grundzahl

Beispiele

$$\frac{2^5}{2^2} = \frac{2 \cdot 2 \cdot 2 \cdot \cancel{2} \cdot \cancel{2}}{\cancel{2} \cdot \cancel{2}} = \frac{2 \cdot 2 \cdot 2}{1} = 2 \cdot 2 \cdot 2 = 2^3 = 2^{5-2}$$

$$\frac{a^7}{a^4} = \frac{a \cdot a \cdot a \cdot a \cdot a \cdot a \cdot a}{a \cdot a \cdot a \cdot a} = \frac{a \cdot a \cdot a}{1} = a \cdot a \cdot a = a^3 = a^{7-4}$$

3. Potenzgesetz

Potenzen mit gleicher Grundzahl werden dividiert, indem man die Grundzahl beibehält und die Hochzahlen subtrahiert.

$$\frac{a^n}{a^m} = a^{n-m}; \; a \neq 0; \; n > m; n, m \in \mathbb{N}^*$$

Beispiele

a) $\dfrac{7^5}{7^4} = 7^{5-4} = 7^1 = 7$

b) $\dfrac{a^8}{a^5} = a^{8-5} = a^3$

c) $\dfrac{7^3}{7^3} = 1 = 7^{3-3} = \mathbf{7^0}$

d) $\dfrac{a^3}{a^3} = a^{3-3} = \mathbf{a^0} = 1$

Sinnvolle Festlegung: $\mathbf{a^0 = 1}$

e) $\dfrac{2^x}{2} = 2^{x-1};$

f) $3^{x-2} = \dfrac{3^x}{3^2} = \dfrac{3^x}{9};$

g) $\dfrac{5^{n-1}}{5^2} = 5^{(n-1)-2} = 5^{n-3};$

h) $\dfrac{10}{10^{n-3}} = 10^{1-(n-3)} = 10^{4-n};$

i) $\dfrac{10^{x+5}}{10\,000} = \dfrac{10^{x+5}}{10^4} = 10^{x+1} = 10 \cdot 10^x$

Aufgaben

1 Vereinfachen Sie. (Der Nenner ist ungleich null.)

a) $\dfrac{5^3}{5^2}$

b) $\dfrac{10^9}{10^4}$

c) $\dfrac{4^6}{4^6}$

d) $\dfrac{a^{12}}{a^4}$

e) $\dfrac{x^6}{x^3}$

f) $\dfrac{x^{2n}}{x^n}$

g) $\dfrac{a^{n+1}}{a^n}$

h) $\dfrac{15e^{x+1}}{5e^x}$

i) $\dfrac{2a^{n+2}}{4a^{n+1}}$

j) $\dfrac{a^4 b^{n+3}}{a^n b^{2n-1}}$

k) $\dfrac{4^{x+2}}{16}$

l) $\dfrac{(t-3)^4}{(3-t)^3}$

2 Vereinfachen Sie.

a) $(b^4 - b^6 + b^8) : b^4$

b) $(6x^2 - 8x^3 + 12x^5) : (2x^2)$

3 Schreiben Sie als Quotient.

a) a^{5-3}

b) a^{m-2}

c) x^{m-n+1}

d) a^{2m-1}

4 Stellen Sie den Term in einer anderen Form dar.

a) $a^2(a^3 + a^2 + a)$

b) $(ab)^{n-3}$

c) $\dfrac{x^3 - 2x^4 + x^5}{x^3}$

d) $\dfrac{4a - 9ab^2}{a}$

Division von Potenzen mit gleicher Hochzahl, aber verschiedener Grundzahl

Beispiele

a) $\frac{4^3}{2^3} = 2^3$ $\qquad$ denn: $\qquad$ $\frac{4^3}{2^3} = \frac{4 \cdot 4 \cdot 4}{2 \cdot 2 \cdot 2} = \frac{4}{2} \cdot \frac{4}{2} \cdot \frac{4}{2} = (\frac{4}{2})^3 = 2^3 = 8$

b) $\frac{(-3)^2}{(-5)^2} = (\frac{-3}{-5})^2 = (\frac{3}{5})^2$ $\qquad$ denn: $\qquad$ $\frac{(-3)^2}{(-5)^2} = \frac{(-3) \cdot (-3)}{(-5) \cdot (-5)} = \frac{(-3)}{(-5)} \cdot \frac{(-3)}{(-5)} = (\frac{-3}{-5})^2 = (\frac{3}{5})^2$

4. Potenzgesetz

Potenzen mit gleicher Hochzahl und verschiedener Grundzahl werden dividiert, indem man die Grundzahlen dividiert und die gemeinsame Hochzahl beibehält.

$$\frac{a^n}{b^n} = (\frac{a}{b})^n \quad (b \neq 0); \ n \in \mathbb{N}^*$$

Beispiele

a) $\frac{10^2}{5^2} = (\frac{10}{5})^2 = 2^2 = 4$ $\qquad$ b) $\frac{16^3}{4^3} = (\frac{16}{4})^3 = 4^3 = 64$

c) $\frac{(-2)^3}{5^3} = (\frac{-2}{5})^3 = -(\frac{2}{5})^3 = -\frac{8}{125}$ $\qquad$ d) $\frac{x^2}{9} = \frac{x^2}{3^2} = (\frac{x}{3})^2$ $\qquad$ e) $(\frac{1}{5})^n = \frac{1^n}{5^n} = \frac{1}{5^n}$

Aufgaben

1 Berechnen Sie im Kopf.

a) $\frac{40^3}{20^3}$ $\qquad$ b) $\frac{27^2}{9^2}$ $\qquad$ c) $32^2 : 4^2$

2 Vereinfachen Sie. (Der Nenner ist ungleich null.)

a) $\frac{10^3}{2^3}$ $\qquad$ b) $\frac{2,5^4}{0,5^4}$ $\qquad$ c) $24^3 : 12^3$

d) $\frac{0,7^3}{2,1^3}$ $\qquad$ e) $\frac{3^4}{(\frac{1}{3})^4}$ $\qquad$ f) $\left(\frac{5}{\frac{1}{5}}\right)^3$

g) $\frac{12^5 \cdot 0,5^5}{2^5}$ $\qquad$ h) $\frac{32^3}{2^3 \cdot 4^3}$ $\qquad$ i) $\frac{5^3}{(-0,2)^3}$

j) $\frac{c^6}{(-c)^6} + 1$ $\qquad$ k) $(\frac{a}{b})^7 \cdot \frac{a}{b}$ $\qquad$ l) $(\frac{-1}{a-b})^3 \cdot (a-b)^3$

m) $(\frac{x}{2})^3 : (\frac{x}{3})$ $\qquad$ n) $\frac{(10ab)^k}{(4b)^k}$ $\qquad$ o) $\frac{(2x)^n}{x^n}$

p) $x^3 : (xy)^3 + \frac{5}{y^3}$ $\qquad$ q) $\frac{(-3a)^4}{(-ab)^4}$ $\qquad$ r) $\frac{(a^2 - b^2)^2}{a + b}$

3 Schreiben Sie als eine Potenz.

a) $\frac{27}{x^3}$ $\qquad$ b) $\frac{16x^4}{y^4}$ $\qquad$ c) $81a^4 : 10000$

4 Vereinfachen Sie so weit wie möglich.

a) $\frac{(4x + 4)^3}{(x + 1)^3}$ $\qquad$ b) $\frac{(a^2 + 2a)^2}{(a + 2)^2}$ $\qquad$ c) $\frac{(x^2 - 9)^4}{(x - 3)^4}$

Potenzieren

Beispiele

a) $(5^3)^4 = (5^3) \cdot (5^3) \cdot (5^3) \cdot (5^3) = 5^{3+3+3+3} = 5^{3 \cdot 4} = 5^{12}$

b) $(a^6)^3 = (a^6) \cdot (a^6) \cdot (a^6) = a^{6+6+6} = a^{3 \cdot 6} = a^{18}$

5. Potenzgesetz

Potenzen werden potenziert, indem man die Grundzahl beibehält und die Hochzahlen multipliziert.

$$(a^n)^m = a^{n \cdot m}; \quad n, m \in \mathbb{N}^*$$

Beispiele

a) $(2^4)^3 = 2^{4 \cdot 3} = 2^{12} = (2^3)^4$

b) $(a^0)^5 = 1^5 = 1$

c) $[(-2^3)]^4 = (-2)^{3 \cdot 4} = (-2)^{12} = 2^{12}$

d) $(-3x)^5 = (-3^5)x^5 = -3^5 x^5 = -243 x^5$

e) $\left(\dfrac{xy}{z}\right)^8 = \dfrac{(xy)^8}{z^8} = \dfrac{x^8 y^8}{z^8}$

f) $(x^n)^4 = x^{n \cdot 4} = x^{4n}$

g) $\dfrac{(2a^3b)^3}{(4a^2b)^2} = \dfrac{2^3 a^9 b^3}{4^2 a^4 b^2} = \dfrac{1}{2} a^5 b$

h) $4 \cdot \dfrac{a^2}{(a^2b)^2} \cdot \left(\dfrac{ab}{2}\right)^2 = 4 \cdot \dfrac{a^2 \cdot a^2 b^2}{a^4 b^2 \cdot 4} = 1$

Aufgaben

1 Schreiben Sie als Potenz mit einer Hochzahl. Berechnen Sie.

a) $(2^4)^5$

b) $(-5^2)^3$

c) $-(0{,}5^2)^2$

2 Vereinfachen Sie.

a) $(b^1)^3$

b) $(2a^2)^5$

c) $3(c^4)^3 - 6c^{12}$

d) $(c^3)^4$

e) $(x^2 y^3 z^2)^5$

f) $(0{,}5e^x)^2$

g) $(7a^2b^3)^2$

h) $\left(\dfrac{1}{c^n}\right)^2$

i) $\dfrac{(6b^4 \cdot c^3)^2}{3b^2 c^3}$

3 Schreiben Sie als Potenz mit der kleinstmöglichen Basis.

a) 4^3

b) 25^4

c) 16^2

4 Welche Potenzschreibweisen sind möglich?

a) 8^2 Möglichkeiten: 4^4; 2^6; 6^2; 2^8; 64^1

b) 4^{n+1} Möglichkeiten: $4^n \cdot 4$; $4^n + 1$; $(4^n)^1$; 4^{1+n}

5 Welche Terme sind gleichwertig?

$(a^2)^3$; $((-a)^2)^3$; $-a^{2^3}$; $(-a^3)^2$

2.2 Potenzen mit negativen ganzen Hochzahlen

Beispiel aus der Technik

In der Technik schreibt man für die Einheit $\frac{km}{h}$ auch kmh^{-1} oder für 100 Umdrehungen pro min auch $\frac{100}{min} = 100\ min^{-1}$. Das bedeutet $\frac{1}{min} = min^{-1}$. Entsprechend gilt: $\frac{1}{7} = 7^{-1}$.

Technische Daten	
Fremdventilator	
Typ	: G2E 140-AE-77-01
Hersteller	: EBM
Spannung	: 230V
Frequenz	: 50Hz
Luftfördermenge	: 370 m³/h
Drehzahl	: 1400 min⁻¹
Leistungsaufnahme	: 105W
Stromaufnahme	: 046A
Kondensator	: 2μF
Geräuschpegel	: 59dBA
Zul. Umgebungstemperatur	: 40° C
Gewicht	: 2,6kg

Dies zeigen wir an einem Beispiel.

$$\frac{7^3}{7^4} = \frac{7 \cdot 7 \cdot 7}{7 \cdot 7 \cdot 7 \cdot 7} = \frac{1}{7}$$

Anwendung des 3. Potenzgesetzes: $\frac{7^3}{7^4} = 7^{3-4} = 7^{-1}$

Man setzt $\frac{1}{7} = 7^{-1}$.

Das 3. Potenzgesetz gilt daher auch für negative ganze Hochzahlen.

Beispiele

a) $\frac{7^3}{7^5} = \frac{7 \cdot 7 \cdot 7}{7 \cdot 7 \cdot 7 \cdot 7 \cdot 7} = \frac{1}{7 \cdot 7} = \frac{1}{7^2}$

Anwendung des 3. Potenzgesetzes: $\frac{7^3}{7^5} = 7^{3-5} = 7^{-2}$.   Man setzt $\frac{1}{7^2} = 7^{-2}$.

b) $\frac{10^2}{10^4} = \frac{10 \cdot 10}{10 \cdot 10 \cdot 10 \cdot 10} = \frac{1}{10 \cdot 10} = \frac{1}{10^2} = 10^{-2}$

c) $10^{-3} = \frac{1}{10^3}; \quad \frac{1}{10^{-3}} = 10^3$

d) $\frac{a^4}{a^5} = \frac{a \cdot a \cdot a \cdot a}{a \cdot a \cdot a \cdot a \cdot a} = \frac{1}{a} = a^{4-5} = a^{-1}$

e) $\frac{a^5}{a^5} = \frac{a \cdot a \cdot a \cdot a \cdot a}{a \cdot a \cdot a \cdot a \cdot a} = 1 = a^{5-5} = a^0$

f) $\frac{t^3}{t^6} = \frac{t \cdot t \cdot t}{t \cdot t \cdot t \cdot t \cdot t \cdot t} = \frac{1}{t^3} = t^{3-6} = t^{-3}$

Beachten Sie

Den Quotienten $\frac{1}{a^n}$ kann man auch als Potenz mit negativer Hochzahl schreiben:

$\frac{1}{a^n} = a^{-n}$ $(a \neq 0, n \in \mathbb{N}^*)$

$a^{-1} = \frac{1}{a}$; a^{-1} ist der Kehrwert von a.

$a^{-2} = \frac{1}{a^2}$ a^{-2} ist der Kehrwert von a^2.

Rechnen mit Potenzen mit negativen ganzen Hochzahlen

Beispiele

a) $a^{-2} \cdot a^3 = \frac{1}{a^2} \cdot a^3 = \frac{a^3}{a^2} = a$ **oder:** $a^{-2} \cdot a^3 = a^{-2+3} = a^1 = a$

b) $\frac{2^4}{2^{-3}} = 2^4 \cdot \frac{1}{2^{-3}} = 2^4 \cdot 2^3 = 2^{4+3} = 2^7$ **oder:** $\frac{2^4}{2^{-3}} = 2^{4-(-3)} = 2^7$

c) $(a^{-2})^3 = a^{-2} \cdot a^{-2} \cdot a^{-2} = a^{-6} = a^{(-2) \cdot 3}$

d) $\frac{x}{x^3} = \frac{x^1}{x^3} = \frac{1}{x^2} = x^{1-3} = x^{-2}$ e) $\frac{1}{3^{-2}} = \frac{1}{\frac{1}{3^2}} = 3^2$

f) $\frac{a+b}{(a+b)^{-2}} = (a+b)(a+b)^2 = (a+b)^3$ g) $\frac{t}{t^{1-n}} = t^{1-(1-n)} = t^n$

h) $x^{n-2} : x^{-2} = x^{n-2-(-2)} = x^n$

Hinweis: Man erkennt: Alle Potenzgesetze gelten auch für negative Hochzahlen.

Potenzgesetze für

Potenzen mit gleicher Basis $a^n \cdot a^m = a^{n+m}$

$\frac{a^n}{a^m} = a^{n-m};$ $a \neq 0$

Potenzen mit gleicher Hochzahl $a^n \cdot b^n = (a \cdot b)^n$

$\frac{a^n}{b^n} = (\frac{a}{b})^n;$ $b \neq 0$

Potenzieren $(a^n)^m = a^{n \cdot m}$

Die Hochzahlen m und n sind ganze Zahlen: n, m $\in \mathbb{Z}$.

Festlegung: $a^0 = 1$ für alle $a \in \mathbb{R}^*$.

Aufgaben

1 Schreiben Sie mit positiver Hochzahl und bestimmen Sie den Wert.

a) 2^{-3} b) -5^{-1} c) 10^{-2}

d) $(\frac{2}{3})^{-1}$ e) $\frac{1}{3^{-2}}$ f) $(\frac{4}{3})^{-3}$

2 Schreiben Sie mit positiver Hochzahl.

a) b^{-3} b) $-x^{-1}$ c) $2a^{-2}$

d) $\frac{1}{x^{-1}}$ e) $(\frac{2}{y})^{-2}$ f) $(a+b)^{-3}$

g) s^{-1} h) kmh^{-1} i) ms^{-1}

3 Schreiben Sie als eine Potenz.

a) $5^{-3} \cdot 5^2$ b) $2^4 \cdot 2^{-3}$ c) $6^3 \cdot 6^{-3}$

d) $\frac{4}{4^{-2}}$ e) $\frac{15^{-2}}{5^{-2}}$ f) $(2^{-1})^3$

2.3 Zehnerpotenzen

In der Astronomie treten häufig große Zahlen auf.
So beträgt z. B. das Volumen der Erde
V = 1 080 000 000 000 km^3. Diese Zahl (ohne Einheit)
kann man mithilfe einer **Zehnerpotenz** darstellen:
V = 1,08 · 10^{12} km^3

Beispiele für Zehnerpotenzen mit positiver ganzer Hochzahl (natürliche Hochzahl)

10 = 10^1	(Zehn)	1 000 000 = 10^6	(1 Million)
100 = 10^2	(Hundert)	10 000 000 = 10^7	(10 Millionen)
1 000 = 10^3	(Tausend)	1 000 000 000 = 10^9	(1 Milliarde)
10 000 = 10^4	(Zehntausend)	1 000 000 000 000 = 10^{12}	(1 Billion)

Anwendungen

Entfernung Erde – Mond: 384 000 km = 384 · 10^3 km = 3,84 · 10^5 km

Entfernung Erde – Sonne: 149 500 000 km = 1,495 · 10^8 km

Lichtgeschwindigkeit: 300 000 000 $\frac{m}{s}$ = 3 · 10^8 $\frac{m}{s}$ = 3 · 10^5 $\frac{km}{s}$

Häufig werden auch **Vorsilben** benützt, die den Exponenten bestimmen:

1 **Kilo**meter = 1 km = 10^3 m

1 **Mega**hertz = 1 MHz = 10^6 Hz

1 **Giga**byte = 1 GB = 10^9 Byte

1 **Tera**byte = 1 TB = 10^{12} Byte

Beispiele für Zehnerpotenzen mit negativer ganzer Hochzahl

Zehnerpotenz	Bezeichnung	Abkürzung	Beispiel
$\frac{1}{10} = \frac{1}{10^1} = 10^{-1}$	Dezi	d	dℓ = $\frac{1}{10}$ ℓ; 1 dm = $\frac{1}{10}$ m
$\frac{1}{100} = \frac{1}{10^2} = 10^{-2}$	Zenti	c	1 cm = $\frac{1}{100}$ m
$\frac{1}{1000} = \frac{1}{10^3} = 10^{-3}$	Milli	m	1 mg = 10^{-3} g; 1 mℓ = $\frac{1}{1000}$ ℓ
$\frac{1}{10^6} = 10^{-6}$	Mikro	μ	1 μg = 10^{-6} g
$\frac{1}{10^9} = 10^{-9}$	Nano	n	1 ns = 10^{-9} s

Anwendung in der Längenmessung

$1 \text{ mm} = \frac{1}{1000} \text{ m} = 10^{-3} \text{ m}; \ 1 \text{ µm} = 10^{-6} \text{ m} = 10^{-3} \text{ mm} = \frac{1}{1000} \text{ mm}; 1 \text{ nm} = 10^{-9} \text{ m}$

Mikrometerschraube

Lasermessgerät

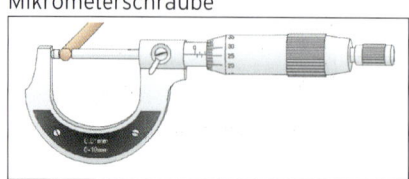

Hinweis: Der Taschenrechner gibt sehr „große" und sehr „kleine" Werte (nahe bei 0) mithilfe einer Zehnerpotenz an, obwohl in der Anzeige nie die Basis 10 erscheint.

Zehnerpotenzen mit Hilfsmittel

Beispiel

600000×900000

3÷6000

$5,4_{\times 10}11$

$5_{\times 10}4$

$600000 \cdot 900000 = 5,4 \cdot 10^{11}$ $\quad 3 : 6000 = 5 \cdot 10^{-4}$

Vereinfachungen

a) $\frac{1}{500\ 000} = \frac{1}{5 \cdot 10^5} = \frac{1}{5} \cdot 10^{-5}$ $\qquad$ b) $0,3 \cdot 10^{-5} \text{ m} = 3 \cdot 10^{-6} \text{ m} = 3 \text{ µm}$

c) $13 \text{ cm}^2 = 13 \cdot (10^{-2} \text{ m})^2 = 13 \cdot 10^{-4} \text{ m}^2$

Aufgaben

1 Schreiben Sie die Zahl in Worten (ohne Hochzahl).

a) 10^4 $\qquad$ b) $3 \cdot 10^6$ $\qquad$ c) $16 \cdot 10^5$ $\qquad$ d) $4 \cdot 10^9$

2 Stellen Sie mit einer Zehnerpotenz dar.

a) 532 000 $\qquad$ b) 12 000 000 $\qquad$ c) 16,3 Millionen $\qquad$ d) 7 Milliarden

e) 0,0035 $\qquad$ f) 0,000000007 $\qquad$ g) 650 Millionen $\qquad$ h) 0,3 µ

3 Drücken Sie die Länge in m aus. Benutzen Sie hierbei Zehnerpotenzen.

a) 1200 dm $\qquad$ b) 300 km $\qquad$ c) 12 000 km $\qquad$ d) 380 000 km

4 Der Fixstern, der unserem Planetensystem am nächsten ist, heißt Alpha Centauri. Er ist 4,3 Lichtjahre von der Erde entfernt. Berechnen Sie seine Entfernung zur Erde in Kilometer.

Das Licht legt in 1 s 300 000 km zurück.

5 Rechnen Sie in Meter (m) um und schreiben Sie das Ergebnis mithilfe einer Zehnerpotenz.

a) $\frac{1}{1000}$ mm $\qquad$ b) $5,2 \cdot 10^{-6}$ mm $\qquad$ c) 4,2 nm

Aufgaben zu Potenzen

1 Vereinfachen Sie.

a) $5^2 \cdot 5^3$

b) $5^3 \cdot 2^3$

c) $\dfrac{5^3}{5^2}$

d) $\dfrac{6^4}{3^4}$

e) $(5^2)^3$

f) $\dfrac{5}{5^4} + \dfrac{1}{5^3}$

2 Vereinfachen Sie. Nenner und Basis sind ungleich null.

a) $\dfrac{a}{a^4} + \dfrac{1}{a^3}$

b) $2x^4 \cdot y^4 - 5(xy)^4$

c) $\dfrac{a^3 - a}{a}$

3 Unterscheiden Sie.

a) $2x^3$ und $(2x)^3$

b) $4(x^2)^3$ und $(4x^2)^3$

c) $a^3 \, a^2;\ a^3 + a^2$ und $(a^3)^2$

4 Multiplizieren Sie aus.

a) $a^2(4a^3 + 1)$

b) $(x^2 + 3x^4) \cdot 3x^3$

c) $(4x^3 + 3)^2$

5

a) Vereinfachen Sie: $\dfrac{6a^5 b^4 c^2}{7x^2 yz^4} \cdot \dfrac{14x^4 yz^3}{3a^4 \, b^4 c}$

b) Stellen Sie den Term $16a^2 - 25$ als Produkt dar.

c) Stellen Sie 5^{-3} mithilfe eines Bruches ohne negativen Exponenten dar.

6 Klammern Sie so weit wie möglich aus.

a) $-45x^5 y^4 z^2 + 30x^3 y^6 z^7 - 15x^3 y^4 z^3 + 45x^3 y^8 z^4$

b) $a^2 b^7 + 3a^2 b^7 c^2 - 5a^3 b^8$

7 Vereinfachen Sie folgenden Term.

a) $5u^2 v \cdot 3uv^2 - 4v \cdot 4u^3 v^2 + 3uv \cdot 4u^2 v^2 - 3u^3 v^3$　　b) $4x^3 x^2 : 0{,}5 + x^5 - x^4 x : 0{,}1$

c) $\dfrac{x^3 yz + 5x^2 y^2 z^2}{x^2 yz}$

d) $\dfrac{3a^2 b - 6ab + 9ab^2}{3ab}$

8 Rechnen Sie in die in der Klammer angegebene Einheit um.

a) $0{,}5\ m^3$　(cm^3)

b) $25{,}2\ m^2$　(cm^2)

c) $10\ mg$　(kg)

d) $250\ m\ell$　(ℓ)

e) $700\ cm^3$　(ℓ)

f) $4000\ cm^2$　(m^2)

9 Fassen Sie zusammen.

a) $300\ m\ell + 0{,}4\ \ell$

b) $600\ nm + 0{,}2\ \mu m$

c) $20\ kmh^{-1} + 60\ \dfrac{km}{h}$

10 Die mittlere Masse einer menschlichen Zelle beträgt $2 \cdot 10^{-12}$ kg.
Wie viele Zellen besitzt ein 50 kg schwerer Mensch?

Was man wissen sollte ... über Termumformungen

- Punktrechnung geht vor Strichrechnung   Beispiel: $4 + 3 \cdot 2 = 4 + 6 = 10$

- Potenzrechnung geht vor Punktrechnung   Beispiel: $8 \cdot 3^2 = 8 \cdot 9 = 72$

- Multiplikation von Termen

$$- \cdot - \quad \text{ergibt} \quad +$$
$$- \cdot + \quad \text{ergibt} \quad -$$

$$(a + b) \cdot (c + d) = ac + ad + bc + bd$$

- Binomische Formeln

$$(a + b)^2 = a^2 + 2ab + b^2$$
$$(a - b)^2 = a^2 - 2ab + b^2$$
$$(a - b)(a + b) = a^2 - b^2$$

- Potenzgesetze

$$a^n \cdot a^m = a^{n+m}$$
$$\frac{a^n}{a^m} = a^{n-m}; \quad a \neq 0$$
$$a^n \cdot b^n = (a \cdot b)^n$$
$$\frac{a^n}{b^n} = \left(\frac{a}{b}\right)^n; \quad b \neq 0$$
$$(a^n)^m = a^{n \cdot m}$$

Test zur Überprüfung Ihrer Grundkenntnisse

1 Zeigen Sie, dass folgende Terme $T_1 = -7x^2 + x(5x - 4) - 4(8 + 3x)$
$$T_2 = -2(x + 4)^2$$
gleich sind.

2 Multiplizieren Sie aus und fassen Sie zusammen.

a) $(a + 3)(a - 4)$ **b)** $(3x - 4)(3 + x)$ **c)** $5(1 - 2a)(a + 2)$

3 Wenden Sie eine binomische Formel an.

a) $(x + 6)^2$ **b)** $(4u - 3)^2$ **c)** $2(x + 8)(x - 8)$

4 Sind die Umformungen richtig oder falsch? Korrigieren Sie die falschen Umformungen.

a) $5^4 \cdot 5^3 = 5^{4+3}$ **b)** $5^7 = 5^4 + 5^3$ **c)** $5^7 = (5^4)^3$

5 Vereinfachen Sie den Term soweit wie möglich.

a) $4x^3 \cdot 2x^2 + 5x^4 \cdot x - 6 \dfrac{x^7}{x^2}$

b) $a^2 \cdot b^3 \cdot c^4 - 7a \cdot b \cdot b^2 \cdot c - 8 \dfrac{a^3 \cdot b^5 \cdot c^5}{a \cdot b^2 \cdot c}$

6 Ergänzen Sie die Symbole durch die fehlenden Werte:

$$\dfrac{\triangle}{16b} = \dfrac{5a}{4b} = \dfrac{30a^2}{\bigcirc} = \dfrac{25a}{\square}$$

7 Schreiben Sie als Zehnerpotenz.

a) 424 178   **b)** 3,9 Millionen   **c)** 650 000

d) 0,0007   **e)** 0,0000008   **f)** $\dfrac{1}{1000}$

8 Max lässt einen Ball aus 1 m Höhe auf einen festen Boden fallen. Der Ball springt nach jedem Aufprall jeweils auf 90 % der Höhe zurück, aus welcher er gefallen ist.

a) Erstellen Sie eine Tabelle für die Höhe nach dem ersten, zweiten dritten, vierten und fünften Aufprall.

b) Wie hoch kommt der Ball nach dem 8. Aufprall?

c) Nach dem 11. Aufprall springt der Ball weniger als 30 cm hoch. Überprüfen Sie diese Behauptung.

d) Geben Sie einen Term für die Höhe nach dem n-ten Aufprall an.

II Gleichungen

Modellierung einer Situation

Die Familie Cerone möchte ein Haus bauen. Für den Kauf des Grundstücks benötigt sie einen Kurzzeitkredit von 30 000 €. Die Laufzeit beträgt 5 Monate.

Es werden von drei Banken Angebote eingeholt.

Angebot A	Angebot B	Angebot C
Zinsen: 281,25 €	3 Monate: Zinssatz 2,5 % 2 Monate: Zinssatz 2 %	20 000 € zu 2,75 % 10 000 € zu 2 %

Die Grundfläche des Hauses ist ein Rechteck mit 180 m².
Die Bauvorschriften sehen vor, dass das Haus 4m länger als breit sein muss.

a) Welches Bankangebot sollte die Familie Cerone annehmen?
b) Ermitteln Sie den Zinssatz für das Angebot A.
c) Berechnen Sie die Seitenlängen des Bauplatzes.

Bearbeiten Sie diese Situation, nachdem Sie die rechts aufgeführten **Qualifikationen und Kompetenzen** erworben haben.

Qualifikationen & Kompetenzen

- Gleichungen lösen
- Bruchgleichungen umformen
- Mit Formeln rechnen
- Prozentrechnen, Zinsrechnen
- Quadratische Gleichungen lösen
- Die mathematische Fachsprache verwenden
- Realitätsbezogene Zusammenhänge beschreiben, darstellen und deuten

1 Einführung

Beispiel

➲ Eine Abschlussklasse mit 26 Schülern lässt ein Foto machen. Der Fotograf möchte, dass sich die Schüler in vier Reihen aufstellen und in jeder Reihe ein Schüler mehr als in der vorhergehenden ist.
Wie viele Schüler sind in der ersten Reihe?

Lösung

Durch Probieren

Die Anzahl der Schüler in der ersten Reihe wird festgelegt.

		In der ersten Reihe sind		
		3 Schüler	4 Schüler	5 Schüler
1. Reihe	***	3	4	5
2. Reihe	****	4	5	6
3. Reihe	*****	5	6	7
4. Reihe	******	6	7	8
Gesamtzahl der Schüler		18	22	26

Ergebnis: In der ersten Reihe sind 5 Schüler.

Hinweis: Ist die Anzahl der Schüler groß, so ist eine mathematische Beschreibung sinnvoll.

Mit einer Gleichung

Die Anzahl der Schüler in der ersten Reihe ist nicht bekannt. Wir bezeichnen sie mit x.

	Anzahl
1. Reihe	x
2. Reihe	x + 1
3. Reihe	x + 2
4. Reihe	x + 3
Gesamtzahl der Schüler (Addition)	4x + 6

In den vier Reihen sind insgesamt 4x + 6 Schüler. Die Klasse hat 26 Schüler.

Somit ergibt sich die Gleichung:

$$4x + 6 = 2$$

4 Bohner u.a. - ISBN 978-3-8120-0119-9

Umformung

Eine Gleichung kann mit einer Waage verglichen werden, die im Gleichgewicht ist.

Die Waage bleibt nur dann im Gleichgewicht, wenn die Gewichte in beiden Waagschalen „gleich" verändert werden.

Waagemodell

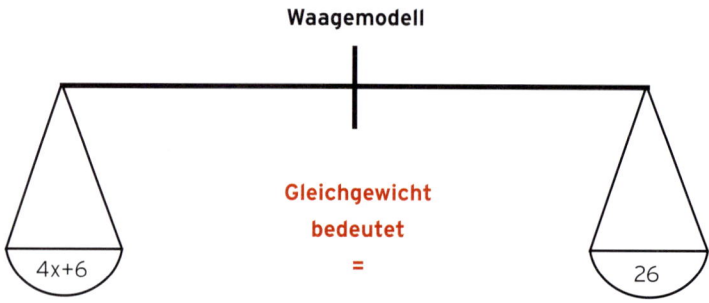

Gleichgewicht

bedeutet

=

4x+6

26

Die „mathematische Waage" bleibt im Gleichgewicht, wenn man folgende Umformungen, die auf eine einfache Gleichung führen, vornimmt.

Gleichung:	$4x + 6 = 26$	$\mid -6$
Auf beiden Seiten 6 subtrahieren:	$4x + 6 - 6 = 26 - 6$	
	$4x = 20$	$\mid : 4$
Beide Seiten durch 4 teilen:	$\dfrac{4x}{4} = \dfrac{20}{4}$	
	$x = 5$	

Die Gleichung hat die Lösung 5.

Es sind 5 Schüler in der vorderen Reihe.

Angabe in **Mengenschreibweise:**   **L = {5}**

Gelesen: Die Zahl 5 gehört zur **Lösungmenge L.**

Probe: Einsetzen von 5 für x

in die ursprüngliche Gleichung: $4 \cdot 5 + 6 = 26$

Wahre Aussage: $26 = 26$

Zu jeder Gleichung gehört eine **Grundmenge G.** Sie enthält alle Zahlen, die als Lösung in Frage kommen.

Beachten Sie

Eine **Gleichung in einer Unbekannten (Lösungsvariablen)** ist eine

Behauptung der Form: **linke Seite = rechte Seite**

Die Lösung einer Gleichung ist ein Element der Grundmenge. Sie macht

die Gleichung zu einer **wahren Aussage.** Die Menge aller Lösungen heißt **Lösungsmenge.**

Bemerkung: **Ziel der Umformungen** ist es, eine gegebene Gleichung in die **einfachste Form** zu bringen. Umformungen, die die Lösungsmenge nicht ändern (Waage bleibt im Gleichgewicht), nennt man **Äquivalenzumformungen.**

Grundmenge

Die Gleichung 4x + 6 = 26 hat die Lösung 5, wenn die Zahl 5 in der Grundmenge ist.

x^2 = 16 wird von der Zahl 4 gelöst, wenn 4 in der Grundmenge ist. Hinweis: 4 · 4 = 16

x^2 = 2 wird von der Zahl $\sqrt{2}$ (Wurzel aus 2) gelöst, wenn die Grundmenge die Zahl $\sqrt{2}$ enthält.

Hinweis: $\sqrt{2} \cdot \sqrt{2}$ = 2

Was ist $\sqrt{2}$ für eine Zahl?
Bestimmung von $\sqrt{2}$ mit Hilfsmittel

```
√2
                    1.414213562
```

Für $\sqrt{2}$ erhält man eine nicht abbrechende, nichtperiodische Dezimalzahl: $\sqrt{2}$ = 1,4142 ...

$\sqrt{2}$ ist eine irrationale Zahl.

```
√3
                    1.732050808
√10
                    3.16227766
π
                    3.141592654
```

Beispiele für irrationale Zahlen

$\sqrt{3}$; $\sqrt{10}$; π

Beispiele für rationale Zahlen (darstellbar als Bruch)

a) $\frac{57}{10}$ = 5,7   abbrechende Dezimalzahl

b) $\frac{1}{3}$ = 0,3333 ...   nicht abbrechende, aber periodische Dezimalzahl

c) $\frac{1}{7}$ = 0,142857142857 ...   nicht abbrechende, aber periodische Dezimalzahl

---

Beachten Sie

Jede Zahl, die sich als eine **nicht abbrechende, nichtperiodische Dezimalzahl** darstellen lässt, ist eine **irrationale Zahl.**

Die Menge, die alle irrationalen Zahlen und alle rationalen Zahlen (Bruchzahlen) enthält, nennt man die **Menge ℝ der reellen Zahlen.**

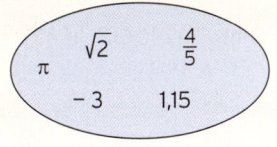

Hinweis: Ist die Grundmenge nicht angegeben, so gilt stets G = ℝ.

Aufgaben

1 Prüfen Sie, ob $\sqrt{6}$ zwischen den angegebenen Zahlen liegt.

a) 2,4; 2,5   b) 2,448; 2,449

2 Welche der folgenden Zahlen sind keine irrationalen Zahlen?

a) $4\sqrt{5}$ b) $\sqrt{25}$ c) $\sqrt{\pi}$ d) π^2 e) $-\sqrt{36}$

2 Lineare Gleichungen

2.1 Lösen von linearen Gleichungen

mvurl.de/kjir

Beispiel 1

➥ Gegeben ist die Gleichung $5x - 2 = 2x - 14$; $G = \mathbb{R}$.
Bestimmen Sie die Lösungsmenge.

Lösung

Ziel: x sollte alleine auf einer Seite stehen.

Gleichung:	$5x - 2 = 2x - 14$	$\vert + 2$
Auf beiden Seiten 2 addieren:	$5x - 2 + 2 = 2x - 14 + 2$	
	$5x = 2x - 12$	$\vert - 2x$
Auf beiden Seiten 2x subtrahieren:	$5x - 2x = 2x - 12 - 2x$	
	$3x = -12$	$\vert : 3$
Beide Seiten durch 3 teilen:	$\dfrac{3x}{3} = \dfrac{-12}{3}$	
	$x = -4$	

Diese Gleichung hat die Lösung $x = -4$.

Lösungsmenge:	$L = \{-4\}$	
Probe:	$5 \cdot (-4) - 2 = 2 \cdot (-4) - 14$	
	$-22 = -22$ (**wahre Aussage**)	
Umformung in Kurzform:	$5x - 2 = 2x - 14$	$\vert + 2$
	$5x = 2x - 12$	$\vert - 2x$
	$3x = -12$	$\vert : 3$
	$x = -4$	

Hinweis: Die Gleichung $3x = -12$ mit $G = \mathbb{R}$ hat nur die Lösung -4.
Multipliziert man diese Gleichung aber mit null, dann ergibt sich $0 = 0$.
Das ist eine wahre Aussage für alle reellen Zahlen. Dies ist ein Widerspruch
zur einzigen Lösung -4, d. h., man darf eine Gleichung **nicht mit null
multiplizieren.**

Eine Gleichung **äquivalent umformen** heißt,

auf beiden Seiten einer Gleichung die gleiche Zahl **addieren oder subtrahieren.**	**beide Seiten einer Gleichung** mit der gleichen Zahl ($\neq 0$) **multiplizieren oder** durch die gleiche Zahl ($\neq 0$) **dividieren.**

Eine Gleichung darf **nicht mit null** multipliziert oder **durch null dividiert** werden.

Hinweis: Eine Gleichung, bei der die gesuchte Variable nur als erste Potenz (x^1) vorkommt,
heißt **lineare Gleichung.**

Beispiel 2

➲ Gegeben ist die Gleichung $4(x - 2) + 7 = 1 - 3(1 - 3x)$; $G = \mathbb{R}$.
Lösen Sie diese Gleichung.

Lösung

Gleichung in x:	$4(x - 2) + 7 = 1 - 3(1 - 3x)$
Klammern ausmultiplizieren:	$4x - 8 + 7 = 1 - 3 + 9x$
Zusammenfassen:	$4x - 1 = -2 + 9x$ $\qquad | - 9x$
Sortieren (x auf eine Seite bringen):	$-5x - 1 = -2$ $\qquad | + 1$
	$-5x = -1$ $\qquad | : (-5)$
Beide Seiten durch (- 5) teilen:	$x = \dfrac{1}{5}$

Die Gleichung hat die Lösung $\dfrac{1}{5}$.

Beispiel 3

➲ Gegeben ist die Gleichung $2(3t - 4) = 7t - 16$; $G = \mathbb{R}$.

a) Ist $t = 5$ eine Lösung?

b) Bestimmen Sie die Lösungsmenge.

Lösung

a) **Hinweis:** Die Lösungsvariable ist in diesem Fall **t, nicht x.**

Setzt man 5 für t ein, so erhält man $\qquad 2(3 \cdot 5 - 4) = 7 \cdot 5 - 16$

eine **f**alsche **A**ussage: $\qquad\qquad\qquad 22 = 19$ **(f. A.)**

Die Zahl 5 gehört **nicht** zur Lösungsmenge. 5 ist keine Lösung.

b) Gleichung in t:	$2(3t - 4) = 7t - 16$
Klammer ausmultiplizieren:	$6t - 8 = 7t - 16$ $\qquad | - 7t$
t auf eine Seite bringen:	$-t - 8 = -16$ $\qquad | + 8$
	$-t = -8$ $\qquad | \cdot (-1)$
Beide Seiten mit (− 1) multiplizieren:	$t = 8$
Lösungsmenge:	$L = \{8\}$

Aufgaben

1 Lösen Sie die Gleichung durch Probieren.

a) $x + 7 = 13$ b) $14 - x = 14$ c) $4x = x - 6$

2 Formen Sie die Gleichung nach x um.

a) $7x = 21$ b) $14 - 2x = 10$ c) $5x = 3x$

d) $4x - 10 = 5x + 8$ e) $-4x - 6 = 2x - 7$ f) $7 + 2x - 9 = 5x - 32 + 3x$

g) $4 + (2x - 12) = -10$ h) $3x - (2x - 5) = 9$ i) $5x - (x + 8) = 5 - (2x + 1)$

j) $12x + (11x - 9) - 2(x - 3) = 1 - (4 - x)$ k) $2(3x - 1) = 5(6x - 2)$

Lineare Gleichungen mit Brüchen

Beispiel 1

➲ Lösen Sie die Gleichung $\frac{x}{3} - \frac{x}{5} = -4$; $G = \mathbb{R}$.

Lösung

Gleichung mit Brüchen:	$\frac{x}{3} - \frac{x}{5} = -4$	$\mid \cdot 15$
Beide Seiten mit dem **Hauptnenner** multiplizieren:	$5x - 3x = -60$	
Zusammenfassen:	$2x = -60$	$\mid : 2$
Lösung der Gleichung:	$x = -30$	

Bemerkung: Bei Gleichungen mit **Brüchen** ist es sinnvoll, wenn man zu Beginn der Umformungen beide Seiten der Gleichung **mit dem Hauptnenner multipliziert.**

Beispiel 2

➲ Gegeben ist die Gleichung $\frac{1}{2}a - \frac{2}{3}(a + 1) = 2a - 5$; $G = \mathbb{R}$.

Bestimmen Sie die Lösungsmenge.

Lösung

Gleichung in a (mit Brüchen):	$\frac{1}{2}a - \frac{2}{3}(a + 1) = 2a - 5$	$\mid \cdot 6$
Beide Seiten mit dem Hauptnenner 6 multiplizieren:	$3a - 4(a + 1) = 12a - 30$	
Weitere Umformungen:	$3a - 4a - 4 = 12a - 30$	$\mid - 12a$
	$-13a - 4 = -30$	$\mid + 4$
	$-13a = -26$	$\mid : (-13)$
	$a = 2$	
Lösungsmenge:	$L = \{2\}$	

Aufgaben

1 Lösen Sie die Gleichung.

a) $\frac{x}{2} = 3$

b) $\frac{2}{3}x = 8$

c) $\frac{1}{5}x - 3 = 0$

d) $-\frac{5}{7}x - 20 = 0$

e) $\frac{x}{2} + x = 7$

f) $6 - \frac{x}{5} - x = 0$

g) $\frac{x}{4} + \frac{1}{4} = x$

h) $\frac{2x}{7} - \frac{4}{7} = \frac{5}{7}x$

i) $\frac{x}{6} = 7 + \frac{3x}{4}$

j) $\frac{x}{2} - 2 = \frac{7}{8}x$

k) $\frac{x}{3} - 2 = x$

l) $\frac{x}{5} - \frac{4}{5} = \frac{3x}{5}$

m) $\frac{x}{3} - \frac{x}{4} = 5$

n) $\frac{x}{6} - \frac{4}{5}x = 8$

o) $\frac{a}{2} = \frac{1}{3}(4 - a) + 3$

p) $\frac{1}{5}(a + 2) - \frac{1}{10}(2a - 3) = \frac{1}{10}(3 - a)$

Lösungsvielfalt

Beispiel

➥ Bestimmen Sie die Lösungsmenge (G = ℝ).

a) $3x + 2 = -(1 - 2x) + x$ b) $2x + 1 - 2(2x - 2) + 4(0,5x - 4) = -11$

Lösung

a) Klammer auflösen: $3x + 2 = -1 + 2x + x$

Zusammenfassen: $3x + 2 = -1 + 3x$ $| -3x$

Auf beiden Seiten 3x subtrahieren: $2 = -1$ **falsche Aussage**

Für alle $x \in \mathbb{R}$ ergibt die Umformung eine **falsche Aussage,**

d. h., die Gleichung hat **keine Lösung.**   **L ist die leere Menge.**

Die leere Menge hat das Zeichen ∅. $L = \varnothing.$

b) Gleichung: $2x + 1 - 2(2x - 2) + 4(0,5x - 4) = -11$

Klammer auflösen: $2x + 1 - 4x + 4 + 2x - 16 = -11$

Zusammenfassung ergibt $-11 = -11$ eine **wahre Aussage.**

Für alle $x \in \mathbb{R}$ sind die linke Seite und rechte Seite **identisch.**

Jedes $x \in \mathbb{R}$ ist Lösung. Die Gleichung hat **unendlich viele Lösungen:** $L = \mathbb{R}$

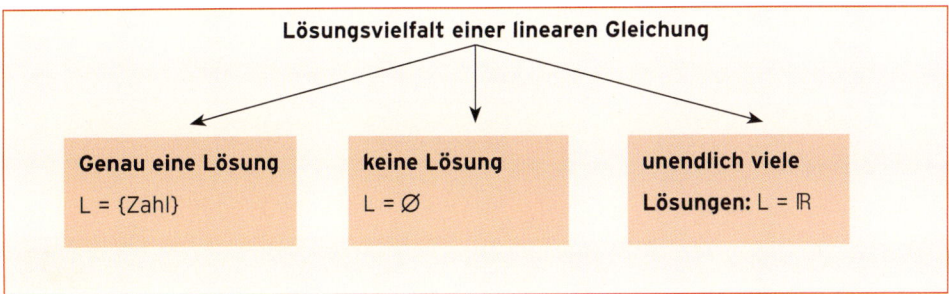

Aufgaben

1 Untersuchen Sie die Gleichung auf Lösungsvielfalt.

a) $5(x - 2) = 20$ b) $3(x + 4) = 8 + 3x$ c) $2(x - 3) = -(6 - 2x)$

2 Bestimmen Sie die Lösungsmenge.

a) $3(x - 2) = -(x + 1) + 5$ b) $-(2x + 4) + 1 = 2(3 - x)$ c) $1 - (x + 1,5) = -0,5(1 + 2x)$

3 Untersuchen Sie, ob die Gleichung $-4 - 3x - (2x - 4) = -5x$ lösbar ist.

Vermischte Aufgaben

1 Lösen Sie die Gleichung nach x auf.

a) $15 + x = 45$

b) $15x = 45$

c) $\frac{x}{15} = 45$

d) $5x - 6 + 6x = 7x + 2$

e) $11x = 3x + 20 - x$

f) $5x + 14 + 6x = 7x + 8 - 2x$

g) $x + (2x - 4) = 11$

h) $3 - (4x - 8) = 13$

i) $13 + 4(2 - x) = 3(5 - x)$

j) $2(x + 6) = -2$

k) $-5(4 - x) = 30$

l) $8(1 - 2x) = 10$

m) $3 + 2(5x + 6) = 18$

n) $50 = 7 + 4(x - 10)$

o) $32 = -(2x + 5) - 11$

2 Vereinfachen Sie die Gleichung und bestimmen Sie die Lösungsmenge.

e) g)

a) $4(2x - 5) = 3(x - 2)$

b) $2(7 - 4x) = 8 - (x + 5)$

c) $6(9 - 2x) = -(4 - 7x)$

d) $7 - x + 5(x - 3) = 10 - 3(x - 3)$

e) $6(5 - x) + 2(3 - x) = 13$

f) $x + (x + 100) + 2(x + 100) = 7x$

g) $(x - 3)(x + 4) = x^2$

h) $2x^2 - (2x - 1)(x - 5) = 0$

i) $(x + 4)(3x - 6) = (x - 2)(3x - 7)$

j) $(2x - 7)(3x - 4) = (6x - 1)(x - 7)$

k) $(x - 3)(6 - x) + x(x - 4) = 5$

l) $3(2x - 2)(5 - x) = -6x(x - 5)$

m) $2(3x - 1) - 5(x - 1) = 4(x - 1)$

n) $6(x + 2) - (x - 2) = 3(\frac{1}{3} - x) - 3$

o) $(x - 3)(4 - x) = -x^2$

p) $(t - 1)^2 - t = (t + 3)^2 + 1$

q) $x(x - 5) + 4 = (x - 3)(x - 5) + 7$

r) $11 - [5 - (z - 4)] = 4[3 + z(z - 1)] - 4z^2$

s) $-[a(9 - a) + 3] = 5 - [(4 - a)3 - a^2]$

t) $6y - [3 - (2y + 4)] = 8 - [2y + 3(11 - 3y)]$

3 Bestimmen Sie die Lösung.

a) e)

a) $1 = \frac{x}{5}$

b) $\frac{x}{5} - \frac{x}{2} = 8$

c) $\frac{x}{7} - 2 = 8 - \frac{2x}{5}$

d) $\frac{5x}{8} - \frac{3x}{4} = \frac{x}{12} - 3$

e) $\frac{5x - 1}{3} = 6 - \frac{x - 2}{3}$

f) $\frac{x + 1}{2} - \frac{3x - 2}{7} = 6 + \frac{2x - 5}{14}$

4 Gegeben ist die Gleichung $\frac{1}{2}x = -\frac{3}{5}x + 11$.

Welche der Zahlen 0; −1; 10 gehören zur Lösungsmenge dieser Gleichung?

5 Bestimmen Sie drei verschiedene Gleichungen, welche die Lösung − 4 haben.

6 Gleichungscocktail

$$7(4 - x) = 0 \qquad \frac{x}{2} = \frac{3}{2}$$

$$2x = -9 \qquad 2 - 2x = 5(x - 4)$$

$$1 - x = 1 \qquad 12 + 3x = 18x - 11$$

Bei welchen Gleichungen lässt sich die Lösung ohne Rechnung bestimmen?

7 Alexander löst eine Gleichung.
Nehmen Sie Stellung und korrigieren
Sie mögliche Fehler.

$$\frac{1}{2}x + 3x = 5(x - 1) \quad | \cdot 2$$
$$x + 3x = 10(x - 1)$$
$$4x = 10x - 1 \quad | + 10x$$
$$14x = -1 \quad | : 14$$
$$x = -\frac{1}{14}$$

8 Zu Beginn des Schuljahres sind 100,00 € in der Klassenkasse.
Der Klassensprecher stellt folgende Gleichung auf: 100 + 32x = 250.
Formulieren Sie einen geeigneten Aufgabentext.

9 Untersuchen Sie, ob die Gleichung 4x − 9 − (− 5x + 2 − 2x − 1) = 11x lösbar ist.

10 Gegeben ist die Gleichung 5x = a − 2.
Bestimmen Sie a für x = 2. Bestimmen Sie x für a = 3,5.

11 Gegeben ist die Gleichung $2x - \frac{1}{3} = 0$.
Geben Sie zwei verschiedenartige Gleichungen an, die dieselbe Lösung haben.

12 Fiona hat für eine Reise 140,00 € zur Verfügung.
Für die Fahrt benötigt sie 15,00 €.
Täglich braucht sie 9,00 €.
Wie viele Tage reicht das Geld?
Schreiben Sie als Gleichung und lösen Sie diese.

13 Für die Summe von vier aufeinanderfolgenden Zahlen steht der Term
(n − 1) + n + (n + 1) + (n + 2). Berechnen Sie n, wenn die Summe 326 beträgt.
Stellen Sie den Term auf, wenn n für die größte Zahl steht.

2.2 Umstellung von Formeln

2.2.1   Formeln in Geometrie und Technik

Für bestimmte Größen (Flächeninhalt, Geschwindigkeit usw.) gibt es Formeln.
Zur Berechnung einer Größe muss man eventuell die entsprechende Formel umstellen.

Beispiel

➲ Die Fomel zur Berechnung des Flächeninhalts
eines Trapezes lautet: $A = \frac{a+c}{2} \, h$.

a) Stellen Sie diese Formel nach c um.

b) Berechnen Sie c für $A = 3 \text{ cm}^2$; h = 4 mm und a = 0,7 dm.

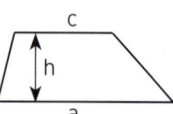

Lösung

a) Flächenformel:

$A = \frac{a+c}{2} \, h \qquad\qquad | \cdot 2$

Beide Seiten mit 2 multiplizieren:

$2A = (a + c) \, h \qquad\qquad | : h$

Beide Seiten durch h teilen:

$\frac{2A}{h} = a + c \qquad\qquad | - a$

Auf beiden Seiten a subtrahieren:

$\frac{2A}{h} - a = c$

Ergebnis: Formel für c

$c = \frac{2A}{h} - a$

b) Einsetzen von $A = 3$ (cm^2); h = 0, 4 (cm)
und a = 7 (cm) in die Formel für c:

$c = \frac{2 \cdot 3}{0,4} - 7 = 8$

Die Seite c ist 8 cm lang.

Aufgaben

1 Lösen Sie folgende Gleichung nach jeder in der Gleichung vorkommenden Variablen
auf.

a) $v = \frac{s}{t}$

b) $A = \frac{1}{2} \cdot g \cdot h$

c) $U = 2 \cdot \pi \cdot r$

d) $V = \frac{1}{3} \cdot G \cdot h$

e) $R = \frac{U}{I}$

f) $V = abc$

g) $U = 2a + 2b$

h) $F = D \cdot s$

i) $A = \frac{a+c}{2} \, h$

2 Für eine Linse gilt die Abbildungsformel $\frac{G}{g} = \frac{B}{b}$.

a) Stellen Sie diese Formel nach B um.

b) Berechnen Sie B für G = 4 cm, g = 1,75 cm und b = 2,41 cm.

3 Die parallelen Seiten a und c eines Trapezes verhalten sich wie 1 : 2.
Bestimmen Sie eine Formel zur Berechnung der Seitenlänge a in Abhängigkeit von der
Höhe h und des Flächeninhalts A.

2.2.2 Prozentrechnung

Das Prozentrechnen ist dazu geeignet, Zahlenverhältnisse besser zu durchschauen und zu vergleichen. Beim Vergleich von Anteilen bezieht man sich auf die Zahl 100.

Beispiel 1

⮕ In einer Klasse mit 25 Schülern besitzen
   18 Schüler ein Smartphone. Wie viel Prozent
   der Schüler haben ein Smartphone?

Lösung

18 Schüler	von	**25** Schülern	sind	$\frac{18}{25} = \frac{72}{100} = 0{,}72 \triangleq$ **72 %**
Prozentwert W		**Grundwert G**		**Prozentsatz p % = $\frac{W}{G}$**

72 % aller Schüler besitzen ein Smartphone.

Beachten Sie

Prozentwert = Grundwert · Prozentsatz
   W   =   G   ·   p %   oder $W = G \cdot \frac{p}{100}$

Beispiel 2

⮕ Ein Großhandelsbetrieb erhält eine Lieferantenrechnung über 1 650,00 €.
a) Bei termingerechter Zahlung werden 3 % Skonto eingeräumt.
   Wie hoch ist der Skontobetrag?
b) Da der Betrieb zu spät zahlt, muss er 80,00 € Mahngebühren bezahlen.
   Welchem Prozentsatz entspricht dies?

Lösung

a) Gegeben: Grundwert G = 1650 €; Prozentsatz p % = 3 % = 0,03
   Gesucht: Prozentwert W

Mit Dreisatz   100 % $\triangleq$ 1650 €

               1 % $\triangleq$ $\frac{1650\ €}{100}$

               3 % $\triangleq$ $\frac{1650\ €}{100} \cdot 3 = 49{,}50\ €$

Der Skontobetrag beträgt 49,50 €.

Mit der Formel: W = G · p % = 1650 € · 0,03 = 49,5 €

b) Gegeben: Grundwert G = 1650 €; Prozentwert W = 80 €
   Gesucht: Prozentsatz p %

Mit der Formel: W = G · p % | : G

Umformung: $\frac{W}{G} = p\ \%$

Werte einsetzen: p % $= \frac{80\ €}{1650\ €} = 0{,}0485$

Die Mahngebühren betragen 4,85 %.

Beispiel 3

⮕ Wegen kleiner Fehler wird eine Ware mit einem Nachlass von 15 % zum
Sonderpreis von 185,20 € verkauft. Wie viel € betrug der ursprüngliche Preis?

Lösung

Gegeben: Prozentsatz 15 %; Prozentwert W = 185,20 €, entspricht p % = 85 % = 0,85
Gesucht: ursprünglicher Preis, Grundwert G (≙ 100 %)

Mit der Formel: $\qquad$ $W = G \cdot p \%$ | : (p %)

Umformung: $\qquad$ $\dfrac{W}{p \%} = G$

Werte einsetzen: $\qquad$ $G = \dfrac{185,20\ €}{0,85} = 217,88\ €$

Der ursprüngliche Preis betrug 217,88 €.

Mit einer Gleichung: Der ursprüngliche Preis ist x.

85 % des ursprünglichen Preises x sind 185,20 €, d. h. $x \cdot \dfrac{85}{100} = 185,2\ €$

Auflösung nach x: $\qquad$ $x = \dfrac{185,2\ €}{85} \cdot 100 = 217,88\ €$

Beispiel 4

⮕ Die Firma Adler erhöht zum 1. Januar den Preis eines
Flachbildschirms um 10 %. Mitte Januar kommt ein
Konkurrenzprodukt auf den Markt. Daraufhin senkt
Firma Adler den Preis um 5 %.
Wie hoch war der Preis vor dem 1. Januar?

Preissenkung!
Nur noch
198,55 €

Lösung

Gesucht: Ursprünglicher Preis, d.h. Grundwert G

Preise bestimmen:	ursprünglicher Preis	G
	ursprünglicher Preis + 10 % Erhöhung	$G + \dfrac{10}{100}\,G = G \cdot \dfrac{110}{100}$
	95 % des erhöhten Preises (5 % Senkung)	$G \cdot 1,1 \cdot 0,95$
	Endpreis	198,55 €

Gleichung aufstellen: $\qquad$ $G \cdot 1,1 \cdot 0,95 = 198,55\ €$ | : (1,1 · 0,95)
Nach G auflösen: $\qquad$ $G = 190\ €$
Der Flachbildschirm kostete 190,00 €.

Zum Verständnis

190 100 %	110 % von 190	209 100 % (neu)	95 % von 209	198,55

Kurzform: $\qquad$ 190 $\qquad$ $\cdot \dfrac{110}{100}$ $\qquad\qquad$ $\cdot \dfrac{95}{100}$ $=$ $\qquad$ 198,55

Aufgaben

1 Übertragen Sie die Tabelle in Ihr Heft und berechnen Sie die fehlenden Werte.

Prozentwert W	Grundwert G	Prozentsatz p %
12,00 €	200,00 €	?
23,20 €	?	5 %
?	270,50 €	8 %

2 Das Sportgeschäft Jakob erhöht zu Beginn des Winters den Preis einer Jacke um 20 %.
Ein Kunde bezahlt 210 €.
Wie hoch war der Preis vor der Erhöhung?

3 Die Umsatzsteuer (19 %) beträgt für eine Ware 72,47 €.
Wie hoch ist der Rechnungsbetrag ohne (netto) bzw. mit (brutto) Umsatzsteuer?

4 Herr Cerone kauft ein Fernsehgerät für 870,00 €.
Bei Barzahlung werden 2 % Skonto gewährt. Er bezahlt bar mit neun 100 € Scheinen.
Wie viel Rückgeld erhält er?

5 Welche Umsatzsteuer und welcher Brutto-
betrag steht auf dem Kassenzettel?
Mit welchem Geldschein bezahlte
der Kunde?

```
Rückgeld                          33,01 EUR

          MwSt       Netto       Steuer
(B)      7,00 %      15,88
```

6 Herr Maier verdient nach einer Gehaltserhöhung von 2,5 % monatlich 2562,50 €.
Wie viel € betrug das Gehalt vor der Erhöhung?

7 Ein Kaufmann zieht vom Rechnungsbetrag einer Warensendung 15 % Rabatt und vom
Restbetrag 3 % Skonto ab. Der Kaufmann muss dem Lieferanten 2500,00 € bezahlen.
Berechnen Sie den Rechnungsbetrag.

8 Paul sagt, von meinem Gehalt muss ich 51,00 € für die Krankenkasse, 8 % für die Lohnsteuer, 8 % von der Lohnsteuer als Kirchensteuer, das sind 6,00 €, bezahlen.
Wie hoch ist sein Bruttogehalt? Welchen Betrag bekommt er ausbezahlt?

9 Berechnen Sie den Preisnachlass in %.

2.2.3 Zinsrechnung

Die Zinsrechnung ist eine Anwendung der Prozentrechnung.

Die drei Grundbegriffe Prozentwert, Grundwert und Prozentsatz ändern ihre Namen.

Beachten Sie

Prozentrechnung: **Prozentwert W   Grundwert G   Prozentsatz p %**

Zinsrechnung: **Zinsen Z   Kapital K   Zinssatz p %**

Formel für den Prozentwert: $W = G \cdot p\,\%$ bzw. $W = G \cdot \dfrac{p}{100}$

Formel für die (jährlichen) Zinsen: $Z = K \cdot p\,\%$ bzw. $Z = K \cdot \dfrac{p}{100}$

Beispiel 1

⮕ Ein Auszubildender hat ein Sparguthaben
   von 1570,00 €.
   Wie viel Zinsen erhält er nach einem Jahr bei
   einem Zinssatz (Zinsfuß) von 1,5 %?

Das Sparbuch im
praktischen Kartenformat

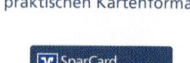

Einzahlen und   Zinsen auf   Bis 2.000 Euro
ansparen, so viel   Ihr Guthaben   pro Monat ohne
Sie möchten   erhalten   Kündigung
                                      abheben

Lösung

Gegeben: Kapital K = 1570 €; Zinssatz: $p = 1{,}5\,\% = \dfrac{1{,}5}{100} = 0{,}015$

Gesucht: Zinsen

Mit der Formel: $Z = K \cdot p\,\%$

$$Z = 1570\,€ \cdot 0{,}015 = 23{,}55\,€$$

Er erhält 23,55 € Zinsen.

Beispiel 2

⮕ Alex bekommt am Jahresende für seine Spareinlage von 4250,00 € eine Gutschrift
   über 106,25 €.

a) Wie hoch ist der Zinssatz?

b) Alex möchte seine Spareinlage und die Zinsen für ein weiteres Jahr anlegen.
    Wie hoch ist sein Kapital am Ende des folgenden Jahres?

Lösung

a) Gegeben: Kapital K = 4250 €; Zinsen Z = 106,25 €
   Gesucht: Zinssatz p%

   Die Formel $Z = K \cdot p\,\%$ nach p % umstellen: $p\,\% = \dfrac{Z}{K}$

   Zahlenwerte einsetzen: $p\,\% = \dfrac{106{,}25\,€}{4250\,€} = 0{,}025 = 2{,}5\,\%$

   Der Zinssatz beträgt 2,5 %.

b) Gegeben: Kapital nach einem Jahr $K_1 = 4250\,€ + 106{,}25\,€ = 4356{,}25\,€$
            Zinssatz p % = 2,5 %

   Zinsen nach dem 2. Jahr: $Z_2 = K_1\,p\,\% = 4356{,}25\,€ \cdot 0{,}025 = 108{,}91\,€$

   Kapital nach 2 Jahren: $K_2 = K_1 + Z_2 = 4356{,}25\,€ + 108{,}91\,€ = 4465{,}16\,€$

   Nach 2 Jahren beträgt sein Kapital 4465,16 €.

Beispiel 3

➲ Ein Darlehen in Höhe von 5 000,00 € wird bei einem Zinssatz von 9 % für 100 Tage aufgenommen. Wie viel Zinsen sind für diesen Zeitraum zu zahlen?

Lösung

Zinsen für ein Jahr: $Z = K \cdot p\,\%$

$$Z = 5\,000\,€ \cdot \frac{9}{100} = 450\,€$$

Für $t = 100$ (Tage) von 360 (Tagen) berechnet man den Bruchteil $\frac{100}{360}$ der Jahreszinsen.

$$Z = K \cdot p\,\% \cdot \frac{t}{360}$$

Zinsen für 100 Tage:

$$Z = 5\,000\,€ \cdot \frac{9}{100} \cdot \frac{100}{360} = 125\,€$$

Es sind 125,00 € an Zinsen zu zahlen.

Damit man sich die Formel besser merken kann, formt man den Term um.

$$Z = K \cdot p\,\% \cdot \frac{t}{360} = \frac{K \cdot p \cdot t}{100 \cdot 360};\ \textbf{Prozentsatz: } \frac{p}{100};\ \textbf{t in Tagen}$$

> **Zinsformel für Tageszinsen:** $\quad Z = \dfrac{K \cdot p \cdot t}{100 \cdot 360}$

Beispiel 4

➲ Ein Darlehen wird 60 Tage zu 7,5 % ausgeliehen.
Es werden einschließlich Zinsen 4 353,75 € zurückbezahlt.
Berechnen Sie die Höhe des Darlehens und die Zinsen.

Lösung

Gesucht: Darlehen (Kapital) K (in €).

Zinsen berechnen:

Formel für die Zinsen Z

$$Z = \frac{K \cdot p \cdot t}{100 \cdot 360}$$

K: Anfangsdarlehen

t: Zeit in Tagen

$\frac{p}{100}$: Zinssatz

Darlehen	K
Zinsen für 60 Tage	$\dfrac{K \cdot 7,5 \cdot 60}{100 \cdot 360}$
Darlehen + Zinsen	$K + \dfrac{K \cdot 7,5 \cdot 60}{100 \cdot 360}$
Rückzahlung	4 353,75 €

Gleichung aufstellen:

$$K + \frac{K \cdot 7,5 \cdot 60}{100 \cdot 360} = 4\,353,75\,€$$

Nach K auflösen:

$$K + 0,0125K = 4\,353,75\,€$$

$$1,0125K = 4\,353,75\,€$$

$$K = 4\,300\,€$$

Das Darlehen beträgt 4 300,00 € und es sind 53,75 € Zinsen zu bezahlen.

1 Übertragen Sie die Tabelle in Ihr Heft und berechnen Sie die fehlenden Werte.

Kapital K	Zinssatz p %	Zeit t	Zinsen Z
520,00 €	2,5 %	77 Tage	?
1200,00 €	4,5 %	?	4,50 €
540,00 €	?	6 Monate	29,70 €
?	9	1,5 Jahre	27,00 €

2 Erkundigen Sie sich bei einem Kreditinstitut nach den aktuellen Zinssätzen für Spareinlagen. Welche Sparmöglichkeiten bietet Ihnen Ihre Bank an?

3 Ein Schüler möchte sich ein Auto kaufen. Er benötigt hierzu einen Kredit von 4 500,00 €. Er holt Angebote von vier Banken ein.

Angebot A	Angebot B	Angebot C	Angebot D
4 500,00 € zu 1,25 %	4 000,00 € zu 1,5 % 500,00 € zu 0,5 %	3 000,00 € zu 1 % 1 500,00 € zu 1,5 %	2 500,00 € zu 0,75 % 2 000,00 € zu 1,5 %

Welches von den vier Angeboten wird der Schüler annehmen?

Begründen Sie Ihre Antwort.

4 Für ein Sparguthaben von 1 500,00 € erhielt man am Ende des Jahres 2005 37,50 € Zinsen. Berechnen Sie den Zinssatz.

5 Ein Kapital von 8 000,00 € wird zu 1 % und ein zweites Kapital von 7 000,00 € zu 3 % ausgeliehen. Nach welcher Zeit ist das erste Kapital einschließlich Zinsen gleich groß wie das zweite Kapital einschließlich Zinsen?

6 Bei der Eröffnung wirbt ein Geldinstitut für eine günstige Geldanlage (mind. 4 000,00 €).

> ✳ *„EXTRASPAREN: 130,00 € ZINSEN IN 2 JAHREN"* ✳

Frau Heinze zahlt 4 000,00 € ein bei einer Laufzeit von 2 Jahren. Das Geldinstitut zahlt jährlich 1,5 % Zinsen. Die Zinsen werden jährlich dem Kapital gutgeschrieben und im folgenden Jahr mitverzinst.
Berechnen Sie die Zinsen und bewerten Sie diese Werbung.

7 Ein Darlehen von 12 000,00 € bringt in 8 Monaten 40,00 € mehr Zinsen als ein zweites Darlehen von 6 000,00 € in der gleichen Zeit. Zu welchem Zinssatz ist jedes Darlehen ausgeliehen, wenn das zweite mit 1 % höher verzinst ist?

8 Simon hat 450,00 € auf seinem Konto.

a) Wie viel Zinsen erhält er nach einem Jahr bei einem Zinssatz von 1,5 %?

b) Über welches Kapital kann er nach einem Jahr verfügen, bei einem doppelt so hohen Zinssatz?

9 Ein Kapital von 7 800,00 € bringt in 30 Tagen 9,75 € Zinsen.
Wie hoch ist der Zinssatz?

10 Manuel will sich für 7 Monate 150,00 € leihen.
Er hat drei Angebote von Alina, Eva und Daniela.

Alina: Rückzahlung von 155,00 €

Eva: Zinsen 3,00 €

Daniela: Zinssatz 4 %.

Vergleichen Sie die drei Angebote.

11 Ein Darlehen wird 5 Monate zu 3 % ausgeliehen.
Es werden einschließlich Zinsen 1518,75 € zurückbezahlt.
Berechnen Sie die Zinsen.

12 Für einen Geldbetrag, welcher 60 Tage zu 4,5 % geliehen war, betrug die Rückzahlung einschließlich Zinsen 906,75 €.

Berechnen Sie das Darlehen und die Zinsen.

13 Zwei Darlehen A und B werden zu 3 % bzw. 4 % ausgeliehen. Die Zinsen betragen insgesamt halbjährlich 65,00 €. Wie groß sind beide Darlehen, wenn das Darlehen A doppelt so hoch ist wie das Darlehen B?

14 Ein Guthaben von 6300,00 € wird zu 3 % verzinst und ein zweites Guthaben von 8300,00 € zu 2 %.

a) Berechnen Sie die Zinsen für beide Guthaben nach 50 Tagen und nach 120 Tagen.

b) Nach wie viel Tagen bringt das erste Guthaben 6 € mehr Zinsen als das zweite?

15 Für eine Rechnung über 100,00 € hat der Kunde zwei Zahlungsmöglichkeiten.
Zahlbar innerhalb von 10 Tagen mit 2,5 % Skonto oder in 30 Tagen rein netto.

Welchem Zinsfuß entspricht der Skontoabzug?

Welche Zahlungsweise ist für den Kunden sinnvoll?

Bearbeiten Sie diese Aufgabe für die zwei Zahlungsmöglichkeiten:

Zahlbar sofort mit 3 % Skonto oder in 10 Monaten rein netto.

5 Bohner u.a. - ISBN 978-3-8120-0119-9

Vermischte Aufgaben

1 Vereinfachen Sie die Gleichung und bestimmen Sie die Lösungsmenge.

a) $6 - (7x - 8) = 13$ b) $4(3x - 4) = 2(x - 2)$

c) $10 - x + 2(x - 5) = -5(x - 1) + 7$ d) $11 - [5 - (z - 4)] = 4[3 + 3(z - 1)] - 4$

e) $\frac{x}{2} + 8 = x$ f) $\frac{x}{3} - 3 = \frac{x}{4}$

2 Lösen Sie Formel $A = \frac{1}{2} e \cdot f$ nach jeder in der Formel vorkommenden Variablen auf.

3 Die Summe von drei natürlichen Zahlen beträgt 147. Die erste Zahl ist doppelt so groß wie die zweite. Die dritte Zahl ist halb so groß wie die zweite.
Ermitteln Sie die drei Zahlen.

4 Zwei natürliche Zahlen unterscheiden sich um 5. Addiert man das Dreifache der kleineren Zahl und ein Viertel der größeren Zahl, so erhält man 37.
Wie heißen die beiden Zahlen?

5 Ein Vater ist 22 Jahre älter als sein Sohn. Dessen Mutter ist 3 Jahre jünger als der Vater. Zusammen sind sie 92 Jahre alt. Wie alt ist jeder?

6 Eine Berufsschule nutzt das nebenstehende Angebot und kauft fünf Druckerpatronen. Vom Preis einschließlich 19 % Umsatzsteuer dürfen 2 % Skonto abgezogen werden. Es sind 332,37 € zu überweisen.
Wie hoch ist der Katalogpreis für eine Einzelpatrone ohne den Mengenrabatt?

> *Aus einem Katalog*
>
> ** Billig Druckerpatronen Billig **
>
> *5 % Rabatt bei Abnahme von mindestens 5 Druckerpatronen*
>
> *Die Katalogpreise enthalten keine Umsatzsteuer!*

7 Ein Staubsauger kostet nach einer Preissenkung von 8 % noch 508,07 €.
Wie teuer war er vor der Preissenkung?

8 Der Preis einer Ware wurde um 6 % erhöht. Da der Umsatz aufgrund dieser Erhöhung zurückging, wurde der Preis um 6 % gesenkt. Wie hoch war der ursprüngliche Preis, wenn die Ware nach der Preissenkung 2 391,36 € kostet?

9 Bei einem Darlehen von 7 000,00 € sind nach Ablauf eines Jahres 7 157,50 € an die Bank zurückzuzahlen. Ermitteln Sie den zugehörigen Zinssatz.

10 Ein Rechteck hat einen Umfang von 59,2 cm.
a) Wie lang sind die Seiten?
b) Welchen Flächeninhalt hat dieses Rechteck?

$x + 4$

x

11 Ordnen Sie den Textaufgaben die zugehörigen Gleichungen zu.
Zu einer Textaufgabe können auch mehrere Gleichungen gehören.
Berechnen Sie anschließend die gesuchten Größen.

a) Das Dreifache einer Zahl ist um 24 größer als die
Zahl selbst. Wie heißt diese Zahl?

b) Hubert und Silke sind zusammen 24 Jahre alt.
Hubert ist doppelt so alt wie Silke.
Wie alt sind Hubert und Silke?

c) Ein Koffer mit Inhalt wiegt 24 kg.
Ohne Inhalt wiegt er nur noch ein Viertel.
Wie schwer ist der Inhalt?

d) Peter, Roland und Kurt haben bei einer Tombola
24,00 € gewonnen. Roland bekommt doppelt so viel
wie Peter, Kurt erhält 3,00 €. Wie viel Geld bekommen
Peter und Roland?

e) In einem Korb sind 24 Äpfel und Birnen.
Es sind 2 Äpfel mehr als Birnen.
Wie viele Äpfel und wie viele Birnen sind im Korb?

f) Eine Mutter ist 24 Jahre alt und ihre Tochter 2 Jahre.
Nach wie viel Jahren ist die Mutter doppelt so alt
wie ihre Tochter?

$x + 2x = 24$

$x + (x - 2) = 24$

$x + (x + 2) = 24$

$3x - 24 = x$

$24 + x = 2(2 + x)$

$3x = 24 - 3$

$6 + x = 24$

$3x - x = 24$

$x + 2x + 3 = 24$

12 Zahlenmauer
Füllen Sie die Zahlenmauer aus. **Regel:** Die Summe zweier benachbarter Steine ergibt den
Wert des darüber liegenden Steines.

a) Prozentrechnung
Für welche Zahl steht
das Fragezeichen?

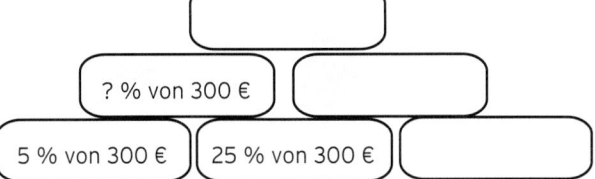

b) Gleichungen
Bestimmen Sie x.

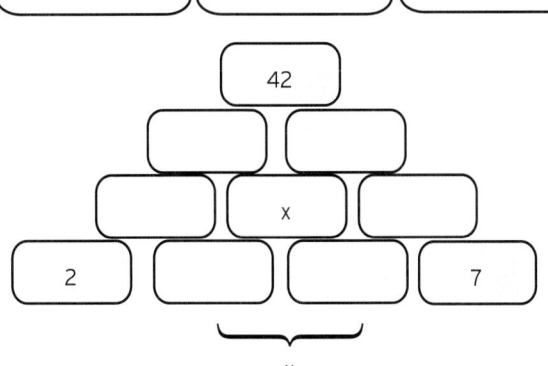

3 Bruchgleichungen

Kommt in einer Gleichung die Lösungsvariable im Nenner vor, so spricht man von einer **Bruchgleichung.**

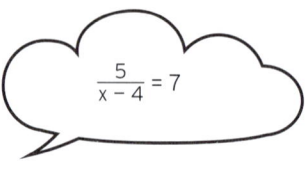

$$\frac{5}{x-4} = 7$$

Beispiel 1

⮞ Gegeben ist die Gleichung $\frac{3}{x} - 2 = 0$; G = ℝ.

a) Für welche Werte ist die Gleichung definiert?

b) Bestimmen Sie die Lösungsmenge.

Lösung

a) Für x darf man nicht null einsetzen, da sonst ein Nenner null wäre.

Es dürfen alle Zahlen aus ℝ außer null eingesetzt werden.

Man sagt: Die Gleichung hat die **Definitionsmenge** D = ℝ\\{0} = ℝ*.

Gelesen: D gleich ℝ **ohne null.**

b) **Bruchgleichung:**

$$\frac{3}{x} - 2 = 0 \quad | + 2$$

$$\frac{3}{x} = 2 \quad\quad | \cdot x$$

Beide Seiten mit x multiplizieren:

$$3 = 2x \quad\quad | : 2$$

$$1{,}5 = x$$

Die Zahl 1,5 gehört zur Definitionsmenge und sie löst diese Gleichung,

somit ist 1,5 eine Lösung.

Lösungsmenge: L = {1,5}

Beispiel 2

⮞ Zeigen Sie, dass die Zahl − 7 eine Lösung der Gleichung $\frac{15}{x+2} = -3$ mit G = ℝ ist.

Ist − 2 eine Lösung dieser Gleichung?

Lösung

Probe mit x = − 7:

$$\frac{15}{-7+2} = -3$$

$$\frac{15}{-5} = -3 \text{ w. A.}$$

Ergebnis: − 7 ist eine Lösung dieser Gleichung.

Einsetzen von x = − 2:

$$\frac{15}{-2+2} = -3$$

$$\frac{15}{0} = -3$$

$\frac{15}{0}$ ist nicht definiert. Durch null darf man nicht dividieren.

Ergebnis: − 2 ist keine Lösung dieser Gleichung, da − 2 nicht zur Definitionsmenge gehört.

Hinweis: Definitionsmenge D = ℝ\\{− 2}

Beispiel 3

➲ Gegeben ist die Gleichung $\frac{5}{x-4} = 7$; $G = \mathbb{R}$.

Bestimmen Sie die Lösungsmenge.

Lösung

Definitionsmenge bestimmen

Der Nenner wird null für x = 4: $D = \mathbb{R}\backslash\{4\}$

Bruchgleichung: $\frac{5}{x-4} = 7 \qquad | \cdot (x-4)$

Beide Seiten mit dem Term (x − 4) multiplizieren: $5 = 7(x-4)$

Umformung: $5 = 7x - 28 \qquad | + 28)$

                                                         $33 = 7x \qquad | : 7$

                                                         $\frac{33}{7} = x$

Die Zahl $\frac{33}{7}$ gehört zur Definitionsmenge und sie löst diese Gleichung. $\frac{33}{7}$ ist eine Lösung.

Lösungsmenge: $L = \left\{\frac{33}{7}\right\}$

Beispiel 4

➲ Lösen Sie die Gleichung $\frac{7}{x} = \frac{8}{x+1}$; $G = \mathbb{R}$.

Lösung

Definitionsmenge bestimmen

Die Nenner x bzw. x + 1 werden null für x = 0

bzw. x = − 1: $D = \mathbb{R}\backslash\{0; -1\}$

Bruchgleichung: $\frac{7}{x} = \frac{8}{x+1} \qquad | \cdot x$

Gleichung "nennerfrei" machen. $7 = \frac{8}{x+1} \cdot x \qquad | \cdot (x+1)$

                                                         $7(x+1) = 8x$

                                                         $7x + 7 = 8x \qquad | -7x$

                                                         $7 = x$

7 gehört zur Definitionsmenge und löst diese Gleichung.

Lösungsmenge: $L = \{7\}$

oder Umformung mithilfe des Hauptnenners

Beide Seiten mit dem **Hauptnenner** multiplizieren: $\frac{7}{x} \cdot x(x+1) = \frac{8}{x+1} \cdot x(x+1)$

Umformung: $7(x+1) = 8x$

Vorgehensweise zum Lösen einer Bruchgleichung

1. Definitionsmenge bestimmen

2. Beide Seiten mit dem Hauptnenner multiplizieren

3. Gleichung umformen (vereinfachen) bzw. lösen

4. Lösungsmenge angeben

Aufgaben

1 Bestimmen Sie die Definitionsmenge.

a) $\frac{2}{x} = 6$

b) $3 = \frac{4}{x + 7}$

c) $\frac{4}{x} = \frac{5}{x - 6}$

2 Gegeben ist die Gleichung $\frac{x - 3}{x - 2} = 0$. Welche der Zahlen aus {1; 2; 3} ist Lösung?

3 Bestimmen Sie die Definitionsmenge und die Lösungsmenge.

a) $\frac{5}{x} = 1$

b) $\frac{4}{x} - 8 = 0$

c) $5 = \frac{7}{x}$

d) $7 \cdot \frac{1}{x} = 10$

e) $\frac{7}{2x} = -1$

f) $\frac{5}{3x} - 1 = 0$

g) $7 - \frac{9}{x} = 0$

h) $\frac{5}{4x} = \frac{1}{2}$

i) $\frac{6}{5x} - \frac{1}{5} = 0$

j) $\frac{3}{x} + 3 = \frac{4}{x}$

k) $\frac{4}{x} + \frac{5}{x} = 3$

l) $\frac{1}{x} = 2 \cdot \frac{1}{x} + 1$

a) b)

4 Welche Zahlen dürfen für x nicht eingesetzt werden?
Lösen Sie die Gleichung.

a) $\frac{5}{x - 1} = 1$

b) $2 = \frac{8}{x - 2}$

c) $\frac{5}{x - 3} = \frac{1}{4}$

d) $\frac{2}{5 - x} - \frac{1}{3} = 0$

e) $4 \cdot \frac{1}{x - 1} = 3$

f) $\frac{1}{x} - \frac{1}{6} = \frac{2}{3x}$

g) $\frac{5}{x} = \frac{8}{x + 1}$

h) $\frac{1}{x} - \frac{2}{x - 2} = 0$

i) $\frac{4}{x - 3} = \frac{2}{x}$

j) $\frac{1}{x} + \frac{1}{2x} = 3$

k) $\frac{1}{3x} = \frac{1}{x} - 2$

l) $3 - \frac{2}{5x} = \frac{1}{2x}$

5 Klaus löst eine Gleichung.
Er stellt fest:
Die Gleichung hat eine Lösung.
Wo steckt der Fehler? Nehmen Sie dazu Stellung.

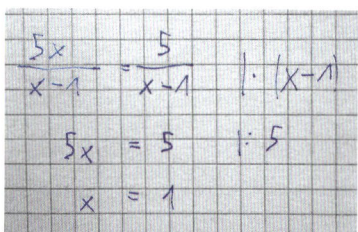

6 Ordnen Sie jeder Gleichung ihre Lösungsmenge zu.

a) $2 = \frac{8}{x}$

b) $\frac{2}{x - 4} = \frac{4}{x} - 3$

c) $\frac{7}{x + 3} + 1 = 0$

Lösungsmenge: $L_1 = \{0; 4\}$; $L_2 = \{4\}$; $L_3 = \{1\}$; $L_4 = \{-3\}$; $L_5 = \{-10\}$; $L_6 = \{2\}$

4 Quadratische Gleichungen

4.1 Einführung

Beispiel

➥ Eine Tafel Schokolade hat die Form
eines Quadrats mit dem Flächeninhalt von
ca. 144 cm^2.
Wie lang sind die Seiten dieser Tafel?

Lösung

Es wird eine positive Zahl x gesucht, die mit sich selbst
multipliziert 144 ergibt. $x \cdot x = 144$

$$x^2 = 144$$

Hinweis: $x^2 = 144$ ist eine **quadratische Gleichung.**

Diese Gleichung löst man

durch Wurzelziehen: $\sqrt{144} = 12$, denn $12 \cdot 12 = 144$

Die Länge einer Kante beträgt 12 cm.

Hinweis: Man sagt, die Zahl 12 ist die Quadratwurzel aus 144.

Schreibweise: $\sqrt{144} = 12$ Gelesen: Die Quadratwurzel aus 144 ist 12.

Zur „**Quadratwurzel**" sagt man „Wurzel".

Erläuterung

1. $\sqrt{10}$ ist die **positive Zahl**, die mit sich selbst multipliziert 10 ergibt.

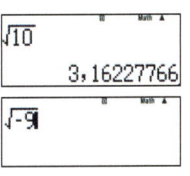

2. $\sqrt{-9}$ ist nicht definiert, da das Quadrat einer
reellen Zahl nie negativ ist.

Z. B.: $(-3) \cdot (-3) = +9$ und $3 \cdot 3 = +9$.

Festlegung

Die Quadratwurzel aus einer **positiven Zahl a** ist diejenige **positive Zahl b**,
die mit sich selbst multipliziert a ergibt. Für die Zahl 0 gilt: $\sqrt{0} = 0$.

$$\sqrt{a} = b; \quad a, b \geq 0$$

Beispiele

a) $\sqrt{0,25} = 0,5$, denn $0,5 \cdot 0,5 = 0,25$ b) $\sqrt{\frac{4}{9}} = \frac{2}{3}$, denn $\frac{2}{3} \cdot \frac{2}{3} = \frac{4}{9}$

c) $\sqrt{7^2} = \sqrt{49} = 7$ d) $\sqrt{-16}$ ist nicht definiert.

e) $\sqrt{(-7)^2} = \sqrt{49} = 7$ **Aber:** $\sqrt{-7^2} = \sqrt{-49}$ ist nicht definiert.

Beachten Sie

Eine Gleichung, in der die Lösungsvariable im Quadrat (keine höhere Potenz) vorkommt,
heißt **quadratische Gleichung.**

mvurl.de/rxqg

4.2 Lösung einer quadratischen Gleichung

Reinquadratische Gleichungen der Form $ax^2 + c = 0$ (mit $a \neq 0$)

Beispiel 1

➲ Lösen Sie folgende quadratische Gleichung: $x^2 - 4 = 0$.

Lösung

Quadratische Gleichung:	$x^2 - 4 = 0$
Umformung nach x^2:	$x^2 = 4$

Gesucht sind Zahlen, deren Quadrat 4 ist.

Eine Zahl x_1 erhält man durch **Wurzelziehen:** $x_1 = \sqrt{4} = 2$

Wegen $(-2) \cdot (-2) = 4$ hat diese Gleichung

noch eine **zweite Lösung:** $x_2 = -2$

Die quadratische Gleichung hat **zwei Lösungen:** $x_1 = 2; x_2 = -2$

Kurzschreibweise: $x_{1|2} = \pm 2$

Beispiel 2

➲ Gegeben ist eine quadratische Gleichung. Lösen Sie diese Gleichung.

a) $2x^2 - 32 = 0$

b) $-5x^2 = 15$

c) $7x^2 = 0$

d) $\frac{1}{2}x^2 + 8 = 0$

Lösung

a) Quadratische Gleichung: $2x^2 - 32 = 0$ $| + 32$

$2x^2 = 32$ $| : 2$

$x^2 = 16$

Lösung durch **Wurzelziehen:** $x_1 = \sqrt{16} = 4$

$x_2 = -\sqrt{16} = -4$

Die Gleichung hat **zwei Lösungen:** $x_1 = 4$ und $x_2 = -4$

Schreibweise: $x_{1|2} = \pm 4$

b) Quadratische Gleichung: $-5x^2 = -15 \mid : (-5)$

Umformung nach x^2: $x^2 = 3$

Lösung durch **Wurzelziehen:** $x_1 = \sqrt{3}; x_2 = -\sqrt{3}$

Hinweis: $(-\sqrt{3}) \cdot (-\sqrt{3}) = 3$

Die Gleichung hat **zwei Lösungen:** $x_1 = \sqrt{3}; x_2 = -\sqrt{3}$

Schreibweise: $x_{1|2} = \pm\sqrt{3}$

c) Quadratische Gleichung: $7x^2 = 0 \mid : 7$

Umformung: $x^2 = 0$

Lösung durch **Wurzelziehen:** $x_1 = 0; (x_2 = 0)$

Die Gleichung $x^2 = 0$ hat **eine (doppelte) Lösung.**

Schreibweise: $x_{1|2} = 0$

d) Quadratische Gleichung: $\frac{1}{2}x^2 + 8 = 0 \mid -8$

Umformung: $\frac{1}{2}x^2 = -8 \quad \mid \cdot 2$

$x^2 = -16$

Die Gleichung $x^2 = -16$ hat **keine Lösung,** da man aus einer negativen Zahl keine Wurzel ziehen kann (in $\mathbb{R}$). Es gibt keine Zahl, die mit sich selbst multipliziert -16 ergibt.

Beachten Sie

Hat eine quadratische Gleichung die Form **$ax^2 + c = 0$** ($a \neq 0$),

so kann man die Gleichung zu $x^2 = \boxed{-\dfrac{c}{a}}$ umformen.

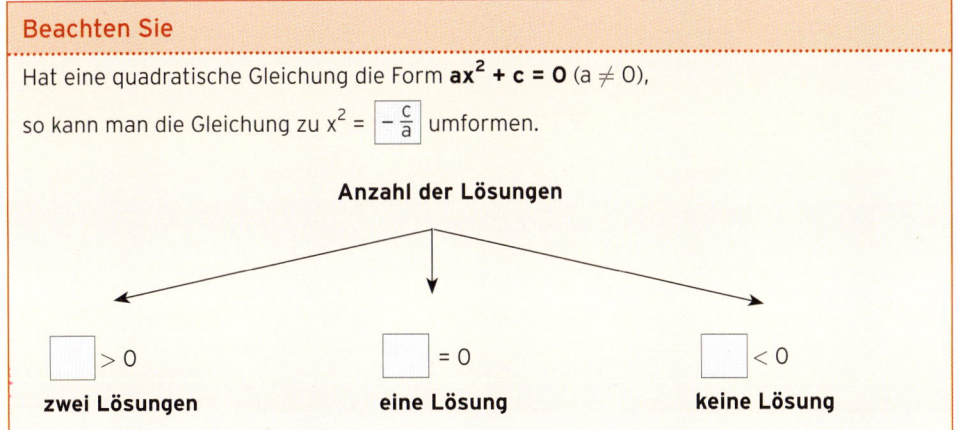

Anzahl der Lösungen

$\boxed{} > 0$	$\boxed{} = 0$	$\boxed{} < 0$
zwei Lösungen	**eine Lösung**	**keine Lösung**

Aufgaben

1   Lösen Sie die quadratische Gleichung und machen Sie die Probe, falls es eine Lösung gibt.

a) $x^2 = 64$

b) $x^2 = 1$

c) $x^2 = 0{,}09$

d) $x^2 = \frac{81}{16}$

e) $x^2 + 3 = 3$

f) $x^2 = -4$

g) $x^2 - 5 = 11$

h) $\frac{1}{2}x^2 + 7 = 10$

i) $3x^2 - 15 = 0$

2   Lösen Sie die quadratische Gleichung.

a) $x^2 = 7$

b) $x^2 = 21$

c) $x^2 = 75$

d) $x^2 = \frac{3}{5}$

e) $x^2 = 0{,}08$

f) $x^2 = 1000$

g) $2x^2 - 50 = 0$

h) $9x^2 = 81$

i) $5x^2 + 5 = 0$

j) $15x^2 = -60$

k) $\frac{1}{3}x^2 = \frac{4}{3}$

l) $\frac{2}{5}x^2 - \frac{3}{10} = 0$

3   Geben Sie die Lösungsmenge an.

a) $4 - 4x^2 = 0$

b) $\frac{4}{5}x^2 = x^2$

c) $\frac{5}{4} - \frac{1}{4}x^2 = 0$

d) $3x^2 + 5 = -x^2 + 1$

e) $-\frac{8}{3} + 2x^2 = 0$

f) $\frac{1}{2}x^2 - \frac{5}{3} = 0$

4   Lösen Sie folgende Gleichung.

Geben Sie die Anzahl der Lösungen an.

a) $\frac{1}{2}x^2 = 4$

b) $x^2 - 7 = 2(x^2 - 3{,}5)$

c) $-2x^2 + 6 = 0$

5   Vereinfachen Sie und bestimmen Sie die Lösung.

a) $x(2x - 1) = x^2 - x + 1$

b) $(x - 3)^2 = -x^2 - 6x + 5$

c) $(x - 1)^2 = (2x - 1)^2 + 2x$

d) $(5x - 2)^2 = (3x - 2)^2 - 2(4x - 3)$

6   Gegeben ist die Gleichung $x^2 - 1 = 0$.
Ändern Sie die Gleichung so ab, dass sich die Anzahl der Lösungen ändert.

7   Bestimmen Sie c so, dass die Gleichung $x^2 + c = 0$ zwei Lösungen hat.

8   Geben Sie eine quadratische Gleichung mit den Lösungen 5 und − 5 an.

9   Ein Luftakrobat springt in einer Höhe von
1600 m aus dem Flugzeug ab. Er fällt dann 400 m frei.
Für die Berechnung des zurückgelegten Weges y in
Abhängigkeit von der Zeit x gibt es die Formel: $y = 5x^2$
(x in Sekunden, y in Meter).
Wie lange fällt er frei?

Gemischtquadratische Gleichungen der Form $ax^2 + bx + c = 0$ (mit $a \neq 0$)

Für die Lösung einer quadratischen Gleichung der (allgemeinen) Form

$ax^2 + bx + c = 0$ gibt es Lösungsformeln.

Im Buch wird die abc-Formel verwendet.

Formel zum Lösen einer quadratischen Gleichung

Hat eine quadratische Gleichung der Form $ax^2 + bx + c = 0; a \neq 0$ die

Lösungen x_1 und x_2, so gilt: $x_{1|2} = \dfrac{-b \pm \sqrt{b^2 - 4ac}}{2a}$ (abc-Formel)

Der Term unter der Wurzel (der Radikand) heißt **Diskriminante D: $D = b^2 - 4ac$**

Hinweis: Eine weitere Lösungsformel ist die pq-Formel.

Beispiel

➲ Gegeben ist eine quadratische Gleichung. Geben Sie die Anzahl der Lösungen an.

Lösen Sie die Gleichung.

a) $3x^2 + 14x - 5 = 0$ b) $-\dfrac{1}{2}x^2 + 5x - \dfrac{25}{2} = 0$ c) $3x^2 - 6x = -15$

Lösung

a) Werte für a, b und c: $a = 3; b = 14, c = -5$

abc-Formel: $x_{1|2} = \dfrac{-b \pm \sqrt{b^2 - 4ac}}{2a}$

Werte für a, b und c in die Formel einsetzen: $x_{1|2} = \dfrac{-14 \pm \sqrt{14^2 - 4 \cdot 3 \cdot (-5)}}{2 \cdot 3}$

D = 196 + 60 = 256 > 0: $x_{1|2} = \dfrac{-14 \pm \sqrt{256}}{6}$

Wurzel ziehen: $x_{1|2} = \dfrac{-14 \pm 16}{6}$

x_1 berechnen: $x_1 = \dfrac{-14 + 16}{6} = \dfrac{1}{3}$

x_2 berechnen: $x_2 = \dfrac{-14 - 16}{6} = \dfrac{-30}{6} = -5$

D > 0; Gleichung hat zwei Lösungen: $x_1 = \dfrac{1}{3}$

                                               $x_2 = -5$

Die Gleichung hat die Lösungen $x_1 = \dfrac{1}{3}$ und $x_2 = -5$.

mvurl.de/7s7q

b) Gleichung vereinfachen:

$$-\frac{1}{2}x^2 + 5x - \frac{25}{2} = 0 \quad | \cdot (-2)$$

$$x^2 - 10x + 25 = 0$$

Werte für a, b und c

$$a = 1; \ b = -10; \ c = 25$$

in die Formel einsetzen:

$$x_{1|2} = \frac{10 \pm \sqrt{(-10)^2 - 4 \cdot 1 \cdot 25}}{2 \cdot 1}$$

D = 100 – 100 = 0

$$x_{1|2} = \frac{10 \pm \sqrt{0}}{2}$$

Wurzel ziehen:

$$x_{1|2} = \frac{10 \pm 0}{2}$$

x_1 berechnen:

$$x_1 = \frac{10 + 0}{2} = \frac{10}{2} = 5$$

x_2 berechnen:

$$x_2 = \frac{10 - 0}{2} = \frac{10}{2} = 5$$

D = 0; Gleichung hat eine (doppelte) Lösung: $x_{1|2} = 5$

Die Gleichung hat genau eine Lösung $x_{1|2} = 5$.

c) Auf Nullform bringen:

$$3x^2 - 6x = -15 \quad | + 15$$

Nullform:

$$3x^2 - 6x + 15 = 0$$

Werte für a, b und c

$$a = 3; \ b = -6; \ c = 15$$

in die Formel einsetzen:

$$x_{1|2} = \frac{6 \pm \sqrt{(-6)^2 - 4 \cdot 3 \cdot 15}}{2 \cdot 3}$$

D = 36 – 180 = - 144 $<$ 0

$$x_{1|2} = \frac{6 \pm \sqrt{-144}}{6}$$

Die Gleichung hat **keine Lösung,** da man die Wurzel aus einer negativen Zahl **nicht** ziehen kann.

D $<$ 0; Gleichung hat keine Lösung.

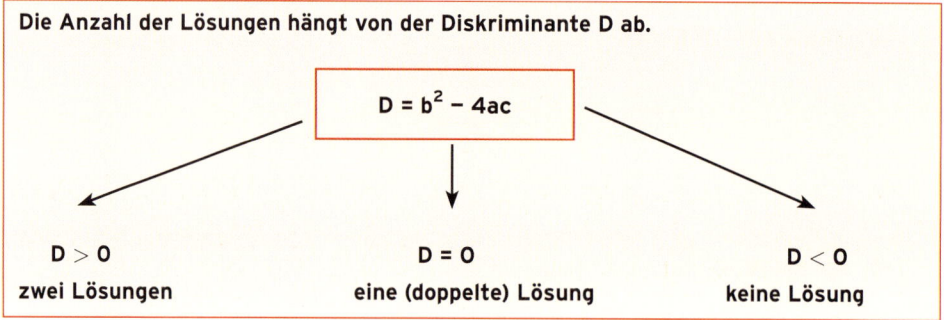

Die Anzahl der Lösungen hängt von der Diskriminante D ab.

$$D = b^2 - 4ac$$

D $>$ 0	D = 0	D $<$ 0
zwei Lösungen	**eine (doppelte) Lösung**	**keine Lösung**

1 Lösen Sie die quadratische Gleichung.

a) $x^2 + x - 12 = 0$

b) $x^2 + 6x - 16 = 0$

c) $2x^2 - 12x + 18 = 0$

d) $-x^2 + 4x - 4 = 0$

e) $2x^2 + 2x - 11 = 0$

f) $-3x^2 - 5x + 8 = 0$

g) $x^2 + 2x + 7 = -2x + 2$

h) $2x^2 + 6x = 8$

i) $\frac{3}{2} + \frac{1}{6}x^2 = x$

j) $8x^2 + 3x = 0$

k) $x^2 - x = 0$

l) $4x^2 - x = 0$

a) b)

2 Bestimmen Sie alle Lösungen.

a) $2x^2 - 9x = -7$

b) $3 - 2x + \frac{1}{3}x^2 = 0$

c) $-x^2 - \frac{5}{4}x = -\frac{7}{8}$

d) $0 = 1{,}5x(x + 2) - 3$

e) $x(2x + 1) - 5 = 0$

f) $(2x + 5)^2 - 49 = 0$

g) $9 = (2x + 5)^2$

h) $x^2 - \frac{11}{2}x + 7 = -\frac{1}{2}x + 2$

i) $x(5x - \frac{25}{2}) = x^2 - \frac{1}{2}x - 12$

j) $(2x + 5)^2 = 0$

k) $x(2x + 5) = 0$

l) $(2x)^2 - 5 = 0$

m) $(2x + 1)x = 3$

n) $2 - x^2 = 0$

o) $6(\frac{7}{4}x - \frac{1}{2}x^2) = 0$

p) $7x + x^2 = 0$

q) $\frac{x^2}{6} + \frac{x}{6} = 0$

r) $\frac{3}{2}x = \frac{1}{2}x^2$

3 Berechnen Sie die Diskriminante D und bestimmen Sie die Anzahl der Lösungen.

a) $x^2 + 10x + 24 = 0$

b) $2x^2 - 16x + 32 = 0$

c) $x^2 - 4x + 5 = 0$

d) $3x^2 + x - 2 = 0$

e) $0{,}5x^2 + 2x + 2 = 0$

f) $\frac{1}{4}x^2 - 3x + 10 = 0$

4 Erklären Sie, warum eine quadratische Gleichung mit D = 0 nur eine Lösung hat.

5 Entscheiden Sie, ob es zweckmäßig bzw. sinnvoll ist, bei den folgenden Aufgaben die Lösungsformel anzuwenden.
Begründen Sie Ihre Entscheidung. Lösen Sie die Gleichung.

a) $x^2 - 81 = 0$

b) $x^2 - \frac{1}{2}x - 5 = 0$

c) $x + 3x - 6 = 0$

6 Eine quadratische Gleichung hat die Lösungen $x_1 = \frac{3}{2}$ und $x_2 = -7$.
Wie lautet eine mögliche Gleichung?

7 Die Flughöhe einer Rakete nach dem Start hängt von der Zeit ab. Für eine Saturn V-Rakete kann die Flughöhe (in m) näherungsweise mit der Term $T = 1{,}17x^2 + 5{,}99x$ in Abhängigkeit von der Zeit x (in s) beschrieben werden.

a) Wie hoch ist die Rakete nach 6 s?

b) Nach welcher Zeit ist die Flughöhe 150 m?

8 Bestimmen Sie die Werte der Koeffizienten in der Gleichung $ax^2 + bx + c = 0$.

Gleichung	a	b	c
$5x^2 + 3x - 8 = 0$			
$4x^2 = x$			
$x(3 - x) = 9$			
$-7x^2 + 13 = 0$			
$\frac{1}{2}(x^2 - 4x + 8) = 0$			

9 Lösen Sie die (quadratische bzw. lineare) Gleichung.

a) $2x^2 - 5x = 0$ **b)** $16 - 8x + x^2 = 0$ **c)** $-x^2 - \frac{5}{4}x = -x^2 + 4$

d) $\frac{1}{2}x - 7 = -6x$ **e)** $x^2 - 3x = x(x + 5) + 1$ **f)** $4x + 5 = \frac{1}{2}(x - 4)$

10 Die quadratische Gleichung $x^2 + px + 12 = 0$ hat die Lösung $x_1 = -6$.
Bestimmen Sie p und die zweite Lösung x_2.

11 Die quadratische Gleichung $x^2 + 3x + q = 0$ hat die Lösung $x_1 = 2$.
Geben Sie die Gleichung an.

12 Gegeben ist die folgende Gleichung: $tx^2 + 9x + 1 = 0$.
Für welchen Wert von $t \neq 0$ hat die Gleichung genau eine Lösung?

13 Eine quadratische Gleichung hat die Lösungen $x_{1|2} = \dfrac{5 \pm \sqrt{(-5)^2 - 4 \cdot 1 \cdot 6}}{2}$.
Geben Sie eine mögliche Gleichung an.

14 Gleichungsparkett

$1,5x + 2 = x$	
$5(x - 2) = (x - 1) \cdot 3$	$3(3a - 4) = a + 4$
$(x - 2)(x - 3) = 0$	$8(x - 7) = (x - 7) \cdot 9$
$6x = x$	$6x^2 = x$
$(x - 2)^2 = 9$	$\frac{x}{2} - 2 = \frac{1}{2}(x - 5)$
$(2t - 1)^2 + 1 = t^2 + 34$	$1,25x + 50 = 5$
$4 = \frac{1}{x - 1}$	$\frac{1}{3}x + \frac{4x}{5} = 17$

4.3 Anwendungen

Beispiel 1

⮕ Herr Kessler möchte ein Einfamilienhaus bauen. Man bietet ihm einen rechteckigen Bauplatz an, bei dem die beiden Seiten (Länge und Breite) zusammen 53 m lang sind.
Die Fläche des Bauplatzes beträgt 672 m^2.
Bestimmen Sie Länge und Breite des Bauplatzes.

Lösung

Variable festlegen:

Gesuchte Länge: x (in Meter)

Die Breite ergibt sich aus: 53 − x

Hinweis: Bei Aufgaben aus der Geometrie kann eine Skizze hilfreich sein.

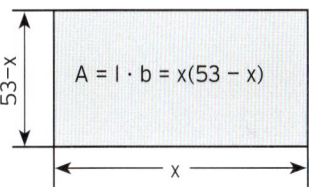

$$A = l \cdot b = x(53 - x)$$

Gleichung aufstellen:

Mit A = 672

$$x \cdot (53 - x) = 672$$

Gleichung lösen:

Quadratische Gleichung:

$$-x^2 + 53x = 672 \mid -672 \mid \cdot (-1)$$

Nullform:

$$x^2 - 53x + 672 = 0$$

a, b, c bestimmen:

$$a = 1; b = -53; c = 672$$

Werte für a, b und c in die Formel einsetzen:

$$x_{1|2} = \frac{53 \pm \sqrt{(-53)^2 - 4 \cdot 1 \cdot 672}}{2 \cdot 1}$$

Diskriminante D = 121:

$$x_{1|2} = \frac{53 \pm \sqrt{121}}{2}$$

x_1 berechnen:

$$x_1 = \frac{53 + 11}{2} = 32$$

x_2 berechnen:

$$x_2 = \frac{53 - 11}{2} = 21$$

Die Länge des Bauplatzes beträgt 32 m, die Breite 53 m − 32 m = 21 m.

Hinweis: Wählt man als Länge x_2 = 21 (m), so ergibt sich für die Breite: 53 m − 21 m = 32 m.

Probe anhand des Textes:

Gesamtlänge 53 m: 32 m + 21 m = 53 m

Flächeninhalt A = 672 m^2:   32 m · 21 m = 672 m^2

Beispiel 2

⊃ Herr Bernhard bezahlt zu Beginn eines Jahres 1500,00 € auf sein Konto ein.
Die Zinsen nach dem ersten Jahr lässt er auf seinem Konto stehen. Nach zwei Jahren
beträgt sein Guthaben einschließlich Zinsen 1591,35 €. Wie hoch ist der Zinssatz?

Lösung
Variable festlegen: Zinssatz: x %

Gleichung aufstellen:

Zinsen für das erste Jahr:

$$\frac{1500x}{100}$$

Kapital nach dem 1. Jahr:

$$1500 + \frac{1500x}{100} = 1500 \cdot (1 + \frac{x}{100})$$

Kapital nach dem 2. Jahr:

$$1500 \cdot (1 + \frac{x}{100}) \cdot \mathbf{(1 + \frac{x}{100})} = 1591,35$$

$$1500 \cdot (1 + \frac{x}{100})^2 = 1591,35$$

Gleichung lösen:

Quadratische Gleichung:

$$1500 + 30x + 0,15x^2 = 1591,35$$

Nullform:

$$0,15x^2 + 30x - 91,35 = 0$$

Auflösung mit der abc-Formel ergibt:

$$x_1 = 3; (x_2 = -203)$$

Der Zinssatz beträgt 3 %.

Aufgaben

1 Herr Rosenwirt besitzt einen Tisch mit quadratischer
Tischplatte. Die Fläche der Platte beträgt 1,75 m².
Die Kanten der Platte möchte er mit einem Umleimer
(Plattenschmalseitenbeschichtung) verschönern.
Wie viel Meter Umleimer muss er mindestens kaufen?

2 Die Fläche eines Bauplatzes beträgt 304 m². Länge und Breite unterscheiden sich
um 3 m. Bestimmen Sie Länge und Breite des Bauplatzes.

3 Der Preis einer Ware sinkt von 3 600,00 € um einen bestimmten Prozentsatz innerhalb
eines Jahres. Im nächsten Jahr erhöht sich der (gesenkte) Preis dieser Ware um den doppelten Prozentsatz auf 3 762,00 €.
Wie hoch war der Prozentsatz im ersten Jahr?

4 Ein Computer kostete 2 250,00 €. Dieser Betrag wurde um einen bestimmten Prozentsatz
gesenkt. Nach einer kurzen Zeit wurde dieser gesenkte Preis nochmals um den gleichen
Prozentsatz auf 1 664,10 € gesenkt.
Wie viel Prozent betrug die jeweilige Senkung?

5 Herr Stückle zahlt 5 000,00 € auf sein Sparkonto ein. Nach der Zinsgutschrift für das
erste Jahr wird der Zinssatz um 0,5 % erhöht. Die Zinsen für das zweite Jahr betragen
180,25 €. Wie hoch war der ursprüngliche Zinssatz (Zinsfuß)?

Was man wissen sollte ... über Gleichungen

Gleichungstyp	Lösungsverfahren, Vorgehensweise	Beispiel
lineare Gleichung $(a \neq 0)$	**$a\,x = b$** auflösen nach x $x = \dfrac{b}{a}$	$\dfrac{1}{2}x = 4$ $x = 8$

Bruchgleichung	**Variable steht im Nenner.**
	
	 1. Definitionsmenge bestimmen
	 2. Beide Seiten mit dem Hauptnenner
	   multiplizieren
	 3. Gleichung umformen
	   (vereinfachen) bzw. lösen
	 4. Lösungsmenge angeben
		$\dfrac{1}{x} = \dfrac{3}{x+1}$
		
		 $D = \mathbb{R}\backslash\{0; -1\}$
		 $\dfrac{1}{x} = \dfrac{3}{x+1} \;\mid\, \cdot\, x(x+1)$
		
		 $x + 1 = 3x$
		 $x = 0{,}5$
		 $L = \{0{,}5\}$

quadratische Gleichung $(a \neq 0)$	**• Reinquadratische Gleichung** **$a\,x^2 + c = 0$** Umformen Wurzelziehen **• Gemischtquadratische Gleichung** **$a\,x^2 + b\,x + c = 0$** abc-Formel $x_{1\mid2} = \dfrac{-b \pm \sqrt{b^2 - 4ac}}{2a}$ **Hinweis:** Eine quadratische Gleichung hat zwei Lösungen, eine oder keine Lösung.	$2x^2 - 10 = 0$ $x^2 = 5$ $x_{1\mid2} = \pm\sqrt{5}$ $x^2 - 8x + 2 = 0$ $a = 1;\; b = -8;\; c = 2$ $x_{1\mid2} = \dfrac{8 \pm \sqrt{56}}{2}$

6 Bohner u.a. - ISBN 978-3-8120-0119-9

Test zur Überprüfung Ihrer Grundkenntnisse

1 Lösen Sie die Gleichung.

a) $4 \cdot (2x - 12) = -10$
b) $3 \cdot (2x - 5) = 9$

c) $5 \cdot (x + 8) = 5 - (2x + 1)$
d) $2(x + 6) = -2$

e) $2(7 - 4x) = 8 - (x + 1)$
f) $4(2x - 5) = 3(x - 2)$

g) $(2x - 9) \cdot 10 = (4 - 7x) \cdot 2$
h) $20 - x + 5(x - 5) = -5(x - 7) + 14$

2 Geben Sie die Lösungen an.

a) $3x^2 = 27$
b) $x^2 + 3x - 4 = 0$

c) $\frac{1}{2}x^2 - 4x + 8 = 0$
d) $x^2 = 5x$

3 Prüfen Sie, ob die Umformung richtig ist?
Lösen Sie die Gleichung.

a) $3 - (5 - 2x) = 6x + (12 - x)$
$3 - 5 - 2x = 6x + 12 - x$

b) $4(1 - 5x) = 5x - 1$
$1 - 5x = \frac{5}{4}x - 1$

4 Bestimmen Sie die Lösungsmenge.

a) $\frac{x}{5} + \frac{1}{4} = x$
b) $\frac{5}{x - 2} - \frac{1}{3} = 0$

5 Stellen Sie folgende Formel nach der Variablen a um.

$s = \frac{1}{2}at^2 + b$

6 Für die Berechnung des Volumeninhalts eines Zylinders gilt die Formel $V = \pi r^2 \cdot h$.
Lösen Sie diese Formel nach h bzw. r auf.

7 Gegeben ist die Gleichung $x^2 + 10x + \boxed{} = 0$ mit der Lösung $x_1 = 3$.

a) Ergänzen Sie das Sympol durch den fehlenden Wert.

b) Bestimmen Sie die weitere Lösung dieser Gleichung.

III Geometrie

Modellierung einer Situation

Ein Turmdach hat die Form einer senkrechten quadratischen Pyramide.

Sie hat ein Volumen von 86,4 m³.

Die Länge der Grundkante a beträgt 6 m.

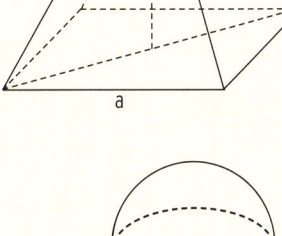

a) In welcher Höhe liegt die Spitze des

    Pyramidenturmdachs?

b) Berechnen Sie den Neigungswinkel zwischen

    einer Seitenfläche und der Grundfläche.

Ursprünglich sollte der Turm als Zylinder mit einer

Kuppel (Halbkugel) errichtet werden.

Das Dach war mit einem Grundkreisradius

r = 3,88 m geplant.

c) Um wie viel Prozent würde das Volumen der Kuppel

    vom Pyramidenvolumen abweichen?

d) Mit welchen Kosten müsste beim Kuppeldach gerechnet werden, wenn

    eine Bedachung mit Platten 75 EUR je m² kostet?

Bearbeiten Sie diese Situation, nachdem
Sie die rechts aufgeführten **Qualifikationen
und Kompetenzen** erworben haben.

Qualifikationen & Kompetenzen

- Begriffe im Zusammenhang mit der Geometrie anwenden
- Satz des Thales anwenden
- Achsen- und Punktsymmetrie erkennen
- Strahlensätze anwenden
- Volumen- und Oberflächenberechnungen durchführen
- Mit Sinus, Kosinus und Tangens rechnen können
- Realitätsbezogene Zusammenhänge beschreiben, darstellen und deuten

1 Satz des Thales

mvurl.de/klf3

Beispiel 1

➲ Gegeben ist eine Strecke AB mit Mittelpunkt M. Zeichnen Sie einen Halbkreis mit Mittelpunkt M durch A und B. Wählen Sie Punkte C auf dem Halbkreis aus und zeichnen Sie in den Kreis die zugehörigen Dreiecke ABC ein. Was fällt Ihnen auf?

mvurl.de/uavk

Lösung

Feststellung:
Der Winkel bei C ist immer ein rechter Winkel.

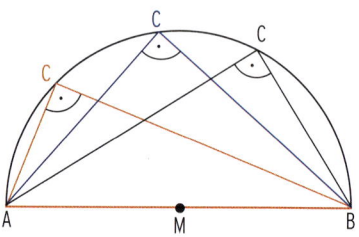

Man kann rechtwinklige Dreiecke ohne Geodreieck konstruieren.
Diesen Sachverhalt hat schon der Grieche **Thales von Milet** (624 vor Christus) formuliert in seinem **Satz des Thales**:

Satz des Thales

Liegen die Eckpunkte eines Dreiecks auf einem Kreis und geht die Grundseite durch den Mittelpunkt des Kreises, so handelt es sich um ein rechtwinkliges Dreieck.
oder Kurzform:
Jeder Winkel im Halbkreis ist ein rechter Winkel.

Beispiel 2

➲ Konstruieren Sie ein rechtwinkliges Dreieck mit der Grundseite c = 5 cm und der Seite a = 2 cm.

Lösung

Zeichnen Sie einen Halbkreis mit Radius $r = \frac{c}{2} = 2{,}5$ cm über der Grundseite AB.
Zeichnen Sie einen Kreisbogen um B mit Radius a = 2 cm.
Der Kreisbogen schneidet den Halbkreis über AB in C. Verbinden Sie A mit C und B mit C.
Das Dreieck ABC ist das gesuchte.
∢ ACB = 90°

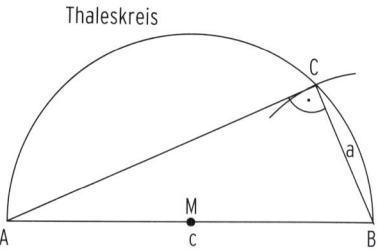

Beispiel 3

⮑ Konstruieren Sie ein rechtwinkliges Dreieck ABC (rechter Winkel bei C) mit c = 4 cm und der Höhe h = 1 cm.

Lösung

Zeichnen Sie die Strecke c = AB, einen Thaleskreis über AB mit r = 2 cm und eine Parallele zu c mit Abstand 1 cm. Die Parallele schneidet den Thaleskreis in C bzw. C'.
Verbinden Sie A mit C und B mit C.

Hinweis: Das Dreieck ABC' ist auch eine mögliche Lösung.

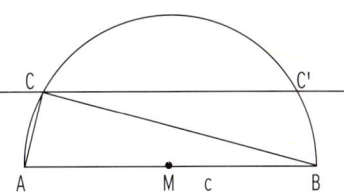

Beispiel 4

⮑ Überprüfen Sie mithilfe des Satzes von Thales, ob die Strecken AC und BC senkrecht aufeinander stehen (orthogonal zueinander sind).

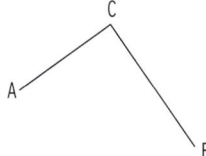

Lösung

Verbinden Sie die Punkte A mit B, zeichnen Sie den Thaleskreis über AB.
Der Punkt C liegt auf dem Thaleskreis.
Das Dreieck ABC hat einen rechten Winkel in C.
Die Strecken AC und BC stehen senkrecht aufeinander.

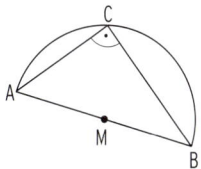

Beispiel 5

⮑ Gegeben ist die Gerade g und der Punkt P.
Konstruieren Sie mithilfe des Satzes von Thales eine Senkrechte (Orthogonale) zu g durch P.

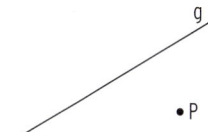

Lösung

Wählen Sie einen Punkt A auf g. Verbinden Sie A mit P und zeichnen Sie einen Thaleskreis über AP.
Der Thaleskreis schneidet g in C.
Das Dreieck APC hat einen rechten Winkel in C.
Zeichnen Sie die Gerade h durch C und P.
Die Geraden g und h stehen senkrecht aufeinander.

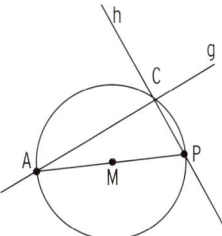

Aufgaben

1 Konstruieren Sie ein rechtwinkliges Dreieck mit der Grundseite c = 6 cm und der Seite a = 2 cm.

2 Konstruieren Sie ein rechtwinkliges Dreieck ABC mit c = 4,5 cm, Winkel β = 35° und den rechten Winkel beim Punkt C.

mvurl.de/5hv4

3 Konstruieren Sie den Punkt C so, dass gilt: ∢ACB = 90°.
a) A(−3|1), B(2|1) **b)** A(3|2), B(−2|5) **c)** A(6|5), B(1|3)

4 Zeichnen Sie eine Strecke AB mit der Länge 3 cm.
Konstruieren Sie alle Punkte, von denen diese Strecke AB unter einem Winkel von 90° zu sehen ist.

5 Die Abbildung zeigt einen Fußballplatz.
Bestimmen Sie die Länge der Seitenlinie durch Konstruktion mithilfe des Satzes von Thales.

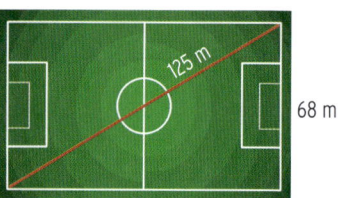

6 Welche der folgenden Aussage ist wahr bzw. falsch? Begründen Sie Ihre Antwort.
a) Jedes rechtwinklige Dreieck lässt sich in einen Thaleskreis einbeschreiben.
b) Rechtwinklige Dreiecke sind auch immer gleichschenklig.
c) ∢ACB ist ein rechter Winkel.
d) Die Höhe eines Dreiecks in einem Thaleskreis ist immer die Strecke MC.

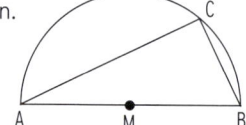

7 Zeichnen Sie die Punkte A(1|1), B(5|−2) und C(3|2) in ein Koordinatensystem ein. Zeigen Sie mithilfe des Satzes von Thales, dass die Strecken AC und BC senkrecht aufeinander stehen.

8 Zeichnen Sie A(2|1), B(5|3) und P(3|4) in ein Koordinatensystem ein. Konstruieren Sie mithilfe des Satzes von Thales eine Senkrechte zu der Geraden (AB) durch P.

9 Mike behauptet: α = β
Stimmt diese Behauptung?
Begründen Sie Ihre Antwort.

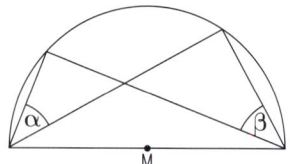

10 Zeichnen Sie mit einem Geometrieprogramm einen Kreis über der Strecke AB.
Markieren Sie einen Punkt C auf dem Kreis und lassen Sie den Winkel bei C berechnen.
Berechnen Sie den Winkel für weitere Punkte auf dem Kreis.
Was können Sie feststellen?

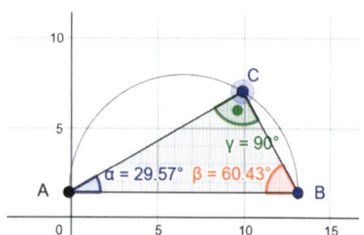

2 Symmetrie und Spiegelung, Kongruenz zweier Figuren

Achsensymmetrie und Achsenspiegelung

Symmetrien spielen in der Natur eine herausragende Rolle.

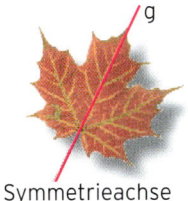

Symmetrieachse

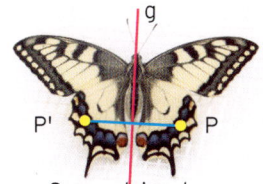

Symmetrieachse

Faltet man die abgebildeten Figuren an der Geraden g und klappt sie zusammen, so sind sie deckungsgleich (kongruent).

Beachten Sie

Figuren, die man durch Zusammenfalten an einer Geraden g deckungsgleich aufeinander legen kann, heißen **achsensymmetrisch.** Die Gerade g heißt **Spiegelachse (Symmetrieachse). P'** ist der **Bildpunkt von P. Die Verbindungsstrecke P'P** steht senkrecht auf der Symmetrieachse und wird von dieser halbiert.

Beispiel 1

➲ Spiegeln Sie das Dreieck ABC an der Geraden g.

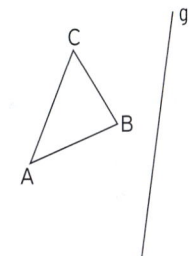

Lösung

Vorgehensweise

Mithilfe des Geodreiecks zeichnet man die Senkrechte auf g durch den Punkt A.

Man zeichnet den Bildpunkt A', der von g den gleichen Abstand wie A hat.

Entsprechend wird mit den Punkten B und C verfahren.

Die Punkte A', B' und C' miteinander verbinden.

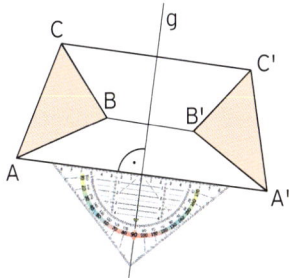

Beispiel 2

➲ Wie viele Spiegelachsen hat ein Rechteck, ein gleichseitiges Dreieck, ein Parallelogramm (kein Rechteck)? Zeichnen Sie die Figuren mit ihren Symmetrieachsen.

Lösung

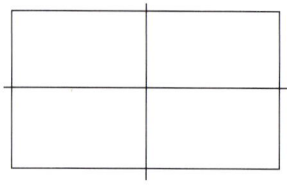   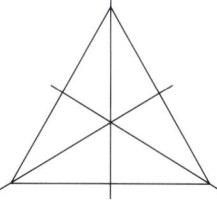   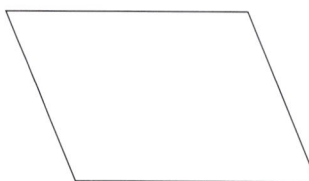

zwei Symmetrieachsen   drei Symmetrieachsen   keine Symmetrieachse

Aufgaben

1 Wie viele Symmetrieachsen hat ein

a) regelmäßiges Sechseck   **b)** Halbkreis   **c)** allgemeines Dreieck

d) gleichschenkliges Trapez   **e)** Drachen   **f)** Viertelkreis?

2 Beschreiben Sie die Lage der Symmetrieachse
des VW Logos.

3 Nennen Sie zwei achsensymmetrische Logos von Firmen
und beschreiben Sie die Lage der Symmetrieachse.

4 Übertragen Sie die Figur und die Gerade g in Ihr Heft.
Spiegeln Sie die Figur jeweils an der Geraden g.

a)

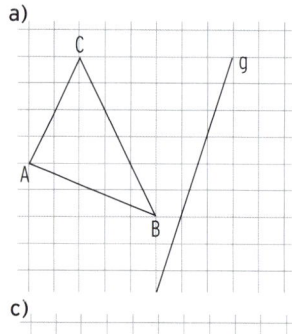

b)

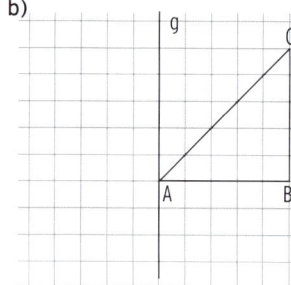

c)

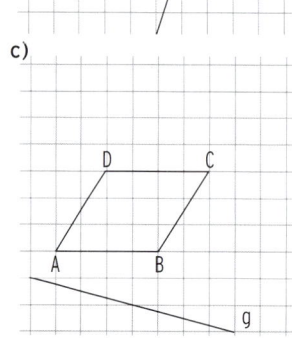

d)

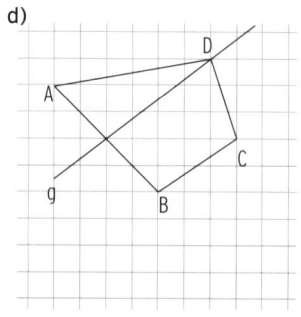

Punktsymmetrie und Punktspiegelung

Bei der abgebildeten Skatkarte hat man den Eindruck, dass eine
Symmetrie vorliegt. Die vermutete Symmetrie findet man, indem man
jeweils zwei diagonal gegenüberliegende Punkte miteinander verbindet.
Alle Verbindungslinien gehen durch einen Punkt. Daher nennt man
solche Figuren **punktsymmetrisch.** Der Schnittpunkt aller
Verbindungslinien heißt **Symmetriezentrum.**

Beispiel 1
➲ Zeichnen Sie das Viereck mit den Eckpunkten A(1 | 1), B(0 | 3), C(0 | 6) und D(4 | 7).
Ergänzen Sie das Viereck zu einer punktsymmetrischen Figur mit
Symmetriezentrum Z(3 | 5).

Lösung
Punkte A, B, C, D in ein Koordinatensystem
einzeichnen. Von den gegebenen Punkten Linien über Z
hinaus zeichnen. Der Bildpunkt A' liegt auf der Geraden
AZ in gleichem Abstand wie A von Z ($\overline{AZ} = \overline{ZA'}$).

Man sagt: Der Punkt A wird am Zentrum Z gespiegelt.

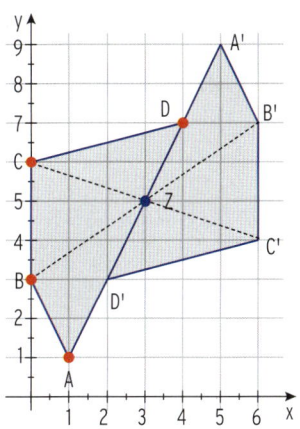

Beispiel 2
➲ Spiegeln Sie das Dreieck ABC am Zentrum Z.

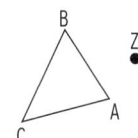

Lösung
Die Strecke AZ über Z hinaus bis A' verdoppeln.
Entsprechend mit den Punkten B und C verfahren.
Die Punkte A', B' und C' miteinander verbinden.

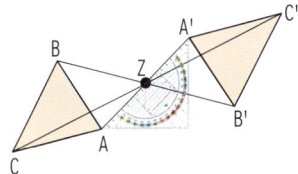

Aufgaben

1 Zeigen Sie anhand einiger Beispiele: Regelmäßige Vielecke mit gerader Anzahl von Ecken sind immer punktsymmetrisch.

2 Welche Buchstaben des Alphabets sind punktsymmetrisch?

3 Geben Sie ein punktsymmetrisches Logo einer Autofirma an.

4 Ist das Logo achsensymmetrisch oder punktsymmetrisch?

5 Nennen Sie geometrische Figuren, die sowohl achsen- als auch punktsymmetrisch sind.

6 Gibt es Vierecke, die
a) nur punktsymmetrisch,
b) nur achsensymmetrisch sind?
   Bestätigen Sie Ihre Antwort durch eine Zeichnung.

7 Ergänzen Sie das Dreieck ABC mit A(− 2 | 5), B(4 | 2) und C(2 | 7) zu einer punktsymmetrischen Figur mit Symmetriezentrum Z(0 | 4).

8 Übertragen Sie die Figur und das Spiegelzentrum Z in Ihr Heft. Spiegeln Sie die Figur jeweils am Spiegelzentrum Z.

a)
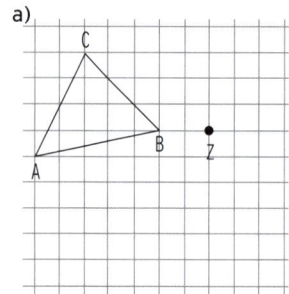

b)
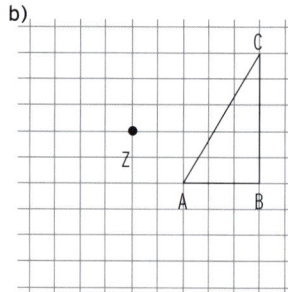

c)
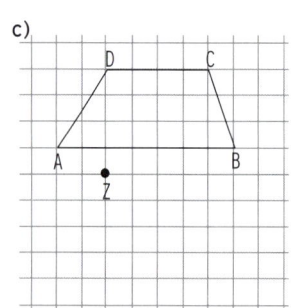

d)
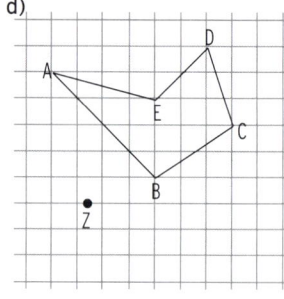

Kongruenz zweier Figuren

Eine geometrische Figur kann durch Spiegelung, Verschiebung und Drehung abgebildet werden. Die Bildfigur hat die gleiche Form und die gleiche Größe wie die Orginalfigur, d. h., entsprechende Streckenlängen und entsprechende Winkelweiten bleiben gleich.
Bildfigur und Originalfigur sind **kongruent.**

Achsenspiegelung

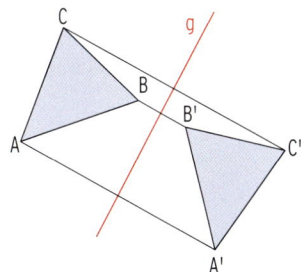

Punktspiegelung

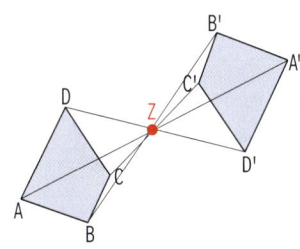

Verschiebung

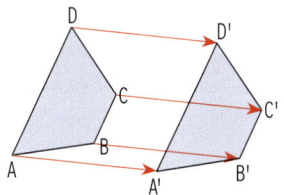

Drehung

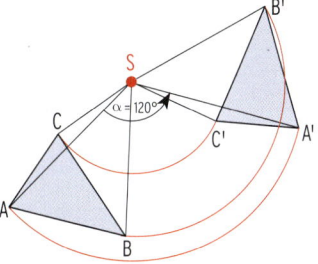

> ### Beachten Sie
>
> Bei Spiegelungen, Verschiebungen und Drehungen werden Form und Größe (Streckenlängen und Winkelweiten) einer Figur beibehalten.
> Orginalfigur und Bildfigur sind deckungsgleich **(kongruent)**.
> Spiegelungen, Verschiebungen und Drehungen nennt man auch **Kongruenzabbildungen.**

Aufgaben

1 Entscheiden Sie, ob die zwei Dreiecke kongruent sind. Begründen Sie Ihre Antwort.

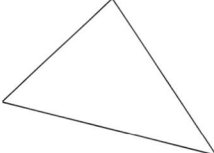
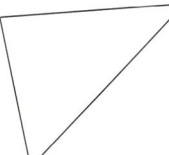

2 Sind die Buchstaben kongruent?
Begründen Sie.

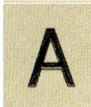

mvurl.de/kfct

3 Ähnliche Figuren

Die Matroschka ist ein beliebtes russisches Spielzeug. Es sind aus Holz gefertigte ineinander schachtelbare Puppen. Die Figuren haben die gleiche Form (Gestalt), sind aber unterschiedlich groß. Man sagt, sie sind **ähnlich.**

Ähnliche Figuren und ihre Eigenschaften

Die Vierecke ABCD und A'B'C'D' sind ähnlich.

Längenmaße in mm

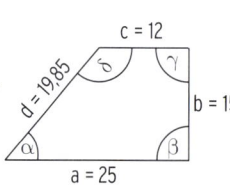

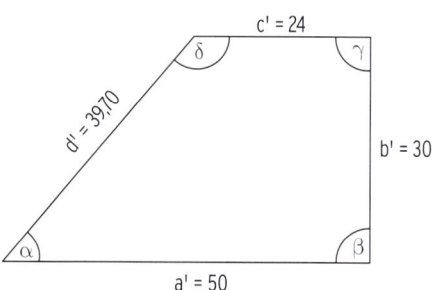

Eigenschaften:

Entsprechende Seitenlängen haben das gleiche Verhältnis:

$\frac{a'}{a} = \frac{b'}{b} = \frac{c'}{c} = \frac{d'}{d} = 2$ (gleiches Verhältnis)

Entsprechende Winkel sind gleich groß.

Beachten Sie

Für **ähnliche** Figuren gilt:

Entsprechende Seitenlängen haben das gleiche Verhältnis.

Entsprechende Winkel sind gleich groß.

Hinweis: Sind ähnliche Figuren gleich groß, so handelt es sich um deckungsgleiche (kongruente) Figuren.

Beispiel

➲ Überprüfen Sie, ob die zwei Figuren ähnlich sind.

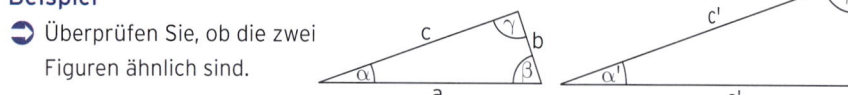

Lösung

$\frac{a'}{a} = \frac{b'}{b} = \frac{c'}{c} = 1{,}5$ $\qquad \alpha = \alpha' = 19{,}5°; \ \beta = \beta' = 70{,}5°; \ \gamma = \gamma' = 90°$

Die zwei Figuren sind ähnlich.

Aufgaben

1   Zeichnen Sie ein Dreieck mit den Seitenlängen 4 cm, 3 cm und 3,5 cm.
Konstruieren Sie ein ähnliches Dreieck mit dem Seitenlängenverhältnis 2 : 1.

2   Die zwei Dreiecke sind ähnlich.

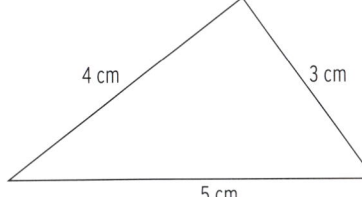
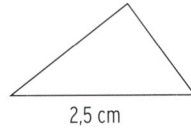

a) Bestimmen Sie die Seitenlängen des kleineren Dreiecks.

b) Messen Sie die Winkel der beiden Dreiecke.
Vergleichen Sie.

3   Die zwei Dreiecke scheinen ähnlich zu sein.
Überprüfen Sie diese Vermutung.

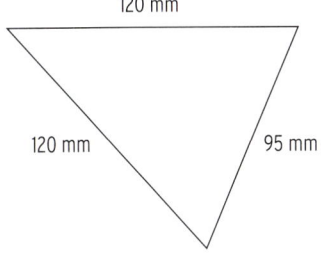
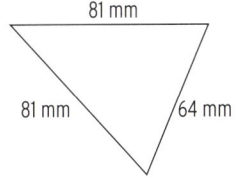

4   Sind die beiden Rechtecke ähnlich?
Begründen Sie Ihre Antwort.
Berechnen Sie die Flächeninhalte der
beiden Rechtecke.
Erläutern Sie Ihr Ergebnis.

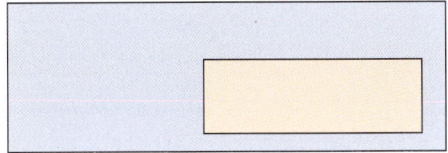

5   Welche zwei Buchstaben sind ähnlich?
Begründen Sie.

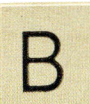

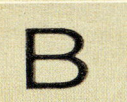
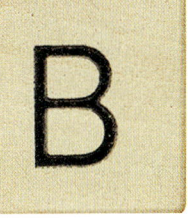

mvurl.de/ucrk

4 Strahlensätze

4.1 1. Strahlensatz

Stimmen zwei Dreiecke in zwei Winkeln überein, dann sind die beiden Dreiecke zueinander ähnlich.

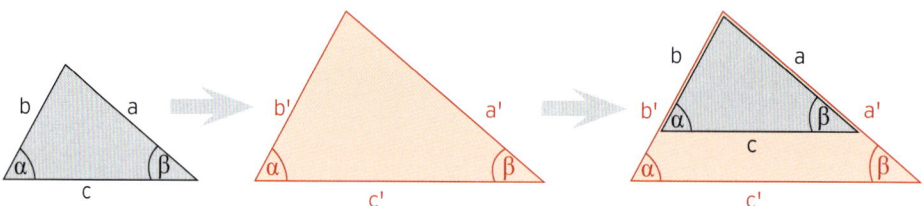

Man stellt fest: c und c' sind parallel.

Strahlensatzfigur mit Zentrum Z

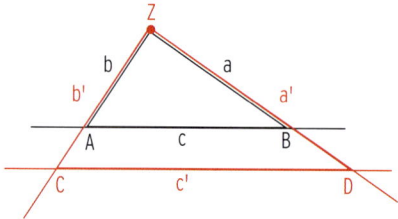

Für die Streckenabschnitte in dieser Strahlensatzfigur gilt z. B.:

$$\frac{\overline{ZB}}{\overline{ZD}} = \frac{\overline{ZA}}{\overline{ZC}} \quad \text{oder} \quad \frac{\overline{ZB}}{\overline{ZA}} = \frac{\overline{ZD}}{\overline{ZC}}$$

---

1. Strahlensatz

Werden zwei von einem Punkt Z ausgehende Strahlen von zwei Parallelen geschnitten, so verhalten sich die **Abschnitte auf dem einen Strahl wie die entsprechenden Abschnitte auf dem anderen Strahl.**

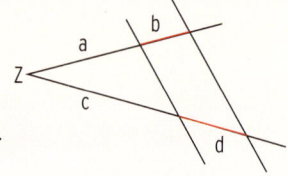

$$\frac{a}{b} = \frac{c}{d} \quad \text{oder} \quad \frac{a}{a+b} = \frac{c}{c+d} \quad \text{oder} \quad \frac{b}{a+b} = \frac{d}{c+d}$$

Beispiel 1

➡ Bestimmen Sie die Länge des Abschnitts b für
a = 2 cm, c = 3,5 cm und d = 1,5 cm.

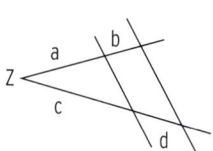

Lösung

Abschnittsverhältnisse:

$$\frac{b}{a} = \frac{d}{c}$$

Werte einsetzen:

$$\frac{b}{2} = \frac{1{,}5}{3{,}5}$$

Nach b auflösen:

$$b = \frac{2 \cdot 1{,}5}{3{,}5} = 0{,}86$$

Der Abschnitt b hat die Länge 0,86 cm.

Beispiel 2

➲ In der Abbildung sind die Längen
der Abschnitte a, b und c gegeben.
Bestimmen Sie d.

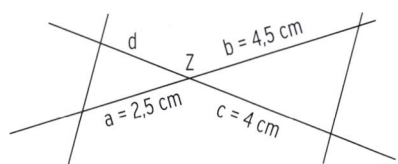

Lösung

Strahlensatzfigur:

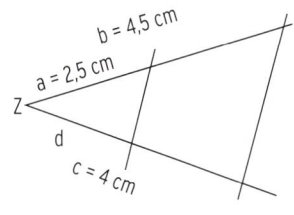

Abschnittsverhältnisse aufstellen: z. B. $\frac{d}{c} = \frac{a}{b}$

Werte einsetzen: $\frac{d}{4} = \frac{2,5}{4,5}$

Nach d auflösen: $d = \frac{4 \cdot 2,5}{4,5} = 2,22$

Der Abschnitt d ist 2,22 cm lang.

Aufgaben

1 Berechnen Sie die Länge der Strecke d.

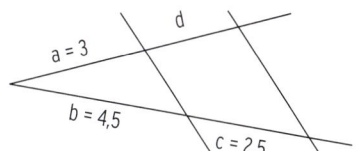

2 Welche Abschnittsverhältnisse sind nach dem
1. Strahlensatz möglich?

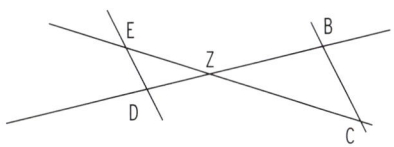

3 Ergänzen Sie die Streckenverhältnisse.

a) $\frac{\overline{ZA}}{\overline{DG}} = \frac{\overline{ZB}}{?}$; $\frac{\overline{ZA}}{\overline{DG}} = \frac{\overline{ZC}}{?}$; $\frac{\overline{DG}}{\overline{EH}} = \frac{\overline{ZA}}{?}$

b) $\frac{\overline{GH}}{\overline{HI}} = \frac{\overline{DE}}{?}$; $\frac{\overline{HI}}{\overline{EF}} = \frac{\overline{GH}}{?}$; $\frac{\overline{AB}}{\overline{DE}} = \frac{\overline{BC}}{?}$;

4 Im Rahmen einer Landvermessung soll die Breite $\overline{AB}$ eines
Sees gemessen werden.
Skizzieren Sie die Lösung mithilfe des 1. Strahlensatzes.

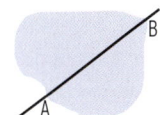

4.2 2. Strahlensatz

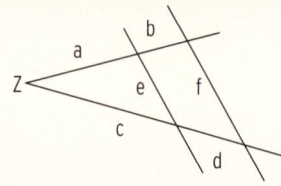
Beispiel 1

➲ Bestimmen Sie die Länge des Abschnitts e für a = 3 cm, b = 1,5 cm und f = 2,5 cm.

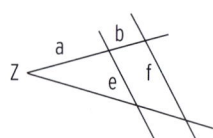

Lösung

Abschnittsverhältnisse:

$$\frac{e}{f} = \frac{a}{a+b}$$

Werte einsetzen:

$$\frac{e}{2,5} = \frac{3}{4,5}$$

Nach e auflösen:

$$e = \frac{2,5 \cdot 3}{4,5} = 1,67$$

Der Abschnitt e hat die Länge von 1,67 cm.

Beispiel 2

➲ Ermitteln Sie die Höhe h der abgebildeten Fichte mithilfe der nebenstehenden Abbildung, wenn a = 1,80 m, b = 2,30 m, c = 4 m und d = 50 m ist.

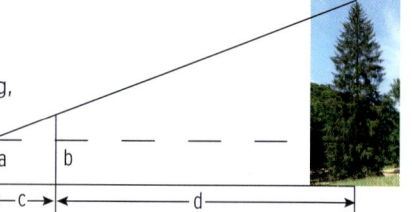

Lösung

Nach dem 2. Strahlensatz gilt:

$$\frac{h-a}{c+d} = \frac{b-a}{c}$$

Gegebene Werte einsetzen:

$$\frac{h-1,8}{54} = \frac{0,5}{4}$$

$$h = \frac{0,5 \cdot 54}{4} + 1,8 = 8,55$$

Die Höhe der Fichte beträgt 8,55 m.

Aufgaben

1 Berechnen Sie die Länge des Abschnitts c für
a = 3,5 cm, b = 5 cm und d = 7 cm (vgl. Abb. 1).

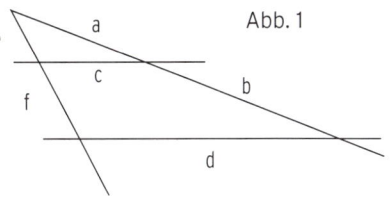

Abb. 1

2 Welche Abschnittsverhältnisse in der Abb. 1
sind nach dem 2. Strahlensatz möglich?

a) $\frac{a}{c} = \frac{a + b}{d}$

b) $\frac{c}{d} = \frac{a}{e}$

c) $\frac{e}{e + f} = \frac{c}{d}$

d) $\frac{e}{c} = \frac{e + f}{d}$

e) $\frac{e}{a + b} = \frac{a}{c + d}$

f) $\frac{d}{c} = \frac{a + b}{e}$

3 Um die Strecke x in einem Gelände zu messen,
werden die Strecken a, b und c gemessen (vgl. Abb. 2).
Die Strecken a und c sind parallel. Berechnen Sie x
für a = 300 m, b = 250 m und c = 400 m.

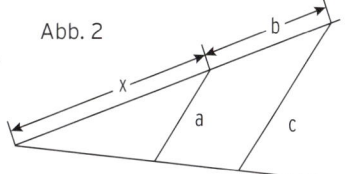

Abb. 2

4 Von einem rechtwinkligen Dreieck ABC (vgl. Abb. 3)
sind die Seiten $\overline{AB}$ = 7,5 cm und $\overline{BC}$ = 4 cm gegeben.
In das Dreieck ABC ist ein Quadrat BDEF eingezeichnet.
Berechnen Sie den Flächeninhalt des Quadrates.

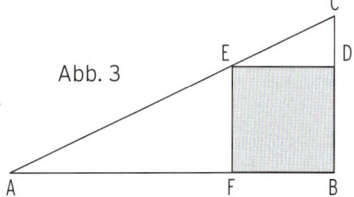

Abb. 3

5 Hält man einen 10 cm langen Bleistift 60 cm vom Auge entfernt senkrecht, so
verdeckt er gerade einen 35 m hohen Turm. Berechnen Sie, wie weit der Turm vom
Beobachter entfernt ist (Augenhöhe 1,75 m).

6 Die Abb. 4 zeigt den Aufbau der Dachfront eines
Fachwerkhauses. Berechnen Sie die Länge des
Balkens x, wenn die Balkenabschnitte
a = 4,5 m, b = 2,0 m und c = 4,0 m lang sein sollen.

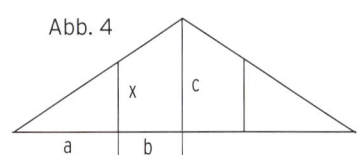

Abb. 4

7 Die Abb. 5 zeigt
den Strahlengang
einer Sammellinse.
Leiten Sie die Linsenformel
$\frac{1}{f} = \frac{1}{g} + \frac{1}{b}$ her.

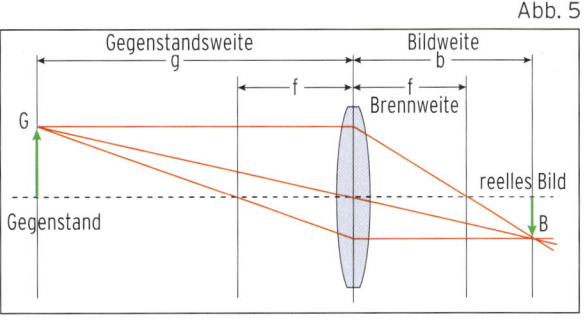

Abb. 5

7 Bohner u.a. - ISBN 978-3-8120-0119-9

5 Volumen und Oberflächeninhalte

5.1 Kegel

mvurl.de/rcyj

Unter einem **Kreiskegel** versteht man einen Körper, der durch einen Kreis **(Grundkreis oder Grundfläche)** und einen Punkt außerhalb der Ebene des Kreises **(Spitze des Kegels)** festgelegt ist. Steht die Achse senkrecht zur Grundfläche, so liegt ein **senkrechter Kreiskegel** vor.

Im anderen Fall spricht man von einem **schiefen Kreiskegel.**

mvurl.de/kwk7

Kegel: Volumen

Ein **Kegel** mit der Grundkreisfläche G
und der Höhe h hat das **Volumen**

$$V = \frac{1}{3} G \cdot h = \frac{1}{3} \pi r^2 h$$

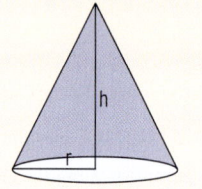

Beispiel 1

⮫ Ein Kegeldach hat eine Höhe von 4 m und einen Grundkreisdurchmesser von 12 m. Wie groß ist das Volumen des Dachraumes?

Lösung

Das Volumen berechnet man nach der Formel $\quad V = \frac{1}{3} \pi r^2 \cdot h$

Werte einsetzen: $\qquad\qquad\qquad\qquad V = \frac{1}{3} \pi \cdot 6^2 \cdot 4 = 150{,}80$

Das Volumen des Dachraumes beträgt 150,80 m^3.

Beispiel 2

⮫ Aus einem würfelförmigen Aluminiumblock mit der Kantenlänge a = 35 cm wird ein massiver Kreiskegel herausgefräst.
Die Grundfläche des Kegels soll möglichst groß sein. Die Höhe des Kegels entspricht der Würfelhöhe.
Wie viel Abfall ist beim Herausfräsen des Kegels entstanden?

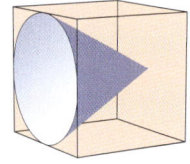

Lösung

Volumen des Aluminiumwürfels: $\qquad\qquad V_W = 35^3 = 42\,875$

Volumen des Kegels: $\qquad\qquad\qquad V_K = \frac{1}{3} \pi r^2 \cdot h$

$\qquad\qquad\qquad\qquad\qquad\qquad\qquad V_K = \frac{1}{3} \pi \cdot 17{,}5^2 \cdot 35 = 11\,224{,}6$

Volumen des Abfalls: $\qquad\qquad\quad V = V_W - V_K = 42\,875 - 11\,224{,}6$

$\qquad\qquad\qquad\qquad\qquad\qquad\qquad V = 31\,650{,}4$

Es entstehen 31 650,4 cm^3 Abfall.

Kegel: Mantel und Oberfläche

Ein **Kegel** mit dem Grundkreisradius r
und der Mantellinie (Seitenlinie) s hat die
Mantelfläche mit dem Inhalt **M = π · r · s.**

Die **Oberfläche** hat den Inhalt
O = M + G = π r (s + r).

Beispiel 3

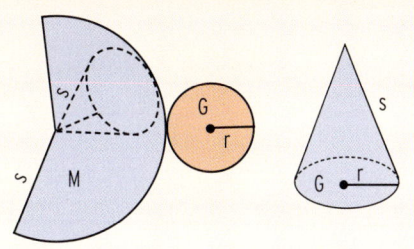

➲ Ein senkrechter Kreiskegel mit dem Grundkreisdurchmesser
d = 6 cm und der Seitenlinie s = 8 cm soll vergoldet werden.
Prüfen Sie nach, ob dazu 1 dm^2 Blattgold ausreicht.

Lösung

Berechnung der Oberfläche des Kegels:	O = M + G = π r (s + r)
Einsetzen der gegebenen Zahlenwerte:	O = π · 3(8 + 3) = 103,62
Oberfläche des Kegels:	O = 103,62

Der Inhalt der Oberfläche beträgt 103,62 cm^2.

Da 1 dm^2 = 100 cm^2 ist, reicht das vorhandene Blattgold zur Vergoldung des
Kegels nicht aus.

Beispiel 4

➲ Ein Turmdach hat die Form eines senkrechten Kreiskegels mit dem Grundkreisradius
r = 4,52 m und der Mantellinie s = 8,76 m.
Mit welchen Kosten muss gerechnet werden, wenn eine Bedachung mit Kupferblech
82 € je m^2 kostet?

Lösung

Die Dachfläche ist die Mantelfläche.

Mantelfläche: M = π · r · s

M = π · 4,52 · 8,76 = 124,39

Die Mantelfläche beträgt 124,39 m^2.

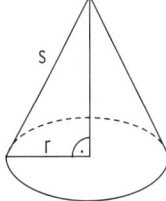

Kosten: K = 124,39 · 82 = 10 199,90

Einheiten: m^2 · $\frac{€}{m^2}$ = €

Die Kosten betragen ca. 10 200 €.

Aufgaben

1 Berechnen Sie das Kegelvolumen.

Radius r	5,5 cm	3,2 m	45 mm	5 m	2,8 dm
Höhe h	7,3 cm	6,4 m	55 mm	5 m	9 dm
Volumen V					

2 Ein kegelförmiges Gefäß mit einem Durchmesser von 9 cm und einer Gefäßhöhe von 15 cm wird bis zum Rand mit Wasser gefüllt.

a) Wie viel Liter Wasser fasst das Gefäß?

b) Wie viel Flüssigkeit muss man aus dem Gefäß entfernen, wenn die Wasserhöhe um 4 cm verringert wird und der Durchmesser der Wasseroberfläche 6,6 cm beträgt?

3 Ein kegelförmiger Messbecher ist 18 cm hoch und fasst maximal 1 Liter Flüssigkeit. Wie groß ist der Durchmesser?

4 Ein Kreiskegel hat die Höhe h = 8 cm.
Wie groß ist der Radius des Kegels, wenn das Volumen V = 178,72 cm^3 ist?

5 Ein senkrechter Kreiszylinder und ein senkrechter Kreiskegel besitzen die gleiche Grundfläche und die gleiche Mantelfläche.

a) Wählen Sie für die Mantelfläche 220 cm^2 und für die Mantellinie s = 16 cm.
Wie hoch ist der Kreiszylinder?

b) Welcher Zusammenhang besteht zwischen Mantellinie und Zylinderhöhe?

6 Ein Turmdach (s. Abb.) hat die Form eines Kegels mit dem Grundkreisdurchmesser 7 m.
Die Mantellinie ist 5,94 m lang.
Die Bedachung mit Schieferplatten kostet 5091,84 €.
Berechnen Sie den Preis pro m^2.

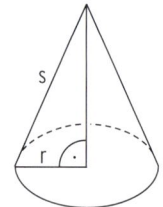

7 Lässt man ein gleichseitiges Dreieck mit der Seitenlänge a um die Höhe h rotieren, so erhält man einen Kreiskegel.
Berechnen Sie die Oberfläche und das Volumen des Kegels in Abhängigkeit von a.

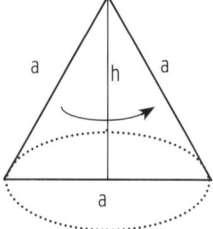

5.2 Kugel

Bei einer Kugel haben alle Punkte auf
der Oberfläche die gleiche Entfernung
vom Mittelpunkt.

mvurl.de/nua9

Kugel: Volumen und Oberfläche

Für das **Volumen** und den **Oberflächeninhalt**
einer **Kugel** mit dem Radius r gilt:

Volumen $V = \frac{4}{3} \pi r^3$

Oberflächeninhalt $O = 4 \pi r^2$

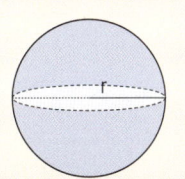

mvurl.de/z6do

Beispiel 1
➲ Eine Poolbillardkugel hat den Durchmesser 5,72 cm
Berechnen Sie das Volumen und den
Oberflächeninhalt dieser Billardkugel.

Lösung
Der Radius der Billardkugel beträgt 2,86 cm.

Das Volumen berechnet man nach der Formel: $V = \frac{4}{3} \pi r^3$

Mit r = 2,86 (in cm): $V = \frac{4}{3} \pi \cdot 2{,}86^3 = 97{,}99$

Oberflächeninhalt: $O = 4 \pi r^2$

$O = 4 \pi \cdot 2{,}86^2 = 102{,}79$

Das Volumen beträgt 97,99 cm^3.
Der Oberflächeninhalt beträgt 102,79 cm^2.

Beispiel 2
➲ Ermitteln Sie den Durchmesser einer Kugel mit dem Volumen 612 ml.

Lösung
Volumenformel nach r umformen: $V = \frac{4}{3} \pi r^3 \quad | \cdot 3 \quad | : 4 \quad | : \pi$

$\frac{3V}{4\pi} = r^3$

3-te Wurzel ziehen: $r = \sqrt[3]{\frac{3V}{4\pi}}$

$V = 612 \, m\ell = 612 \, cm^3{:} \quad r = \sqrt[3]{\frac{3 \cdot 612}{4\pi}} = \sqrt[3]{146{,}10} = 5{,}27$

$\boxed{\sqrt[3]{146.1}}$

5.266839354

Durchmesser: $d = 2r = 10{,}54$

Der Kugeldurchmesser beträgt 10,54 cm.

Aufgaben

1 Berechnen Sie die Oberfläche und das Volumen einer Kugel mit Radius r
bzw. Durchmesser d.

a) r = 6,3 cm
b) r = 2,4 m
c) r = 1736 km (Mondradius)

d) r = 0,7 mm
e) d = 45,4 m
f) d = 3,6 dm

2 Berechnen Sie die fehlenden Größen aus V, O und r für eine Kugel.

a) $O = 200 \text{ cm}^2$
b) $O = 12 \text{ dm}^2$
c) $O = 10 \text{ m}^2$

d) $V = 500 \text{ cm}^3$
e) $V = 95 \text{ cm}^3$
f) $V = 1\,\ell$ (Liter)

3 Berechnen Sie die fehlenden Werte für eine Kugel.

Radius r	14 cm			
Durchmesser d		13 m		
Oberfläche O			67 mm²	
Volumen V				130 cm³

4 Ermitteln Sie den Oberflächeninhalt und das Volumen der Erde.

5 Eine Schale (halbkugelförmig) soll 1,5 ℓ Flüssigkeit fassen.
Berechnen Sie den zugehörigen Innendurchmesser.

mvurl.de/uuar

6 Ein Kegel hat den Radius r = 5 cm und
die Höhe h = 5 cm.
Vergleichen Sie das Volumen dieses Kegels
mit dem einer Kugel mit dem
gleichen Radius.

7 Eine Kokosnuss hat einen äußeren Durchmesser von 12 cm.
Die Schale ist 1 cm dick.
Der innere (lichte) Durchmesser beträgt 6,5 cm.
Ermitteln Sie das Volumen des Kokosfleisches.

5.3 Vertiefung

5.3.1 Satz des Pythagoras

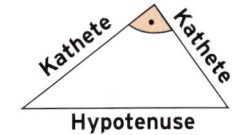

mvurl.de/213c

Ein **rechtwinkliges Dreieck** hat einen **rechten Winkel**,
auch **90°-Winkel** genannt. Die dem rechten Winkel gegenüberliegende **längste Seite** des Dreiecks nennt man **Hypotenuse**.
Die beiden anderen Seiten heißen **Katheten.**

**„Im rechtwinkligen Dreieck ist die Summe der
Kathetenquadrate gleich dem Hypotenusenquadrat."**

Diese Behauptung stammt von dem im Jahre 570 v. Chr.
in Griechenland geborenen Philosophen und Mathematiker
Pythagoras.

Wie man aus der rechten Abbildung erkennt, werden zur
Veranschaulichung an die Seiten eines rechtwinkligen
Dreiecks Quadrate gezeichnet und deren Fläche in
Einheitsquadrate (1 cm^2) aufgeteilt.

Überprüfung an einem Beispiel:

Gegeben ist ein Dreieck mit den Katheten a = 3 cm,
b = 4 cm und der Hypotenuse c = 5 cm. Zählt man
die Einheitsquadrate, so erkennt man:

$$9 \text{ cm}^2 + 16 \text{ cm}^2 = 25 \text{ cm}^2$$

$$a^2 + b^2 = c^2$$

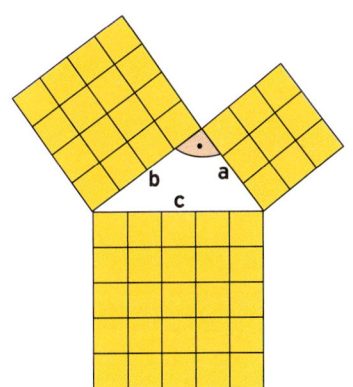

Satz des Pythagoras

In einem **rechtwinkligen Dreieck** ist der Flächeninhalt des **Quadrates über der**

Hypotenuse gleich der Summe der Flächeninhalte **der Quadrate über den Katheten.**

$$a^2 + b^2 = c^2$$

Beweis des Satzes des Pythagoras

Dazu zeichnen wir ein Quadrat und konstruieren „drumherum" vier gleiche rechtwinklige
Dreiecke. Wir erhalten so ein neues Quadrat, dessen Flächeninhalt A auf zwei Arten
berechnet werden kann:

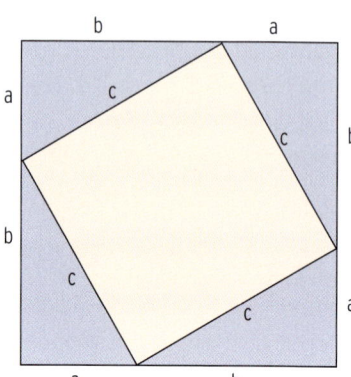

$$A = (a + b)^2$$

$$A = c^2 + 4 \cdot \frac{1}{2} \cdot a \cdot b$$

Gleichsetzen:

$$(a + b)^2 = c^2 + 4 \cdot \frac{1}{2} \cdot a \cdot b$$

Binomische Formel anwenden:

$$a^2 + 2ab + b^2 = c^2 + 2ab \quad | - 2ab$$

$$\mathbf{a^2 + b^2 = c^2}$$

Damit ist der **Satz des Pythagoras** bewiesen.

Beispiel 1

⮕ In einem rechtwinkligen Dreieck ist die Kathete a = 4,5 cm und die Kathete b = 5 cm
lang. Wie lang ist die Hypotenuse c?

Lösung

Nach dem Satz des Pythagoras gilt:

$$c^2 = 4,5^2 + 5^2$$

$$c^2 = 20,25 + 25 = 45,25$$

$$c = \sqrt{45,25} = 6,73$$

Die Länge der Hypotenuse beträgt 6,73 cm.

Beispiel 2

⮕ Berechnen Sie die Höhe h im gleichschenkligen Dreieck, wenn a = 3,5 cm und c = 4 cm
gegeben sind.

Lösung

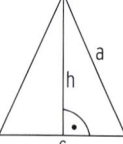

Das rechtwinklige Dreieck (s. Abb.) hat die Katheten h und $\frac{c}{2}$.
Die Hypotenuse ist a. Im rechtwinkligen Dreieck kann man
den Satz des Pythagoras anwenden.

Nach dem Satz des Pythagoras gilt: $\qquad h^2 + \left(\frac{c}{2}\right)^2 = a^2$

Zahlenwerte einsetzen und nach h umstellen: $\qquad h^2 + 2^2 = 3,5^2$

$$h^2 = 3,5^2 - 2^2 = 8,25$$

Wurzelziehen: $\qquad h = 2,87$

Die Höhe h beträgt 2,87 cm.

Beispiel 3

➲ Gegeben sind die Punkte A $(-2 \mid -3)$ und C$(6 \mid 5)$.

Zeichnen Sie die Punkte in ein Koordinatensystem und berechnen Sie deren Entfernung.

Lösung

Koordinatensystem mit den Punkten A und C zeichnen.

Rechtwinkliges Dreieck mit den Eckpunkten A und C in das Koordinatensystem einzeichnen.

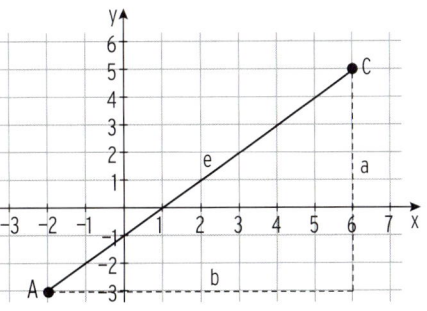

1. Kathete	$a = 8$ cm
2. Kathete	$b = 8$ cm

Satz des Pythagoras anwenden

$$e^2 = b^2 + a^2$$

Werte einsetzen: $\quad e^2 = 8^2 + 8^2 = 128$

Wurzel ziehen: $\quad e = \sqrt{128} = 11{,}31$

Die Strecke AC ist 11,31 cm lang.

Beispiel 4

➲ Ein Kreiskegel hat den Grundkreisradius r = 5 m und die Höhe h = 8 m.

Berechnen Sie die Mantelfläche des Kegels.

Lösung

Skizze:

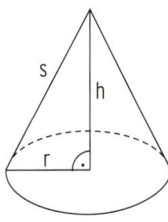

Seitenlinie s

Satz des Pythagoras: $\quad\quad\quad\quad s^2 = r^2 + h^2$

Werte einsetzen: $\quad\quad\quad\quad s^2 = 5^2 + 8^2 = 89$

Wurzel ziehen: $\quad\quad\quad\quad s = \sqrt{89} = 9{,}43$

Mantelfläche

Formel: $\quad\quad\quad\quad M = \pi \cdot r \cdot s$

Werte einsetzen: $\quad\quad\quad\quad M = \pi \cdot 5 \cdot 9{,}43 = 148{,}13$

Die Mantelfläche beträgt 148,13 m^2.

Aufgaben

1 Tragen Sie die fehlenden Zahlenwerte ein.

	Hypotenuse	1. Kathete	2. Kathete
a)	7	5	
b)		6	4
c)	5,5		2,4

2 Berechnen Sie den Flächeninhalt eines Quadrates mit der Diagonalen $e = 7$ cm.

3 Wie lautet der Satz des Pythagoras für die nachfolgenden fünf Dreiecke?

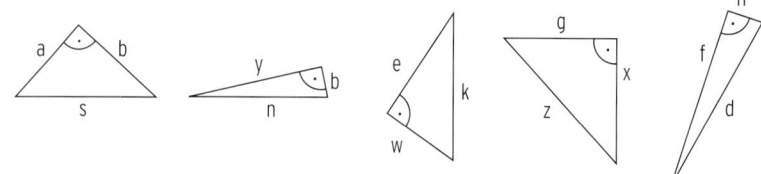

4 In einem gleichschenkligen Dreieck ist die Seite $a = b = 9$ cm und die Seite $c = 7$ cm lang. Bestimmen Sie den Flächeninhalt.

5 Ein gleichschenkliges Dreieck hat den Flächeninhalt $A = 55$ cm^2 und die Höhe $h = 7,5$ cm. Ermitteln Sie die Seiten des Dreiecks.

6 Gegeben ist ein gleichseitiges Dreieck. Berechnen Sie.
a) h und A für $a = 15$ cm   **b)** a und h für $A = 11\sqrt{3}$ cm^2 **c)** a und A für $h = 20$ cm

7 Ein Rechteck hat die Seiten a und b und die Diagonale e. Berechnen Sie.
a) e für $a = 5$ und $b = 3$ **b)** a für $b = 6$ und $e = 10$ **c)** b für $a = 6,5$ und $e = 11,2$

8 In einem Rechteck ist die Diagonale $e = 15$ cm und die Seite $b = 9$ cm lang. Bestimmen Sie die Länge der Seite a.

9 Ein Dreieck hat die Eckpunkte A, B und C. Ermitteln Sie den Umfang des Dreiecks.
a) A(− 4|2), B(3|2) und C(2|5)   **b)** A(− 3|1), B(6|2) und C(2|6)

10 Wie groß ist der Flächeninhalt des Dreiecks ABC?
Die Eckpunkte A und B liegen auf den Seitenmitten von
a und b mit den Längen 6 cm und 4 cm.
Ist das Dreieck ABC rechtwinklig?

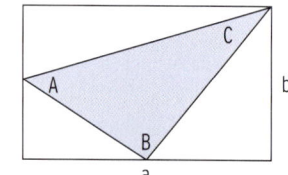

11 Im Fußballtraining werden Hütchen eingesetzt.
Ein Hütchen hat die Form eines Kreiskegels mit dem
Durchmesser 12,7 cm und der Höhe 19 cm.
Berechnen Sie die Mantelfläche des Hütchens.

5.3.2 Volumen und Oberflächeninhalte von Quader, Zylinder und Pyramide

Quader

Volumen eines Quaders

Um Waren in beliebiger Menge versenden zu können, benutzt man Container. Wichtig sind dabei die Angaben für die Länge, die Höhe, die Breite und der Laderaum.

Beispiel 1

➲ In der Tabelle stehen die Daten für den Container vom Typ Low Cube LC 20. Überprüfen Sie die Volumenangabe.

Typ	Volumen (V)		Länge (l)	Breite (b)	Höhe (h)
Low Cube		außen	6 058 mm	2 438 mm	2 438 mm
LC 20	ca. 31 m^3	innen	5 898 mm	2 350 mm	2 237 mm

Lösung

Berechnung des **Laderaums** (Volumen) des Containers:

Ladefläche G = 5,898 · 2,350 = 13,86

   Einheiten: m · m = m^2

Laderaum (Volumen)

   V = 13,86 · 2,237 = 31

   V =   G ·   h   = 31

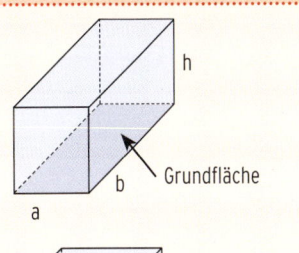

Einheiten: m^2 · m = m^3

Das Volumen des Containers entspricht dem angegebenen Wert von 31 m^3.

Quader und Würfel: Volumen

Für das **Volumen** eines Quaders mit Grundfläche G und Höhe h gilt:

Volumen = Grundfläche · Höhe

   V = G · h

   V = a · b · c (mit Höhe h = c)

Für das **Volumen** (Rauminhalt) eines Würfels mit der Seitenlänge a gilt:

   V = a^3

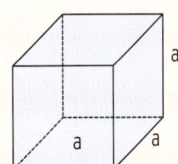

Zur Berechnung von Rauminhalten müssen die Längen in gleichen Maßeinheiten vorliegen.

Z.B.: m · m · m oder cm · cm · cm usw.

Umrechnung von Volumeneinheiten:

$$1 \, cm^3 = 1\,000 \, mm^3$$
$$1 \, dm^3 = 1\,000 \, cm^3 = 1 \, \ell \, (\text{Liter})$$
$$1 \, m^3 = 1\,000 \, dm^3 = 1\,000\,000 \, cm^3 = 10^6 \, cm^3$$
$$1 \, km^3 = 10^9 \, m^3$$

Beispiel 2

➲ Ein Quader hat ein Volumen von V = 80 cm³ und eine Grundfläche von G = 9,35 cm².
Wie hoch ist der Quader?

Lösung

Aus der Formel für das Volumen $V = G \cdot h$

folgt: $h = \dfrac{V}{G} = \dfrac{80}{9,35} = 8,56$ *Einheiten:* $\dfrac{cm^3}{cm^2} = cm$

Die Höhe des Quaders beträgt 8,56 cm.

Beispiel 3

➲ Ein quaderförmiges Schwimmbecken von 25 m Länge und 20 m Breite fasst 800 000 ℓ
Wasser. Wie tief ist das Becken?

Lösung

Volumenformel: $V = G \cdot h$

Umrechnung: $800\,000 \, \ell \triangleq 800 \, m^3$

Tiefe: $h = \dfrac{V}{G} = \dfrac{800}{25 \cdot 20} = 1,6$ *Einheiten:* $\dfrac{m^3}{m^2} = m$

Die Wassertiefe beträgt 1,6 m.

Beispiel 4

➲ Im Datenblatt für einen Container ist sein Gewicht nicht angegeben. Man weiß aber,
das 1 dm³ der Containerwand ca. 0,3 kg wiegt. Welche Masse hat der Container?

Typ	Volumen (V)		Länge (l)	Breite (b)	Höhe (h)
Low Cube		außen	6 058 mm	2 438 mm	2 438 mm
LC 20	ca. 31 m³	innen	5 898 mm	2 350 mm	2 237 mm

Lösung

Grundfläche des Containers in m²: $G = 6,058 \cdot 2,438 = 14,77$

Außenvolumen in m³: $V_a = G \cdot h = 14,77 \cdot 2,438 = 36,01$

Innenvolumen in m³: $V_i = 31$

Volumen der Containerwand in m³: $V_a - V_i = 36,01 - 31,00 = 5,01$

Umrechnung: $5,01 \, m^3 = 5\,010 \, dm^3$

Masse in kg: $m = 5\,010 \cdot 0,3 = 1\,503$

Einheiten: $dm^3 \cdot \dfrac{kg}{dm^3} = kg$

Der Container hat eine Masse von 1 503 kg.

Oberfläche eines Quaders

Beispiel

⮕ Der quaderförmige Container mit der Länge a = 6,058 m, Breite b = 2,438 m und der Höhe c = 2,438 m soll neu gestrichen werden. Man rechnet mit einem Verbrauch von 0,25 kg Farbe pro m².

a) Wie viel kg Farbe müssen beschafft werden?
b) Eine Stange ist 6,95 m lang. Passt sie in den Container?

Lösung

a) Die Gesamtfläche des Quaders setzt sich aus 6 Einzelflächen zusammen. Die gegenüberliegenden Flächen sind jeweils gleich groß.

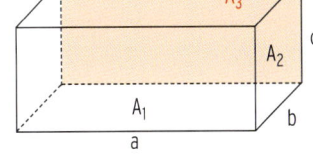

$O = 2A_1 + 2A_2 + 2A_3$

$O = 2\,a \cdot b + 2\,a \cdot c + 2\,b \cdot c = 2(a \cdot b + a \cdot c + b \cdot c)$

Mit a = 6,058, b = 2,438 und c = 2,438 (Längen in m)

$O = 2(6{,}058 \cdot 2{,}438 + 6{,}058 \cdot 2{,}438 + 2{,}438 \cdot 2{,}438) = 70{,}965$

Die Oberfläche des Quaders beträgt O = 70,965 m².

Menge der Farbe: F = 70,965 · 0,25 = 17,741   *Einheiten:* $m^2 \cdot \dfrac{kg}{m^2} = kg$

Man benötigt 17,741 kg Farbe.

b) Die Stange passt in den Container, wenn sie kürzer ist als die Raumdiagonale d.

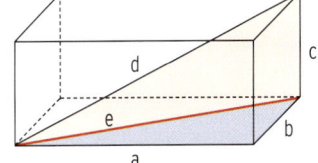

Flächendiagonale e

$e^2 = a^2 + b^2$

Raumdiagonale d

$d^2 = e^2 + c^2$

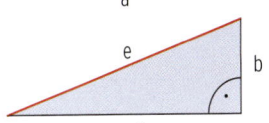

$d^2 = a^2 + b^2 + c^2$

$d^2 = 6{,}058^2 + 2{,}438^2 + 2{,}438^2 = 48{,}59$

$d = \sqrt{48{,}59} = 6{,}97$

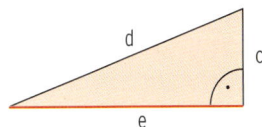

Die Diagonale ist 6,97 m lang. Die Stange passt in den Container.

Quader: Oberfläche

Für die **Oberfläche** eines Quaders
mit den Kantenlängen a, b und c gilt:

$$O = 2(a \cdot b + a \cdot c + b \cdot c)$$

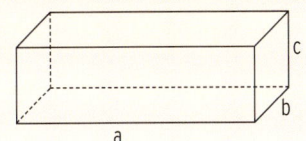

Aufgaben

1 Ein quaderförmiger Behälter fasst 1 Liter. Wie hoch ist er, wenn er

a) 12 cm lang und 6 cm breit ist?

b) 10 cm lang und 10 cm breit ist?

Vergleichen Sie die Oberflächen.

2 Berechnen Sie das Volumen eines Würfels, wenn seine Oberfläche 2 904 cm^2 beträgt.

3 Eine 200 m^2 große Gartenanlage soll mit einer 15 cm dicken Humusschicht aufgefüllt werden. Wie oft muss ein LKW fahren, wenn er bei einer Fahrt 7 m^3 laden kann?

4 Der Bodensee hat eine Fläche von 536 km^2. Wie viel m^3 Regenwasser fallen auf den Bodensee, wenn die gemessene Niederschlagshöhe im Jahr 980 mm beträgt?

5 Ein quaderförmiger Blumenkasten ist 30 cm lang, 25 cm breit und 20 cm hoch. Er ist vollständig mit Blumenerde gefüllt. Mit der Erde soll ein anderer Blumenkasten vollständig gefüllt werden, der 40 cm lang und 15 cm breit ist.

a) Wie hoch ist der neue Blumenkasten?

b) Für welchen der beiden Blumenkästen wird zur Herstellung weniger Holz benötigt?

6 Ein Schwimmbecken ist 50 m lang, 15 m breit und 2,35 m tief.

a) Wie viel m^3 Wasser fasst das Becken?

b) Das Schwimmbecken soll gefüllt werden. Es steht eine Pumpe zur Verfügung, die in einer Minute 900 Liter pumpt. Wie lange dauert es?

7 Von einem Quader ist jeweils bekannt (Angaben in cm):

	a	b	c	e	d
Q_1	5	2	3		
Q_2	6	8			15
Q_3	10		3	13	
Q_4		0,8		1,8	3,5

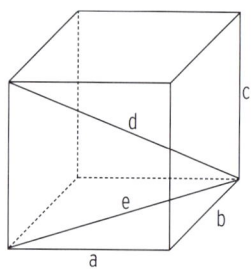

Füllen Sie die Leerfelder aus.

8 Eine Schachtel hat die Form eines Quaders mit den Kanten a = 7 cm, b = 6 cm und c = 5 cm.

a) Skizzieren Sie diesen Quader.

b) Berechnen Sie die Oberfläche und das Volumen der Schachtel.

c) Die Grundfläche hat die Seiten a und b.

Berechnen die Grundflächendiagonale e und die Raumdiagonale d.

Zylinder

Viele Gegenstände des täglichen Lebens, z.B. Sprayflaschen, Dosen, Töpfe, Röhren und Straßenwalzen, erinnern in ihrer Form und Gestalt an den geometrischen Körper „Zylinder".

Da es oft wichtig ist, eine Aussage über **Volumen, Oberfläche und Mantel** zu machen, sollte man wissen, wie man diese Größen berechnet.

Ob auch das Volumen eines Zylinders mit der Formel $V = G \cdot h$ berechnet werden kann, lässt sich mit einem Messzylinder nachprüfen. Das Volumen $V = 250$ ml ist angegeben. Man misst die Höhe des Zylinders bis zur oberen Markierung und den Durchmesser.

Messung: $\quad$ $h = 19{,}9$ cm; $\quad d = 4$ cm
Rechnung: $\quad$ $V = G \cdot h = \pi\, r^2 \cdot h$
$\qquad\qquad$ $V = 3{,}14 \cdot 2^2 \cdot 19{,}9 = 249{,}94$

Das berechnete Volumen von $249{,}94$ cm^3 entspricht im Rahmen der Messgenauigkeit dem aufgedruckten Wert.

Schneidet man den **Mantel M** des Zylinders bei AB auf und wickelt ihn ab, so erhält man ein Rechteck mit den Seiten $2\pi\, r$ und **h**. Die **Oberfläche O** erhält man aus der Summe der zwei Kreisflächen und der Mantelfläche.

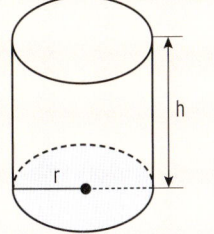

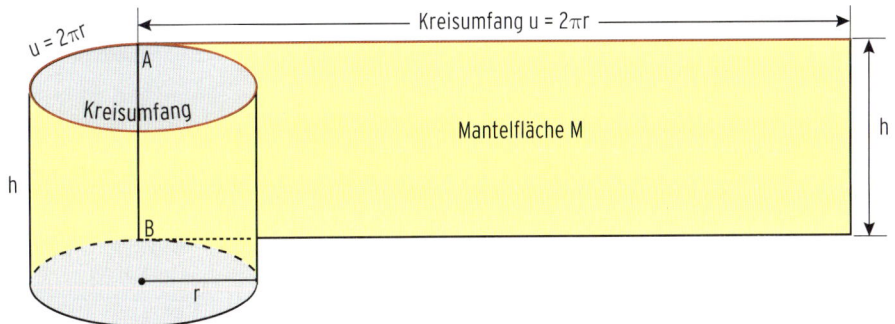

Zylinder: Volumen und Oberfläche

Für einen senkrechten Kreiszylinder mit dem Grundkreisradius r und der Höhe h gilt:

Volumen	$V = G \cdot h = \pi\, r^2 h$
Mantel	$M = 2\,\pi\, r \cdot h$
Oberfläche	$O = 2\,\pi\, r^2 + 2\,\pi\, r \cdot h$

Beispiel 1

➲ Ein 30 cm hoher Kreiszylinder hat das Volumen V = 2 355 cm³.
Berechnen Sie den Durchmesser des Zylinders.

Lösung

Volumenformel: $\qquad\qquad\qquad\qquad\qquad\qquad$ $V = \pi\, r^2\, h$

Umformung: $\qquad\qquad\qquad\qquad\qquad\qquad$ $\dfrac{V}{\pi \cdot h} = r^2$

Radius r: $\qquad\qquad\qquad\qquad\qquad\qquad$ $r = \sqrt{\dfrac{V}{\pi\, h}}$

Gegebene Werte einsetzen: $\qquad\qquad\qquad$ $r = \sqrt{\dfrac{2\,355}{\pi \cdot 30}} = 5{,}0$

Der Zylinder hat einen Radius von 5 cm bzw. einen Durchmesser von 10 cm.

Beispiel 2

➲ Ein Ölfass hat die Form eines Zylinders.
Es fasst 200 Liter und hat einen Durchmesser
von 58 cm.

a) Wie hoch ist das Ölfass?

b) Der Mantel soll mit einer roten Farbe angestrichen
werden.
Im Lager ist noch Farbe für 1,5 m² vorhanden.
Reicht die Farbe?
Begründen Sie Ihre Antwort.

Lösung

a) Volumenformel: $\qquad\qquad\qquad\qquad\qquad$ $V = \pi\, r^2\, h$

Umformung nach h: $\qquad\qquad\qquad\qquad$ $\dfrac{V}{\pi\, r^2} = h$

$r = \dfrac{d}{2} = 29$ cm = 2,9 dm; V = 200 ℓ = 200 dm³: $\qquad$ $h = \dfrac{200}{\pi \cdot 2{,}9^2} = 7{,}57$

Die Höhe des Ölfasses beträgt 7,57 dm = 75,7 cm.

b) Formel für die Mantelfläche: $\qquad\qquad$ $M = 2\,\pi\, r \cdot h$

Mit r = 29 cm; h = 75,7 cm: $\qquad\qquad$ $M = 2\,\pi\, 29 \cdot 75{,}7 = 13793{,}5$

Die Mantelfläche beträgt ca. 13800 cm² = 1,38 m².

Die Farbe reicht.

Aufgaben

1 Vervollständigen Sie die Tabelle für einen Kreiszylinder.

	Radius r	Durchmesser d	Grundfläche G	Höhe h	Volumen V	Mantel M	Oberfläche O
a)	3 cm			5 cm			
b)				7 cm		450 cm^2	
c)	34 cm					125 m^2	
d)				0,8 dm	1000 cm^3		
e)			30,4 dm^2	0,06 m			
f)	4,5 m						1250 m^2
g)		58 mm		60 mm			

2 Ein 30 cm hoher Kreiszylinder hat ein Volumen von 2355 cm^3.
Berechnen Sie den Durchmesser des Zylinders.

3 Ein Öltank hat die Form eines Zylinders. Bei einem Innendurch-
messer von 2 m fasst er 10000 Liter. Aus Sicherheitsgründen
muss die Innenseite mit einer Kunststofffolie ausgekleidet
werden. Wie viel Quadratmeter Folie werden benötigt?

4 Welche Masse hat ein laufender Meter eines Kupferrohres (Dichte 8,9 g/cm^3) mit dem
Außendurchmesser von 3 cm und einer Wandstärke von 2 mm?

5 Im Rahmen einer Straßenbaumaßnahme muss ein Berg untertunnelt werden. Die Tunnelröhre verläuft geradlinig und eben und hat die Form eines liegenden Halbzylinders mit
halbkreisförmigem Querschnitt. Das Rohmaß einer Tunnelöffnung ergibt eine Fläche
von 56,52 m^2. Beim Bau der Tunnelröhre müssen 11304 m^3 Erde und Gestein entfernt
werden.

a) Berechnen Sie Höhe und Länge des Tunnels.
b) Die Decke des Tunnels muss mit einer wasserundurchlässigen Schicht überzogen
werden. Wie viel m^2 sind erforderlich? Die Schichtdicke ist zu vernachlässigen.

6 Ein Kreiszylinder hat das Volumen 10 cm^3 und die Mantelfläche 6 cm^2.
Berechnen Sie die Oberfläche und die Höhe des Zylinders.

7 Ein Regenwasserspeicher, der 5 m^3 fasst, hat die Form eines Zylinders. Die Tiefe des
Speichers ist doppelt so groß wie der Innendurchmesser.
Wie tief ist der Speicher? Welche Außenmaße hat er, wenn der Boden 2 cm und die
Wand 1,5 cm dick sind?

8 Ein Würfel hat dieselbe Oberfläche wie ein Zylinder. Der Durchmesser des Zylinders ist
gleich seiner Höhe. Welcher Körper hat ein größeres Volumen? Um wie viel Prozent
ist sein Volumen größer?

8 Bohner u.a. - ISBN 978-3-8120-0119-9

Pyramide

Die Pyramide ist eine Bauform, meist mit quadratischer Grundfläche. Man kennt solche Bauformen aus unterschiedlichen alten Kulturen wie Ägypten, Lateinamerika, China und den Kanaren. Eine Pyramide in der Geometrie ist ein Körper, dessen Grundfläche G ein Vieleck ist. Die Seitenflächen sind Dreiecke mit gemeinsamer Spitze.

Volumen einer Pyramide

Ein Würfel mit der Kantenlänge a kann in sechs volumengleiche quadratische Pyramiden aufgeteilt werden.

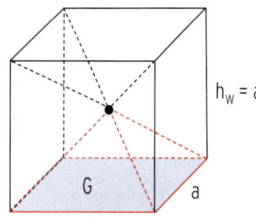

$$V_W = 6\, V_P$$

Mit $h_P = \frac{1}{2} h_W$ erhält man:

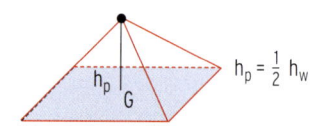

$$V_P = \frac{1}{6} V_W = \frac{1}{6} G \cdot h_W = \frac{1}{3} G \cdot \frac{1}{2} h_W$$

$$V_P = \frac{1}{3} G \cdot h_P$$

Pyramide: Volumen

Für das **Volumen** V einer Pyramide mit Grundfläche G und Höhe h gilt:

$$V = \frac{1}{3} G \cdot h$$

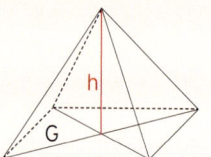

Beispiel 1

➲ Die Cheopspyramide stellt mit einer Seitenlänge von 230,38 m an der Basis bei quadratischem Grundriss und einer ursprünglichen Höhe von 146,60 m die größte jemals erbaute Pyramide Ägyptens dar. Dabei mussten ca. 6,5 Mio. Tonnen Kalkstein herbeigeschafft werden, wobei sich die Bauzeit auf ca. 30 Jahre belief. Berechnen Sie das Volumen der Pyramide und die Dichte des Kalksteins.

Lösung

Volumenformel:

$$V = \frac{1}{3} G \cdot h$$

Werte einsetzen, Volumen in m^3:

$$V = \frac{1}{3} \cdot 230{,}38^2 \cdot 146{,}60 = 2{,}593 \cdot 10^6$$

Dichte:

$$\rho = \frac{m}{V} = \frac{6{,}5 \cdot 10^6}{2{,}593 \cdot 10^6} = 2{,}51$$

Das Volumen der Pyramide beträgt $V = 2{,}593 \cdot 10^6\ m^3$, die Dichte $\rho = 2{,}51\ \frac{t}{m^3} = 2{,}51\ \frac{kg}{dm^3}$.

Beispiel 2

⮡ Die Grundkante a einer quadratischen Pyramide ist 8 cm lang.
Die Pyramide hat eine Höhe von 5 cm.

a) Berechnen Sie den Mantel und die Oberfläche der Pyramide.

b) Wie lang ist die Seitenkante s?

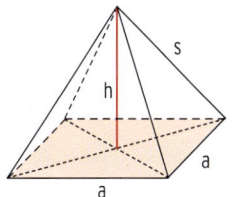

Lösung

a) Dur Berechnung des Mantels benötigt
man die **Seitenflächenhöhe h_s.**

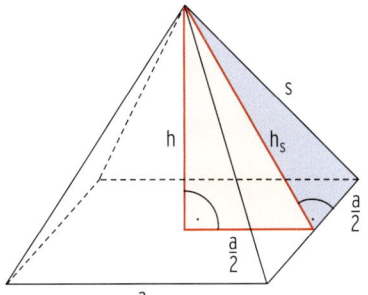

Höhe h_s der Seitenfläche

Satz des Pythagoras

$h_s^2 = h^2 + \left(\frac{a}{2}\right)^2$

$h_s^2 = 5^2 + 4^2 = 41$

$h_s = \sqrt{41} = 6{,}40$

Mantel M

$M = 4 \cdot \frac{1}{2} \cdot a \cdot h_s = 2a \cdot h_s$

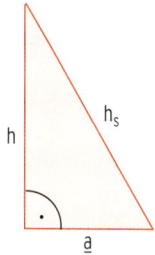

$M = 2 \cdot 8 \cdot 6{,}40 = 102{,}40$

Der Mantel hat einen

Inhalt von 102,40 cm^2.

Oberfläche O

$O = G + M = a^2 + M$

$O = 8^2 + 102{,}40 = 166{,}40$

Die Oberfläche beträgt 166,40 cm^2.

b) **Seitenkante s**

Satz des Pythagoras

$s^2 = h_s^2 + \left(\frac{a}{2}\right)^2$

$s^2 = 41 + 4^2 = 57$

$s = \sqrt{57} = 7{,}55$

Die Seitenkante s ist 7,55 cm lang.

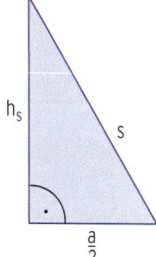

1 Die Tabelle enthält die Werte für eine quadratische Pyramide.
Ergänzen Sie die fehlenden Werte.

Grundseite a	Höhe h	Volumen V
14 m	7,5 m	
4,5 m		22,8 m³
	120 cm	3 500 cm³
431 mm	225 mm	

2 Gegeben ist eine quadratische Pyramide mit folgenden Abmessungen:

Grundkante: a = 6,0 cm   Körperhöhe: h = 7,0 cm

Reicht ein Draht von einem Meter Länge aus, um ein Kantenmodell dieser Pyramide
anfertigen zu können? Begründen Sie Ihre Aussage rechnerisch.

3 Eine Verpackung in Form einer senkrechten quadratischen
Pyramide soll aus Pappe hergestellt werden.

Wie viel cm² Pappe werden für die Verpackung benötigt,
wenn die Pyramide 25 cm hoch ist und die Seitenflächenhöhe 25,83 cm beträgt?

Wie groß ist das Volumen?

4 Die Mantelfläche einer Pyramide besteht aus 4 gleichseitigen Dreiecken
mit der Seitenlänge a = 9 cm.

a) Wie groß ist die Mantelfläche der Pyramide?

b) Berechnen Sie die Höhe der Pyramide.

5 Von einer quadratischen Pyramide sind die
Seitenkante s = 6 cm und die Diagonale
d = 8 cm gegeben.

a) Wie groß ist die Seitenlänge a?

b) Geben Sie die Höhe der Pyramide an.

c) Berechnen Sie das Volumen der Pyramide.

d) Ermitteln Sie die Mantelfläche.

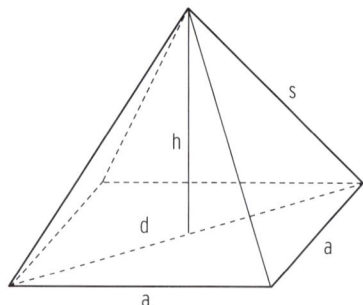

Zusammengesetzte Körper

Beispiel

⟳ Amerikanische Briefkästen (Mailbox) haben eine spezielle Form (s. Abb.). Die aufklappbare Frontfläche setzt sich aus einer Halbkreis- und einer Rechtecksfläche zusammen. Berechnen Sie den Blechbedarf für einen Briefkasten, wenn für Falze ca. 8 % mehr Blech benötigt wird. Maße siehe Skizze.

Lösung

Die Box setzt sich aus einem Halbzylinder und einem Quader zusammen.

Flächeninhalt in cm^2; Länge in cm

Flächeninhalt A_1 des Halbkreises:

$$A_1 = \frac{1}{2}\,\pi\,r^2$$

$$A_1 = \frac{\pi}{2} \cdot 7{,}5^2 = 88{,}31$$

Mantelfläche M des Halbzylinders:

$$M = \pi\,r\,h$$

$$M = 3{,}14 \cdot 7{,}5 \cdot 50 = 1177{,}5$$

Oberfläche des Halbzylinders:

$$A_z = 2 \cdot A_1 + M$$

$$A_z = 2 \cdot 88{,}31 + 1177{,}5 = 1354{,}12$$

Quader:

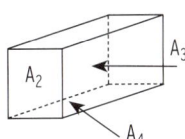

$$A_2 = 15 \cdot 14{,}5 = 217{,}5$$

$$A_3 = 50 \cdot 14{,}5 = 725$$

$$A_4 = 15 \cdot 50 = 750$$

Oberfläche ohne Grundfläche:

$$A_Q = 2 \cdot A_2 + 2 \cdot A_3 + A_4 = 2635$$

Oberfläche der Mailbox:

$$MB_{Ges} = 1354{,}12 + 2635 = 3989{,}12$$

8 % Mehrbedarf an Blech:

$$\frac{8}{100} \cdot 3989{,}12 = 319{,}13$$

Gesamter Blechbedarf:

$$A = 3989{,}12 + 319{,}13 = 4308{,}36$$

Zur Herstellung der „american mailbox" benötigt man ca. 4308,25 cm^2 Blech.

1 Berechnen Sie das Volumen und die Oberfläche des Köpers (s. Abb. 1) mit

$h_g = 8$ cm

$h = 5$ cm

$a = 3$ cm

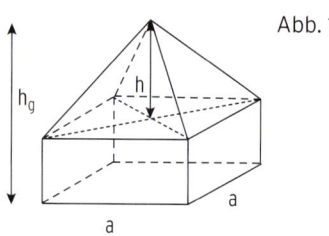

Abb. 1

2 Ein Gewölbekeller soll als Partyraum genutzt werden (s. Abb. 2). Der Gewölbekeller kann als Quader mit aufgesetztem Halbzylinder angesehen werde. Die Decke und die Wände des Kellers (die Türe jedoch nicht) müssen innen neu gestrichen werden. Dafür werden zwei Eimer je 15 Liter Wandfarbe gekauft. Ein Liter Farbe ist ausreichend zum Streichen von 7 m² Fläche. Die angegebenen Maße entsprechen den Innenmaßen des Raumes.

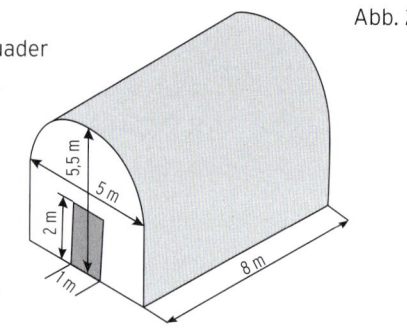

Abb. 2

a) Prüfen Sie rechnerisch, ob die gekaufte Farbmenge ausreicht.

b) Ein Heizlüfter soll den Raum erwärmen. Laut der Betriebsanleitung ist dieses Modell für Räume bis 200 m³ Volumen geeignet. Begründen Sie rechnerisch, ob der Heizlüfter für den Partyraum ausreicht.

c) Eine große kreisrunde Tischplatte hat den Durchmesser von 2,30 m. Begründen Sie rechnerisch, ob diese Platte durch die Türe passen kann.

3 Ein Turm (s. Abb. 3) besteht aus einem Zylinder und einem aufgesetzten Kegel.

Der Radius r der kreisförmigen Grundfläche beträgt 3,5 m,

die Höhe h_z des Zylinders 7,5 m.

Das Volumen des gesamten Körpers beträgt 350 m³.

Berechnen Sie die Höhe h_K des Kegels.

Mit welchen Kosten muss gerechnet werden, wenn eine Bedachung mit Kupfer 75 € je m² kostet?

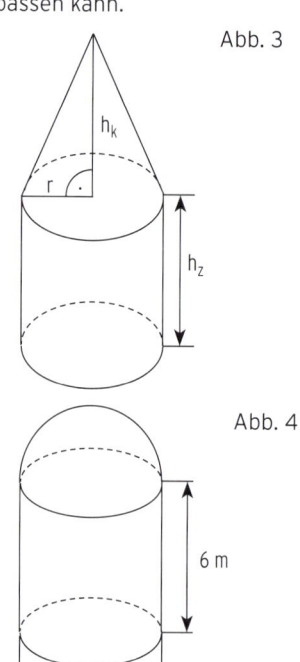

Abb. 3

4 Eine Sternwarte setzt sich zusammen aus einem Zylinder und einer Halbkugel (s. Abb. 4). Der Eigentümer behauptet, dass im Innern der Sternwarte Platz für 92,16 m³ Luft sei. Nehmen Sie Stellung.

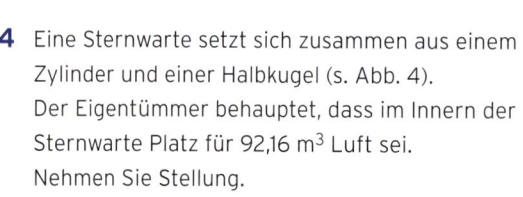

Abb. 4

6 Sinus, Kosinus und Tangens

Bezeichnungen im rechtwinkligen Dreieck

In der Trigonometrie beschäftigt man sich mit Dreiecken, insbesondere mit rechtwinkligen Dreiecken.

Im rechtwinkligen Dreieck nennt man die dem rechten Winkel gegenüberliegende Seite **Hypotenuse**. Die anderen beiden Seiten heißen **Katheten.**

Die Katheten werden nochmals unterschieden. Die Kathete, die dem Winkel α anliegt, nennt man **Ankathete** von α, die dem Winkel α gegenüberliegende Seite nennt man **Gegenkathete** von α.

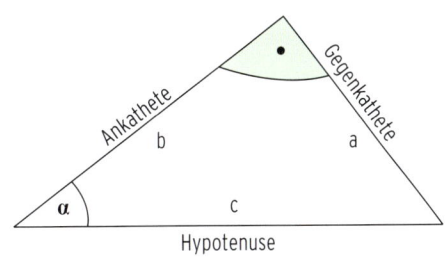

Beachten Sie

Winkel	Gegenkathete	Ankathete
α	Seite **a**	Seite **b**
β	Seite **b**	Seite **a**

6.1 Sinus

Seitenverhältnisse bei ähnlichen Dreiecken

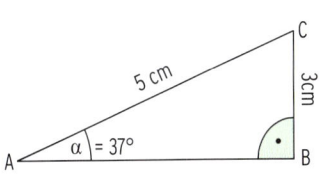
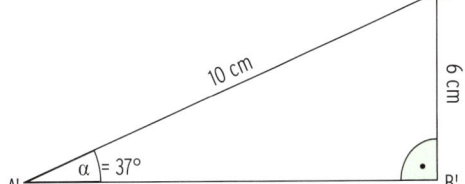

mvurl.de/c45y

Das **Verhältnis von Gegenkathete zu Hypotenuse** ist, wie man aus der Abbildung erkennt, in beiden Dreiecken gleich: $\frac{3}{5} = \frac{6}{10}$

Zum **Winkel α = 37°** gehört das **Verhältnis $\frac{3}{5}$.**

Kurzschreibweise: sin 37° = 0,6.

Festlegung

In einem rechtwinkligen Dreieck gilt:

$$\sin \alpha = \frac{\text{Gegenkathete von } \alpha}{\text{Hypotenuse}}$$

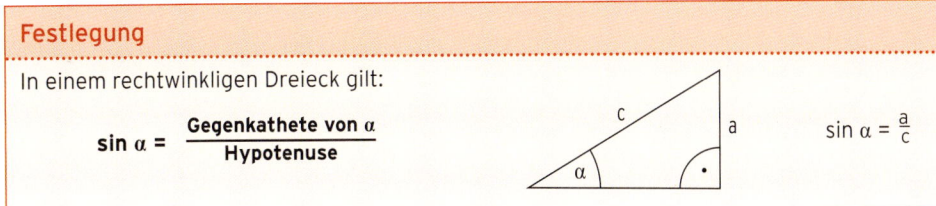

$\sin \alpha = \frac{a}{c}$

Beispiel 1

◗ Bestimmen Sie zeichnerisch.

a) sin 40°   b) sin 30°

Lösung

a) Ein rechtwinkliges Dreieck mit α = 40° zeichnen:

Seitenverhältnis: $\frac{2,4}{3,8} = 0,6315$

sin 40° ≈ 0,6315

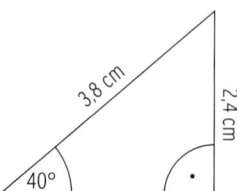

b) Dreieck zeichnen:

Seitenverhältnis: $\frac{1,7}{3,4} = 0,5$

sin 30° = 0,5

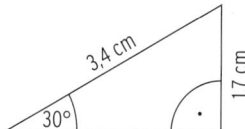

Beispiel 2

◗ In einem rechtwinkligen Dreieck beträgt die Länge der Gegenkathete 2,5 cm und die Länge der Hypotenuse 4,5 cm. Messen Sie den Winkel α und bestimmen Sie sin α.

Lösung

Dreieck zeichnen:

Winkel mit Geodreieck bestimmen: α = 34°

$\sin 34° = \frac{2,5}{4,5} = 0,56$

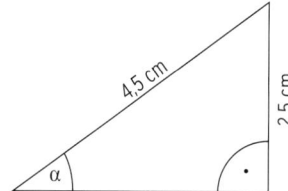

Sinuswerte

α	0°	30°	45 °	60°	90°
sin α	0	0,5	0,707	0,866	1

Beispiel 3

a) Berechnen Sie sin 48° mit Hilfsmittel.
b) Welcher Winkel α gehört zu dem Sinuswert 0,7219?

Lösung

a) Mit Hilfsmittel:
   sin 48° = 0,7431

```
sin(48)
                    0.7431448255
```

b) Mit Hilfsmittel:
   Für sin α = 0,7431 ist α = 46,2°.

```
sin⁻¹(0.7219)
                    46.21157157
```

Beispiel 4

○ In einem rechtwinkligen Dreieck ist die Kathete a = 4 cm, die Kathete b = 3 cm und die Hypotenuse c = 5 cm lang. Wie groß sind die Winkel α und β?

Lösung

Dreieck skizzieren:

Mit $\sin \alpha = \frac{a}{c}$ erhält man: $\sin \alpha = \frac{4}{5} = 0,8$

```
sin⁻¹(0.8)
              53.13010235
```

Aus $\sin \beta = \frac{b}{c}$ erhält man: $\sin \beta = \frac{3}{5} = 0,6$

```
sin⁻¹(0.6)
              36.86989765
```

Hinweis: β = 90° − α = 90° − 53,1° = 36,9°

Winkel α = 53,1°; Winkel β = 36,9°

Beispiel 5

○ Zu einem Berggipfel soll eine Seilbahn gebaut werden. Der Höhenunterschied zwischen Talstation und Gipfel beträgt 1350 m. Der Gipfel erscheint unter einem Höhenwinkel von 18,5°.
Welche Länge muss das Tragseil mindestens haben?

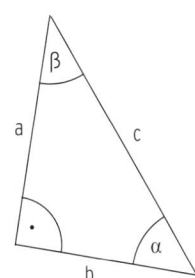

Lösung

Verhältnis Gegenkathete von α zur Hypotenuse: $\sin \alpha = \frac{h}{d}$

Umstellen nach der Unbekannten d: $d = \frac{h}{\sin \alpha}$

Gegebene Werte einsetzen: $d = \frac{1350}{\sin 18,5°} = \frac{1350}{0,3173} = 4\,254,65$

Das Tragseil muss mindestens eine Länge von 4 254,65 m haben.

Beispiel 6

○ Ein Garagendach hat eine Dachneigung von 28°. Die Höhe des Dachstuhls beträgt 2 m. Das Dach ist 5,5 m lang. Berechnen Sie die Dachfläche.

Lösung

Skizze:

Ansatz: $\sin 28° = \frac{2}{c}$

Umstellen nach der Unbekannten c: $c = \frac{2}{\sin 28°}$

Berechnung von c mit Hilfsmittel: $c = 4,26$

Berechnung einer Dachhälfte: $\frac{A}{2} = c \cdot 5,5 = 4,26 \cdot 5,5 = 23,43$

Dachfläche: $A = 2 \cdot 23,43 = 46,86$

Die Dachfläche beträgt 46,86 m².

Aufgaben

1 Wie heißt im nebenstehenden rechtwinkligen Dreieck die Hypotenuse, die Gegenkathete bzw. die Ankathete von Winkel α und von Winkel β?

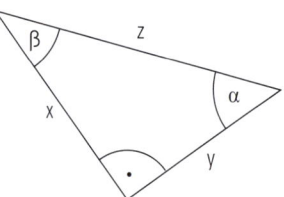

2 Berechnen Sie mit einem Hilfsmittel.

a)

α	10°	20°	30°	45°	60°	75°	85°	90°	0°
sin α									

b)

sin α	0,563	0,245	0,738	0,899	1	0	0,5	0,638	0,707
α									

3 Die nebenstehende Abbildung zeigt drei ineinander gezeichnete rechtwinklige Dreiecke. Messen Sie jeweils die Länge der Gegenkathete und der Hypotenuse und bestimmen Sie damit sin α. Berechnen Sie den Winkel α.

4 Bestimmen Sie zeichnerisch.

a) sin 45°   b) sin 60°

5 Bestimmen Sie den Winkel α zeichnerisch und überprüfen Sie Ihr Ergebnis mit Hilfsmittel.

a) $\sin \alpha = \frac{2}{3}$ b) $\sin \alpha = \frac{4}{7}$ c) $\sin \alpha = \frac{3}{5}$ d) $\sin \alpha = \frac{5}{7}$

6 Der Höhenunterschied einer Seilbahn zwischen Talstation und Gipfel beträgt 1750 m.
Der Gipfel erscheint unter einem Höhenwinkel von 15,5°.
Welche Länge muss das Tragseil mindestens haben?

7 Ein Satteldach hat eine Dachneigung von 26°.
Die Höhe des Dachstuhls beträgt 2,10 m.
Das Dach ist 5,8 m lang. Berechnen Sie die Größe der Dachfläche.

6.2 Kosinus

Seitenverhältnisse bei ähnlichen Dreiecken

mvurl.de/12mx

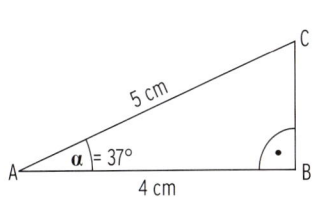

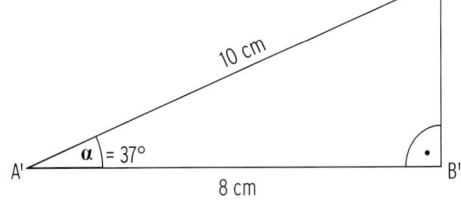

Das **Verhältnis von Ankathete zu Hypotenuse** ist, wie man aus der Abbildung erkennt, in beiden Dreiecken gleich: $\frac{4}{5} = \frac{8}{10}$

Zum **Winkel α = 37°** gehört das **Verhältnis** $\frac{4}{5}$.

Kurzschreibweise: cos 37° = 0,8

Festlegung

In einem rechtwinkligen Dreieck gilt:

$$\cos \alpha = \frac{\text{Ankathete von } \alpha}{\text{Hypotenuse}}$$

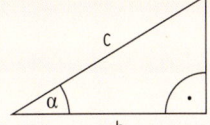

$\cos \alpha = \frac{b}{c}$

Beispiel 1

➲ Zeichnen Sie ein rechtwinkliges Dreieck mit α = 40°.

Geben Sie das Seitenverhältnis von Ankathete zu Hypotenuse an.

Lösung

Ein Dreieck zeichnen:

Seitenverhältnis: $\frac{2,9}{3,8} = 0,7632$

cos 40° ≈ 0,76

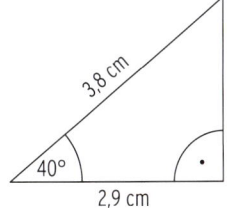

Beispiel 2

➲ In einem rechtwinkligen Dreieck beträgt die Länge der Ankathete 3,5 cm und die Länge der Hypotenuse 4,5 cm. Bestimmen Sie cos α zeichnerisch.

Lösung

Ein Dreieck zeichnen:

Winkel mit Geodreieck bestimmen: α = 38,9°

$\cos 38,9° = \frac{3,5}{4,5} = 0,778$

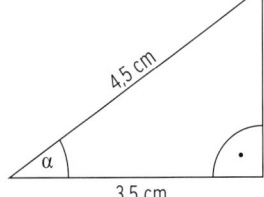

Beispiel 3

a) Berechnen Sie cos 45° mit Hilfsmittel.

b) Welcher Winkel α gehört zu dem Kosinuswert 0,8765?

Lösung

a) Mit Hilfsmittel:

    cos 45° = 0,7071.

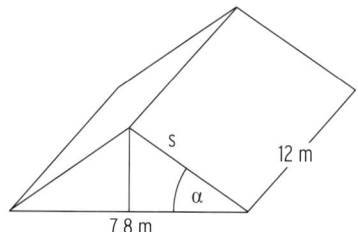

```
cos(45)
                0.7071067812
```

b) Mit Hilfsmittel:

    Für cos α = 0,8765 ist α = 28,78°.

```
cos⁻¹(0.8765)
                28.77699973
```

Beispiel 4

Die Dachfläche eines 12 m langen und 7,8 m breiten Hauses beträgt 108 m². Ermitteln Sie die Dachneigung.

Lösung

Skizze:

Die Dachfläche A setzt sich aus zwei gleich großen Rechtecken A_R zusammen.

Dachfläche A = 2 · A_R: $\qquad$ 108 = 2 · s · 12

Auflösen nach s: $\qquad$ $s = \dfrac{108}{24} = 4{,}5$

Rechtwinkliges Dreieck:

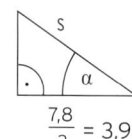

$$\frac{7{,}8}{2} = 3{,}9$$

Dachneigung berechnen: $\qquad$ $\cos \alpha = \dfrac{3{,}9}{4{,}5} = 0{,}8667$

Winkel α mit einem Hilfsmittel: $\qquad$ $\alpha = 29{,}9°$

Die Dachneigung beträgt 29,9°.

Aufgaben

1 Berechnen Sie mit einem Hilfsmittel.

a)

α	10°	20°	30°	45°	60°	75°	85°	90°	0°
cos α									

b)

cos α	0,563	0,245	0,738	0,899	1	0	0,5	0,638	0,707
α									

2 Gegeben ist das Dreieck ABC.
Bestimmen Sie:
cos α; cos β; sin α; sin β

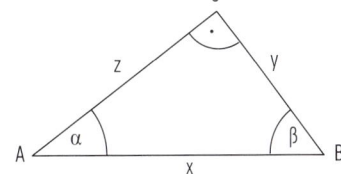

3 Lösen Sie zeichnerisch.

a) cos 25°   b) cos 30°   c) cos 45°   d) cos 60°   e) cos 75°

4 Berechnen Sie im nebenstehenden Dreieck
die Seiten a und c für den Winkel β = 75°.
Wie groß ist der Winkel α?

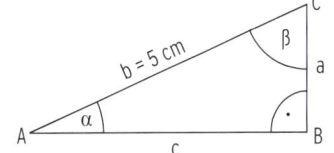

5 Gegeben ist das gleichschenklige Dreieck
mit den Seiten a, b, c und dem Winkel α = 38°.
Berechnen Sie.

a) Seite b für c = 8 cm

b) Höhe h für b = 5 cm

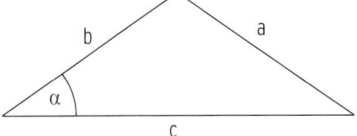

6 Ein Satteldach ist 13 m lang und das Haus ist 6,8 m breit.
Die Fläche des Satteldachs beträgt 94 m².

a) Ermitteln Sie die Dachneigung.

b) Berechnen Sie die Höhe h.

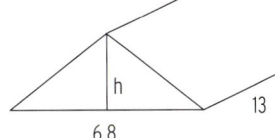

7 Übertragen Sie die Tabelle in Ihr Heft.
Füllen Sie Ihre Tabelle aus. Was können Sie feststellen?

α	15°	30°	45°	60°	75°	90°	0°
cos α							
sin α							

6.3 Tangens

An Passstraßen trifft der Autofahrer manchmal auf ein Verkehrsschild, das ihm signalisiert, hier steigt die Straße stark an. Steht
auf dem Schild 10 %, so bedeutet dies:

Auf 100 m gemessen in der Horizontalen steigt die Straße um
10 m an (siehe Abb.), d. h., das **Verhältnis von Gegenkathete zur
Ankathete** beträgt $\frac{10}{100}$ = 0,1.

Man bezeichnet dieses Verhältnis **von Gegenkathete zur Ankathete** als den **Tangens des Winkels α.**

tan α = 0,1

Mit Hilfsmittel:

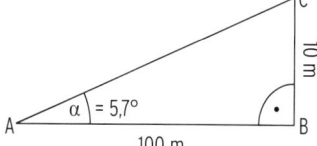

Steigungswinkel der Straße: α = 5,71°

Festlegung

In einem rechtwinkligen Dreieck gilt:

$$\text{tan } \alpha = \frac{\text{Gegenkathete von } \alpha}{\text{Ankathete von } \alpha}$$

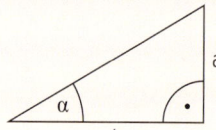

$$\text{tan } \alpha = \frac{a}{b}$$

Beispiel 1

➲ Berechnen Sie die fehlende Länge der Seite b,
wenn die Seite a 5 cm lang ist.

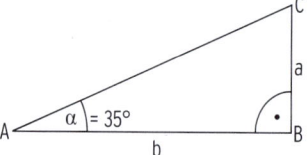

Lösung

Verhältnis Gegenkathete von α zur Ankathete von α:

$$\text{tan } \alpha = \frac{a}{b} \qquad | \cdot b$$

Umstellen nach der Unbekannten b

$$b \cdot \text{tan } \alpha = a \qquad | : \text{tan } \alpha$$

$$b = \frac{a}{\text{tan } \alpha}$$

Gegebene Werte einsetzen:

$$b = \frac{5}{\text{tan } 35°} = 7{,}14$$

Hinweis: Berechnung von tan 35° mit Hilfsmittel:

```
tan(35)
            0.7002075382
```

Die Länge der Seite b beträgt 7,14 cm.

Beispiel 2

⮩ Eine Auffahrrampe soll eine Höhe von 20 cm unter
einem Winkel von 8° überbrücken. Die Querschnittsfläche ist ein rechtwinkliges Dreieck.

a) Welche Länge s muss die Rampe haben?

b) Wie lang ist die Auffahrt?

Lösung

a) Ansatz mit tan α: $\tan 8° = \frac{20}{s}$

  Nach s umstellen: $s = \frac{20}{\tan 8°} = 142{,}3$

  Die Rampe ist 1,42 m lang.

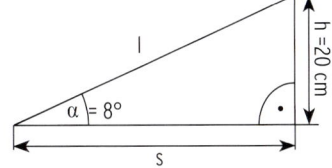

b) Ansatz mit sin α: $\sin 8° = \frac{20}{l}$

  Umstellen nach l: $l = \frac{20}{\sin 8°} = 143{,}7$

  Ansatz mit Pythagoras: $l^2 = h^2 + s^2$

  Gegebene Werte einsetzen: $l^2 = 20^2 + 142{,}3^2 = 20649{,}29$

  Wurzel ziehen: $l = 143{,}7$

  Die Auffahrt ist 1,44 m lang.

Beispiel 3

⮩ Ein Elbdeich hat die Form eines Trapezes (s. Skizze).
Wie breit ist die Deichsohle, wenn die
Deichkrone 4,80 m breit ist und die Seiten des
Deiches unter einem Winkel von 31°
bzw. 43° ansteigen?
Die Deichhöhe h beträgt 7 m.

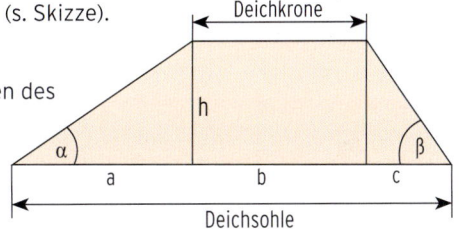

Lösung

Breite der Deichsohle:	$B_D = a + b + c$
Seitenverhältnis:	$\tan \alpha = \frac{h}{a}$
Umstellen nach a:	$a = \frac{h}{\tan \alpha}$
Einsetzen der gegebenen Werte (α = 31°):	$a = \frac{7}{\tan 31°} = \frac{7}{0{,}6009} = 11{,}65$
Teilstrecke a	$a = 11{,}65$
Seitenverhältnis (mit β = 43°):	$\tan \beta = \frac{h}{c}$
Umstellen nach c:	$c = \frac{h}{\tan \beta}$
Berechnung von c:	$c = \frac{7}{0{,}9325} = 7{,}51$
Teilstrecke c:	$c = 7{,}51$
Breite der Deichsohle:	$B_D = 11{,}65 + 5 + 7{,}51 = 24{,}16$

Die Breite der Deichsohle beträgt 24,16 m.

1 Berechnen Sie.

α	tan α	Ankathete	Gegenkathete
		10 cm	7,5 cm
	0,8673		4,6 cm
45°			8,6 cm
	0,3458	6,7 cm	

2 Bestimmen Sie die Tangenswerte.

a) tan 38,5°   b) tan 45°   c) tan 23,23°   d) tan 86,9°   e) tan 89,99°

3 Bestimmen Sie die Winkel.

a) tan α = 0,7531   b) tan β = 0,0325   c) tan α = 4 326,75   d) tan β = 1

e) tan α = 0   f) tan β = 26,57   g) tan α = 10^7 h) tan α = 2

4 Berechnen Sie die fehlenden Größen
im rechtwinkligen Dreieck ABC.

a) a = 4 cm, b = 3 cm

b) α = 5,7°, a = 12 m

c) b = 15 cm, α = 37,5°

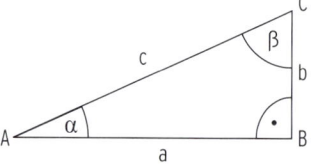

5 Ein Dreieck hat die Seiten 4 cm, 3 cm und 5 cm. Zeigen Sie, dass das Dreieck
rechtwinklig ist. Bestimmen Sie die Winkel des Dreiecks.

6 Eine Straße hat eine Steigung von 14 %. Berechnen Sie den Steigungswinkel der Straße.

7 Unter welchem Winkel zur Horizontalen erscheint die Sonne, wenn ein 4,5 m langer
(senkrechter) Stab einen 2,5 m langen Schatten wirft?

8 Der Sinkwinkel eines Flugzeugs beträgt 5°. In welcher
Entfernung zum Landeort muss es seinen Sinkflug beginnen,
wenn es sich in einer Höhe von 9 400 m befindet?

9 Ein gleichschenkliges Trapez hat die Seiten
a = 13 cm, c = 9 cm und die Höhe h = 5 cm.

a) Berechnen Sie die Länge der Seite b und
den Winkel α.

b) Wie groß ist der Flächeninhalt des Trapezes?

10 Ein gleichschenkliges Dreieck hat einen Winkel α = 27°.
Die Höhe des Dreiecks beträgt h = 4,30 cm.

a) Wie groß ist die Grundseite g?

b) Berechnen Sie die Fläche des Dreiecks.

c) Bestimmen Sie den Winkel γ.

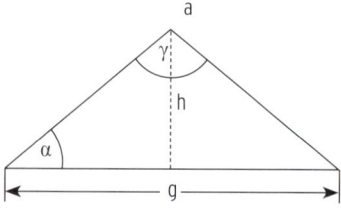

6.4 Anwendungen

Beispiel 1

⮕ Die Füße einer Bockleiter stehen d = 90 cm auseinander. Wie lang ist eine Leiterhälfte, wenn sie an der Spitze einen Winkel von α = 32° einschließen?

Lösung

Die Leiter bildet ein gleichschenkliges Dreieck.

Lösungsansatz: $\sin \dfrac{\alpha}{2} = \dfrac{\frac{d}{2}}{l}$

Nach l umstellen: $l = \dfrac{\frac{d}{2}}{\sin \frac{\alpha}{2}}$

Gegebene Werte einsetzen: $l = \dfrac{45}{\sin 16°}$

Leiterlänge: $l = 163,26$

Eine Leiterhälfte hat eine Länge von 1,63 m.

Beispiel 2

⮕ Zwischen zwei Stativstangen ist ein 60 cm langer Draht gespannt. Fließt durch den Draht Strom, so erwärmt sich der Draht und wird länger. Ein in der Mitte des Drahtes befestigtes Gewichtsstück bewegt sich dadurch nach unten.
Wie groß ist die Verlängerung des Drahtes, wenn das Gewichtsstück 2,5 cm tiefer hängt als ursprünglich?

Lösung

Satz des Pythagoras: $s^2 = \left(\dfrac{d}{2}\right)^2 + h^2$

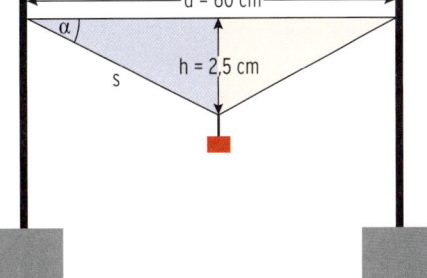

Einsetzen der gegebenen Werte:

$s^2 = 30^2 + 2,5^2$

$s^2 = 900 + 6,25 = 906,25$

$s^2 = 906,25$

Wurzelziehen: $s = \sqrt{906,25} = 30,1$

Neue Länge des Drahtes: 2s = 60,2

Die Verlängerung des Drahtes beträgt 0,2 cm = 2 mm.

Andere Möglichkeit mit Winkelberechnung: $\tan \alpha = \dfrac{2,5}{30} = 0,0833$

Winkel α: $\alpha = 4,76°$

Länge s berechnen: $\sin 4,76 = \dfrac{2,5}{s}$

Nach s umstellen: $s = \dfrac{2,5}{\sin 4,76} = 30,1$

Die Verlängerung des Drahtes beträgt 2 mm.

9 Bohner u.a. - ISBN 978-3-8120-0119-9

Beispiel 3

⮕ Die Grundkante einer quadratischen Pyramide ist
a = 6 cm lang. Der Neigungswinkel zwischen einer
Seitenfläche und der Grundfläche beträgt α = 37,5°.

a) Berechnen Sie Volumen, Mantel und Oberfläche
der Pyramide.

b) Berechnen Sie den Inhalt der schraffierten Fläche.

c) Welchen Abstand d hat der Fußpunkt der Höhe h
von den Eckpunkten der Grundfläche?

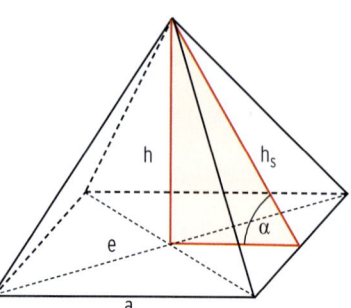

Lösung

a) Volumen:

$V = \dfrac{G \cdot h}{3}$

Berechnung der Höhe h:

$\tan \alpha = \dfrac{h}{\frac{a}{2}}$

Umstellen nach h:

$h = \dfrac{a}{2} \cdot \tan \alpha = 3 \cdot \tan 37{,}5° = 2{,}3$

Man erhält für das Volumen

$V = \dfrac{36 \cdot 2{,}3}{3} = 27{,}6$

Das Volumen beträgt 27,6 cm³.

Mantel:

$M = 4 \cdot \dfrac{a \cdot h_s}{2}$

Höhe im Seitendreieck:

$h_s = \sqrt{h^2 + \left(\dfrac{a}{2}\right)^2} = \sqrt{2{,}3^2 + 3^2} = 3{,}78$

$M = 2 \cdot 6 \cdot 3{,}78 = 45{,}36$

Der Mantel hat einen Flächeninhalt von 45,36 cm².

Oberfläche:

$O = G + M = a^2 + M$

$O = 36 + 45{,}36 = 81{,}36$

Die Oberfläche beträgt 81,36 cm².

b) Dreiecksfläche:

$A = \dfrac{g \cdot h}{2} = \dfrac{3 \cdot 2{,}3}{2} = 3{,}45$

Die Dreiecksfläche beträgt 3,45 cm².

c) Der Abstand ist die Hälfte einer Diagonalenlänge.

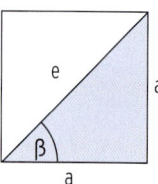

I. Berechnung mit dem Satz des Pythagoras.

Mit e = 2d:

$e^2 = a^2 + a^2 = 2 \cdot a^2$

(s. auch Formelsammlung)

$e = a \cdot \sqrt{2} = 6 \cdot \sqrt{2} = 8{,}48$

Abstand d:

$d = \dfrac{e}{2} = 4{,}24 \text{ cm}$

II. Berechnung mit β = 45°:

$\cos \beta = \dfrac{a}{e}$

$e = \dfrac{a}{\cos \beta} = \dfrac{6}{\cos 45°} = 8{,}48$

Der Abstand d beträgt 4,24 cm.

Aufgaben

1 In der nebenstehenden Abbildung lehnt eine 2,40 m lange Leiter in einer Höhe von 2,00 m an einem Regal.

Wie weit steht der Fuß der Leiter vom Regal weg?

2 Eine Diskothek strahlt mit einem senkrecht nach oben gerichteten Scheinwerfer eine Wolke an. Von einem 1,6 km entfernten Ort erscheint die Wolke unter einem Winkel von 46,5°. Die Augenhöhe des Beobachters beträgt 1,7 m. Wie hoch ist die Wolke?

3 Ein Bauer steht zwischen zwei seiner Obstbäume, die 62,5 m voneinander entfernt sind. Der Bauer (Augenhöhe 1,7 m) sieht den einen Baum, von dem er weiß, dass er 28 m hoch ist, unter einem Winkel von 39°. Dreht er sich um, so sieht er den zweiten Baum unter einem Winkel von 47°. Wie hoch ist dieser Baum?

4 Der Querschnitt eines Dammes hat die Form eines gleichschenkligen Trapezes. Der Damm ist an der Krone 8 m breit. Die Böschung hat eine Länge von 6,5 m und einen Böschungswinkel von $\alpha = 45°$.

a) Wie breit ist der Damm an der Sohle?

b) Welche Höhe hat der Damm?

5 Die Cheopspyramide in Ägypten ist die größte Pyramide der Welt. Die Grundkantenlänge der quadratischen Pyramide beträgt a = 230 m, der Neigungswinkel ihrer Seitenfläche $\alpha = 42°$. Wie hoch war die Pyramide ursprünglich (durch das Abbröckeln der obersten Steine ist sie heute 9,5 m niedriger)?

6 Eine quadratische Pyramide hat die Grundkante a = 5 cm und die Höhe h = 6,5 cm.

a) Berechnen Sie Volumen, Mantel und Oberfläche der Pyramide.

b) Berechnen Sie den Inhalt der schraffierten Fläche.

c) Bestimmen Sie den Neigungswinkel α zwischen einer Seitenfläche und der Grundfläche.

7 Der Steigungswinkel einer Treppe sollte zwischen 30° und 35° liegen. Prüfen Sie, ob diese Forderung bei einer Stufenhöhe h von 20 cm und einer Stufentiefe b von 30 cm noch erfüllt ist.

8 Die Breite eines Flusses soll bestimmt werden.
Auf beiden Ufern stehen zwei Zaunpfähle
A und B. In der Verlängerung von AB markiert
man einen Punkt C und im rechten
Winkel dazu einen Punkt D (siehe Abb.).
Gemessene Werte: c = 25 m; d = 30 m ; β = 20°

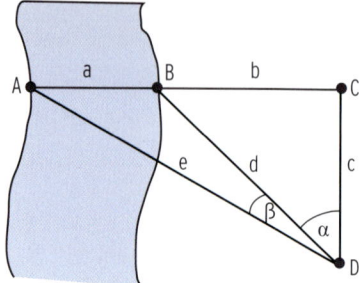

9 Von einem Würfel mit der Kantenlänge a = 10 cm
wird ein Stück abgesägt.

a) Berechnen Sie die Schnittfläche.

b) Wie groß ist der Materialverlust?

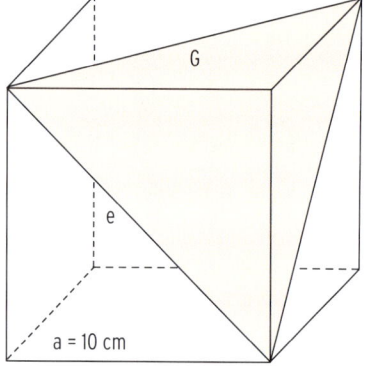

10 Rieselt 2 cm³ feiner Sand durch die kleine Öffnung nebenstehender Sanduhr in den
unteren Teil, so entsteht näherungsweise ein kleiner Sandkegel von 2,2 cm Höhe.

a) Wie groß ist der Durchmesser des Sandkegels?

b) Nach wie viel Minuten ist die Uhr abgelaufen, wenn bei einer
Sandkorngröße von 200 μm 4177 Sandkörner pro Sekunde durch
die Öffnung rieseln?

c) Wie lang ist der Weg eines Sandkorns von der Spitze des Kegels
bis zum Grundkreis des Kegels?

11 Ein Körper hat die Form einer Pyramide mit quadratischer Grundfläche.
Die Pyramide hat bei einer Höhe von 8 cm ein Volumen von 360 cm³.

a) Berechnen Sie die Oberfläche der Pyramide.

b) Von der Pyramide wird eine Ecke abgeschnitten.
Die Seitenmitten der Grundseiten sowie die Spitze
bilden die Ecken der Schnittfläche.
Um wie viel Prozent verändert sich dadurch die
Grundfläche?

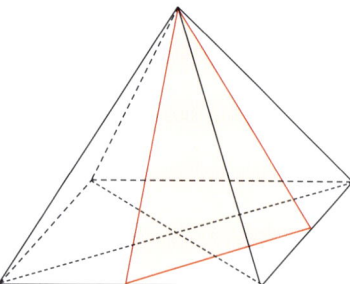

Was man wissen sollte … über Geometrie

- **Satz des Thales**
  Liegen die Eckpunkte eines Dreiecks auf einem
  Kreis und geht die Grundseite durch den
  Mittelpunkt des Kreises, so handelt es sich
  um ein rechtwinkliges Dreieck.

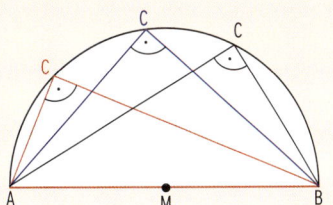

- **Satz des Pythagoras**
  In einem **rechtwinkligen Dreieck** ist der
  Flächeninhalt des **Quadrates über der**
  Hypotenuse gleich der Summe der Flächeninhalte
  der Quadrate über den Katheten. $a^2 + b^2 = c^2$

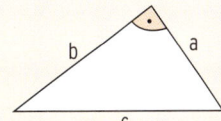

- **Achsensymmetrie**
  Figuren, die man durch Zusammenfalten an einer
  Geraden g deckungsgleich aufeinander
  legen kann, heißen **achsensymmetrisch.**

Symmetrieachse

- **Punktsymmetrie**
  Figuren, bei denen sich alle Verbindungsstrecken
  spiegelbildlicher Punkte in einem Punkt schneiden,
  heißen **punktsymmetrisch.**

- **Kongruenz zweier Figuren**
  Zwei Figuren sind kongruent, wenn sie
  deckungsgleich sind.

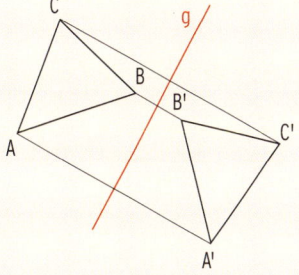

Was man wissen sollte … über Geometrie

- **Ähnliche Figuren**

  Für ähnliche Figuren gilt:
  - Entsprechende Seitenlängen haben
    das gleiche Verhältnis.

  - Entsprechende Winkel sind gleich groß.

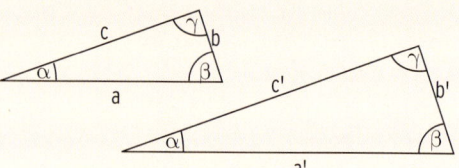

- **Strahlensätze**

  1. Strahlensatz

  Werden zwei von einem Punkt Z ausgehende Strahlen von
  zwei Parallelen geschnitten, so verhalten sich die

  Abschnitte auf dem einen Strahl wie die entsprechenden

  Abschnitte auf dem anderen Strahl.

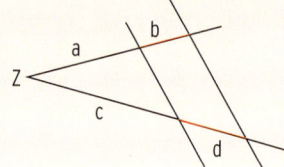

$$\frac{a}{b} = \frac{c}{d} \quad \text{oder} \quad \frac{a}{a+b} = \frac{c}{c+d} \quad \text{oder} \quad \frac{b}{a+b} = \frac{d}{c+d}$$

  2. Strahlensatz

  Werden zwei von einem Punkt Z ausgehende Strahlen von
  zwei Parallelen geschnitten, so verhalten sich die

  Abschnitte auf den Parallelen wie die von Z aus

  gemessenen entsprechenden Abschnitte auf jedem Strahl.

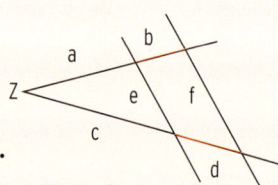

$$\frac{e}{f} = \frac{a}{a+b} \quad \text{oder} \quad \frac{e}{f} = \frac{c}{c+d}$$

- **Sinus, Kosinus, Tangens**

$$\sin \alpha = \frac{\text{Gegenkathete von } \alpha}{\text{Hypotenuse}} = \frac{a}{c}$$

$$\cos \alpha = \frac{\text{Ankathete von } \alpha}{\text{Hypotenuse}} = \frac{b}{c}$$

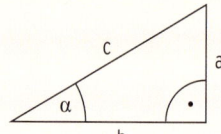

$$\tan \alpha = \frac{\text{Gegenkathete von } \alpha}{\text{Ankathete von } \alpha} = \frac{a}{b}$$

Was man wissen sollte ... über Geometrie

- **Quader**

  $V = a \cdot b \cdot c$

  $O = 2(a \cdot b + a \cdot c + b \cdot c)$

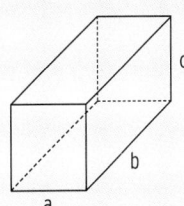

- **Zylinder**

  $V = G \cdot h = \pi \cdot r^2 \cdot h$

  $M = 2\pi \cdot r \cdot h$

  $O = 2\pi \cdot r^2 + 2\pi \cdot r \cdot h$

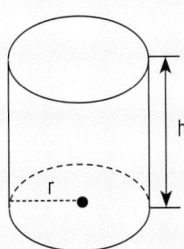

- **Pyramide**

  $V = \frac{1}{3} G \cdot h$

  $O = G + M$

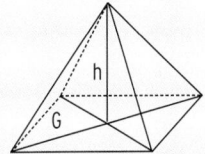

- **Kegel**

  $V = \frac{1}{3} G \cdot h = \frac{1}{3} \pi \cdot r^2 \cdot h$

  $M = \pi \cdot r \cdot s$

  $O = M + G = \pi \cdot r \cdot (s + r)$

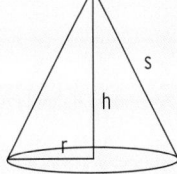

- **Kugel**

  $V = \frac{4}{3} \pi \cdot r^3$

  $O = 4 \pi \cdot r^2$

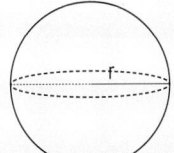

1   Konstruieren Sie ein rechtwinkliges Dreieck ABC mit c = 5 cm, Winkel β = 40° und den rechten Winkel beim Punkt C.

2   Überprüfen Sie, ob die zwei Figuren
(Buchstaben) ähnlich sind?

3   Eine Polizeistreife steht in der Einfahrt.
Wie viel Meter der gegenüberliegenden
Straßenseite kann sie überblicken?

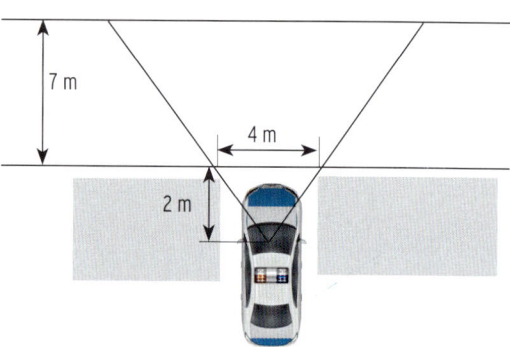

4   Zwei Winkel ergeben zusammen 180°.
Wie groß sind die Winkel, wenn der eine elfmal so groß ist wie der andere?

5   Die Oberfläche eines Würfels beträgt 384 cm².
a)   Berechnen Sie die Länge der Seitenkante a.
b)   Berechnen Sie die Länge einer Raumdiagonalen.
c)   Wie groß ist der Winkel α, den die Raumdiagonale mit einer Flächendiagonalen
einschließt?

6   In einem Dreieck ABC sind gegeben:
$\overline{AC}$ = 5,0 cm; $\overline{BC}$ = 6,0 cm;   Winkel in C ist 90°.
a)   Zeichnen Sie das Dreieck ABC.
b)   Berechnen Sie die Länge der Hypotenuse des Dreiecks ABC.
c)   Berechnen Sie im Dreieck ABC die Größe des Winkels CBA.

7   Ein Pendel hat eine Länge von l = 50 cm und wird um
a = 30 cm horizontal ausgelenkt.
a)   Um welche Höhe h wird der Pendelkörper dabei
angehoben?
b)   Wie groß ist der Ausschlagswinkel?

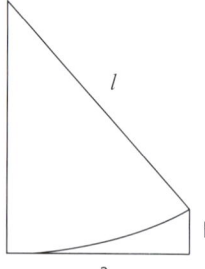

8 Ein Turmdach soll als Kreiskegel errichtet werden.

Das Dach ist mit einem Grundkreisradius

r = 4,25 m und einer Höhe h_k = 6,50 m geplant.

Mit welchen Kosten müsste beim Kegeldach gerechnet

werden, wenn eine Bedachung mit Kupferplatten

82 € je m² kostet?

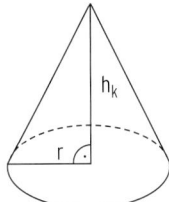

9 Einem Würfel der Kantenlänge a = 12 cm wird eine quadratische Pyramide aufgesetzt, deren Höhe gleich der Kantenlänge des Würfels ist.

a) Berechnen Sie das Volumen des Gesamtkörpers.

b) Wie groß ist die Oberfläche des Körpers?

c) Welchen Winkel schließt eine Seitenfläche der Pyramide mit der Grundfläche ein?

10 Die Grundfläche eines Quaders mit quadratischer Grundfläche und eines Zylinders ist jeweils 25 cm² groß, die Höhe h beträgt jeweils 10 cm.

a) Berechnen Sie die Oberflächen der beiden Körper.

b) Um wie viel Prozent unterscheiden sich die beiden Oberflächen?

(Falls Sie a) nicht berechnet haben, nehmen Sie für die Oberflächen

250 cm² und 227,15 cm² an.)

c) Um wie viel cm unterscheiden sich die Diagonale der Grundfläche des

Quaders und der Durchmesser der Grundfläche des Zylinders?

11 Nebenstehende Abbildung zeigt das

Dach eines Turmes in Form einer

gleichseitigen Pyramide.

Der Boden des Dachstuhls, in der

Zeichnung ABCD, ist ein Quadrat.

Die Seitenkante des Dachs ist so

lang wie die Grundkante.

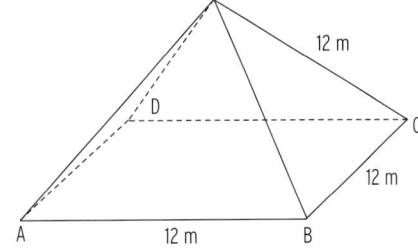

a) Wie groß ist der Abstand der Spitze des Dachs zum Dachboden?

b) Das Dach soll mit einer Blechverkleidung versehen werden.

Bei der Bestellung des Blechs wird wegen des Verschnitts auf die zu

verkleidende Fläche ein Zuschlag von 10 % gerechnet.

Wie viel Blech wird bestellt?

12 Die Dreiecke ABC und DAC in der

Abbildung besitzen den gleichen

Flächeninhalt A = 30 cm². Die Seite AB

hat eine Länge von 5 cm.

Berechnen Sie $\overline{BC}$ = a und $\overline{AC}$ = b.

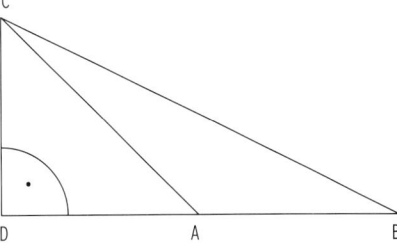

1 Berechnen Sie die Winkel α, β und γ (s. Abb. 1).
Begründen Sie, warum man den Satz des Thales
hierbei verwenden kann.

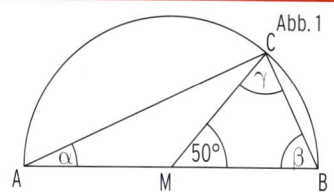
Abb. 1

2 Die Breite eines Sees zwischen C und D soll dokumentiert werden (s. Abb. 2).
Dazu wird eine zu CD parallele Strecke BE abgesteckt.
Man misst folgende Längen: $\overline{AB}$ = 30 m; $\overline{AC}$ = 90 m; $\overline{BE}$ = 14 m.
Berechnen Sie die Breite des Sees.

Abb. 2

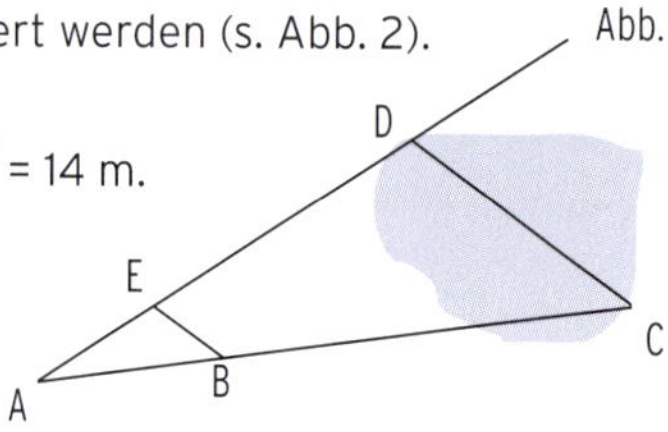

3 Im Rahmen einer Straßenbaumaßnahme muss ein Berg
untertunnelt werden. Die Tunnelröhre verläuft
geradlinig und eben und hat die Form eines liegenden
Halbzylinders mit halbkreisförmigem Querschnitt.
Der Bogen ist am Boden 12 m breit (s. Abb. 3).
Beim Bau der Tunnelröhre müssen 11 304 m³ Erde und
Gestein entfernt werden.

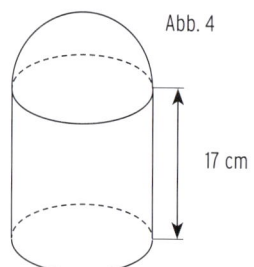
Abb. 3

a) Berechne Höhe und Länge des Tunnels.

b) Die Tunnelwand muss mit einer wasserundurchlässigen Schicht überzogen werden.
Wie viel m² sind zu überziehen? Die Schichtdicke ist zu vernachlässigen.

4 Eine Trinkbecher setzt sich zusammen aus einem
Zylinder und einer Halbkugel (s. Abb. 4).
Das Volumen der Halbkugel beträgt 262 mℓ.
Berechnen Sie das Volumen des Zylinders.

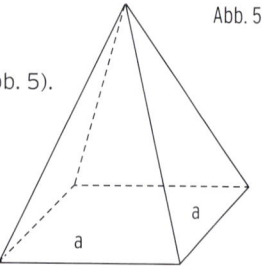
Abb. 4

17 cm

5 Das Dach des Kirchturms hat die Form einer
quadratischen Pyramide mit der Kantenlänge a = 4,50 m (s. Abb. 5).
Die Dachflächen stehen im Winkel von 60° zur Grundfläche.
Welche Höhe hat der Kirchturm insgesamt, wenn seine
Mauern 9 m hoch sind?

Abb. 5

IV Wahrscheinlichkeitsrechnung

Modellierung einer Situation

Die Firma Hirscher fertigt auf einer Maschine Dichtungen. In der Qualitätskontrolle fällt auf, dass 5 % der Dichtungen defekt sind.

Zur Überprüfung, ob eine Dichtung defekt ist, setzt die technische Abteilung ein Prüfgerät ein. Solch ein Prüfgerät zeigt in der Regel bei 97 % der defekten Dichtungen einen Fehler an, einwandfreie Dichtungen werden zu 100 % als solche erkannt.

Zeichnen Sie ein Baumdiagramm.
Berechnen Sie die Wahrscheinlichkeiten der folgenden Ereignisse:
A: Das Prüfgerät zeigt eine defekte Dichtung an.
B: Das Prüfgerät zeigt eine einwandfreie Dichtung an.

Für eine Dichtung, die vom Prüfgerät als defekt erkannt wurde, veranschlagt die Firma 20 ct Kosten. Zeigt das Prüfgerät eine einwandfreie Dichtung an, entstehen Kosten in Höhe von 2 ct. Berechnen Sie die zu erwartenden Kosten pro Dichtung.

Bearbeiten Sie diese Situation, nachdem Sie die rechts aufgeführten **Qualifikationen und Kompetenzen** erworben haben.

Qualifikationen & Kompetenzen

- Zufallsexperimente beschreiben
- Zweistufige Zufallsexperimente bearbeiten
- Wahrscheinlichkeiten berechnen
- Baumdiagramme erstellen
- Pfadregeln anwenden
- Erwartungswerte berechnen
- Realitätsbezogene Zusammenhänge beschreiben, darstellen und deuten

1   Zufallsexperiment

Bei der Ziehung der Lottozahlen können wir nicht vorhersagen, welche Zahl gezogen wird. Ein mögliches Ergebnis ist die Zahl 10. Dass die Zahl 10 gezogen wird, hängt vom **Zufall** ab. Die Ziehung der Lottozahlen ist ein Zufallsexperiment, das folgende Eigenschaften erfüllt:

- Durchführung unter genau festgelegten Vorschriften;
- beliebig oft wiederholbar unter völlig gleichen Bedingungen;
- mindestens zwei mögliche Ergebnisse;
- Ergebnis nicht vorhersagbar.

Beachten Sie

Ein **Zufallsexperiment** hat verschiedene Ergebnisse.
Welches Ergebnis bei der Durchführung eintritt, kann nicht vorhergesagt werden.
Ein Zufallsexperiment kann unter gleichbleibenden Bedingungen beliebig oft durchgeführt werden.

1.1   Einstufiges Zufallsexperiment

Wird ein Zufallsexperiment einmal ausgeführt, so spricht man von einem einstufigen Zufallsexperiment.

Beispiel a)
Zufallsexperiment: „Werfen einer Münze"
Möglische Ergebnisse: Wappen; Zahl
Ergebnismenge: S = {W; Z}
Darstellung des Zufallsexperiments
in einem Baumdiagramm:

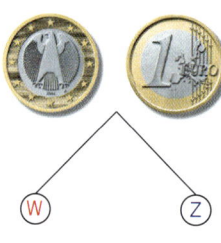

Beispiel b)
Zufallsexperiment: „Werfen eines Würfels und Feststellen, welche Augenzahl gefallen ist."
Möglisches Ergebnis: Augenzahl 2
Ergebnismenge: S = {1; 2; 3; 4; 5; 6}
Baumdiagramm:

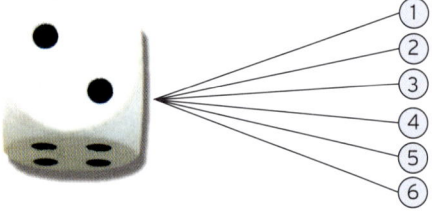

Beispiel c)

Eine Urne enthält eine rote und zwei schwarze Kugeln.

Zufallsexperiment: „Ziehen einer Kugel "
Mögliche Ergebnisse: rote Kugel; schwarze Kugel
Ergebnismenge: S = {r; s}
Darstellung des Zufallsexperiments in einem
Baumdiagramm:

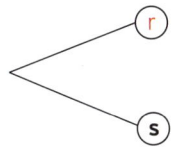

Beachten Sie

Ein einzelner **Ausgang** von mehreren möglichen Ausgängen eines Zufallexperiments heißt **Ergebnis**. Die **Ergebnismenge** S ist die Zusammenfassung aller möglichen **Ergebnisse**.
$S = \{e_1; e_2; ...; e_n\}$

Aufgaben

1 In einer Umfrage soll der Familienstand der befragten Person festgestellt werden. Geben Sie eine Ergebnismenge an, wenn die Befragung als Zufallsexperiment aufgefasst wird.

2 Ein Glücksrad mit acht Sektoren 1, 2, ..., 8 wird gedreht. Die Drehung stoppt und der Pfeil zeigt auf einen Sektor. Bestimmen Sie die Ergebnismenge.

3 Beim Werfen mit 2 Würfeln wird jeweils die Augensumme notiert. Geben Sie die Ergebnismenge an.

4 Aus einer Urne mit 3 roten, 2 blauen und einer weißen Kugel wird eine Kugel gezogen und deren Farbe notiert. Ermitteln Sie die Ergebnismenge für dieses Zufallsexperiment.

5 Bei einem Glücksspiel werden 2 Würfel auf einmal geworfen. Wer zwei Sechsen wirft, erhält den Hauptpreis von 50 €, wer einen anderen Pasch wirft, bekommt die Augensumme in € als Trostpreis.
Geben Sie eine Ergebnismenge für dieses Zufallsexperiment an.

1.2 Zweistufiges Zufallsexperiment

Wird ein Zufallsexperiment **mehrmals hintereinander** ausgeführt, so liegt ein **mehrstufiges Zufallsexperiment** vor. Ein mehrstufiges Zufallsexperiment lässt sich mit einem **Baumdiagramm** übersichtlich darstellen.

Beispiel 1: Zufallsexperiment „Zweimaliges Werfen einer Münze"

⮕ Bestimmen Sie mithilfe eines Baumdiagramms alle möglichen Ergebnisse.

Lösung
Baumdiagramm

(ZZ)   (ZW)   (WZ)   (WW)

Aus dem Baumdiagramm liest man ab:
Jeder Pfad im Baumdiagramm führt zu einem Ergebnis, das als Paar geschrieben wird.
Es gibt 4 mögliche Ergebnisse.
Ergebnismenge: S = {W W; W Z; Z W; Z Z}

Beispiel 2: Zufallsexperiment „Ziehen ohne Zurücklegen"

⮕ In einer Urne befinden sich 2 schwarze und 1 rote Kugel. Es werden nacheinander zwei Kugeln ohne Zurücklegen aus der Urne gezogen.
Bestimmen Sie mithilfe eines Baumdiagramms die Ergebnismenge.

Lösung
Baumdiagramm

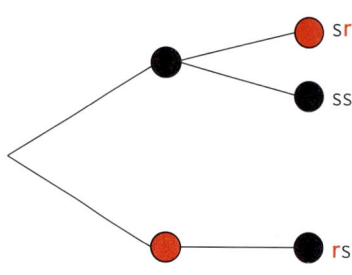

Das Baumdiagramm zeigt, es gibt drei Ergebnisse.
Ergebnismenge: S = {s r; s s; r s}

Beispiel 3: Zufallsexperiment „Ziehen mit Zurücklegen"

⮕ Die chinesische Firma Guangzhoi stellt Billardkugeln her, die sich nur durch ihre Aufschrift einer Ziffer unterscheiden. Die zur Zeit produzierten Billardkugeln sind mit der Ziffer „5" oder mit „3" oder mit „2" beschriftet.

a) Der laufenden Produktion werden nacheinander zwei Kugeln entnommen und jedes Mal die Ziffer notiert.

b) Der laufenden Produktion werden zwei Kugeln mit einem Griff entnommen und die Ziffern notiert.

Bestimmen Sie mithilfe eines Baumdiagramms alle möglichen Ergebnisse.

Lösung

Baumdiagramm   **Ergebnis**

	2 2
	2 3
	2 5
	3 2
	3 3
	3 5
	5 2
	5 3
	5 5

a) **Ergebnismenge:** S = {2 2; 2 3; 2 5; 3 2; 3 3; 3 5; 5 2; 5 3; 5 5}

Es gibt also 9 Ergebnisse, da die Reihenfolge wichtig ist.

Hierbei handelt es sich um eine **Ziehung mit Beachtung der Reihenfolge.**

Hinweis: Der laufenden Produktion entnommen, entspricht dem Ziehen von Kugeln aus einer Urne mit Zurücklegen.

b) **Ergebnismenge:** S = {2 2; 2 3; 2 5; 3 3; 3 5; 5 5}

Da die Reihenfolge keine Rolle spielt, gibt es nur sechs Möglichkeiten.

Hinweis: 2 3 entspricht 3 2

Hierbei handelt es sich um eine **Ziehung ohne Beachtung der Reihenfolge.**

Aufgabe

1   Eine Urne enthält drei schwarze Kugeln und eine rote Kugel. Zeichnen Sie ein Baumdiagramm. Geben Sie für das Zufallsexperiment die Ergebnismenge an.
Bei welcher Ziehung muss die Reihenfolge nicht beachtet werden?

a) Aus der Urne werden nacheinander 2 Kugeln mit Zurücklegen gezogen.

b) Aus der Urne werden nacheinander 2 Kugeln ohne Zurücklegen gezogen.

c) Aus der Urne werden 2 Kugeln mit einem Griff entnommen.

2 Ereignisse

Beispiel 1

⮕ Eine Münze wird zweimal geworfen und man beobachtet, in welcher Reihenfolge
Zahl (Z) und Wappen (W) oben liegen.

a) Geben Sie die Ergebnismenge S an.

b) A ist das Ereignis: Es erscheint kein Wappen. Geben Sie A als Menge an.

c) Es sei B das Ereignis, dass mindestens einmal Zahl erscheint.
Geben Sie die Menge B an.

d) Stellen Sie S und B mit dem Baumdiagramm dar.

Lösung

a) S = {ZZ; ZW; WZ; WW}

b) Kein Wappen bedeutet,
es erscheint zweimal Zahl. A = {ZZ}
Die Menge A ist eine Teilmenge von S.
A ist ein **Ereignis.**

Hinweis: Die Teilmenge A = {ZZ} enthält nur ein Element von S, in diesem Fall spricht
man von einem **Elementarereignis**.

c) B = {ZZ; ZW; WZ}
Die Menge B ist eine Teilmenge der Ergebnismenge S.
Man sagt, B ist ein **Ereignis.**

d) Baumdiagramm

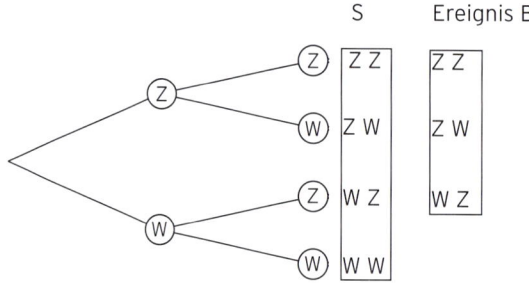

Festlegung

Ein Zufallsexperiment habe die Ergebnismenge S. Jede **Teilmenge A** von S ist ein
Ereignis. Endet die Durchführung des Zufallsexperiments mit einem Ergebnis aus A,
so ist das Ereignis A eingetreten.

Beispiel 2

⮕ Ein Würfel wird geworfen und die Augenzahl notiert.

Geben Sie die folgenden Ereignisse in Mengenschreibweise an.

A: Die Augenzahl ist gerade.

B: Die Augenzahl ist kleiner als 7

C: Die Augenzahl ist negativ

D: Die Augenzahl ist größer als 5

E: Die Augenzahl ist größer als 4

F: Die Augenzahl ist kleiner oder gleich 4

Lösung

Ergebnismenge des **Zufallsexperiments:** $S = \{1; 2; 3; 4; 5; 6\}$

Ereignisse (in **aufzählender Schreibweise)**

$A = \{2; 4; 6\}$

$B = \{1; 2; 3; 4; 5; 6\}$ $B = S$, das Ereignis B tritt bei jeder Durchführung ein und heißt daher **sicheres Ereignis**.

$C = \emptyset$ Das Ereignis $C = \emptyset$ tritt niemals ein.

$C = \emptyset$ heißt das **unmögliche Ereignis**.

$D = \{6\}$ Enthält ein Ereignis $D = \{e_1\}$ nur **ein Element**, so ist D ein **Elementarereignis**.

$E = \{5; 6\}$ $\overline{E}$ ist das **Gegenereignis** von E, d.h., $\overline{E}$ enthält diejenigen

$F = \{1; 2; 3; 4\} = \overline{E}$ Ergebnisse der Ergebnismenge, die **nicht zu E** gehören.

Beispiele zum Gegenereignis

Die Farbe von 10 zufällig vorbeifahrenden Autos wird notiert.

Ereignis	Gegenereignis
A: kein Auto ist rot	$\overline{A}$: mindestens ein Auto ist rot
B: mindestens zwei Autos sind rot	$\overline{B}$: höchstens ein Auto ist rot, d.h., kein oder ein Auto ist rot
C: genau ein Auto ist rot	$\overline{C}$: kein Auto oder mindestens zwei Autos sind rot
D: höchstens 3 Autos sind rot	$\overline{D}$: mindestens 4 Autos sind rot

Hinweis: Das Gegenereignis zu „höchstens 3 rote Autos" heißt „mehr als 3 rote Autos" bzw. „mindestens 4 rote Autos".

10 Bohner u.a. - ISBN 978-3-8120-0119-9

Aufgaben

1 Erklären Sie den Begriff Zufallsexperiment. Geben Sie drei zweistufige Zufallsexperimente an.

2 Die Firma Novyla stellt Dunstabzugshauben in verschiedenen Farben her. Eine Dunstabzugshaube wird auf Farbfehler und anschließend auf technische Fehler geprüft. Ein fehlerhaftes Gerät wird ausgetauscht.
Bestimmen Sie mithilfe eines Baumdiagramms alle möglichen Ergebnisse.

3 Die skizzierte Spielanordnung besteht aus zwei Glücksrädern, deren Einzelsektoren gleich groß sind. Ein Spiel besteht darin, dass beide Räder in eine unabhängige Drehung versetzt und zufällig gestoppt werden. Ein Spiel ist beendet, wenn jeder Pfeil auf die Mitte eines Sektors zeigt. Geben Sie für ein Spiel die Ergebnismenge in aufzählender Form an.

4 Udo und Alina spielen gegeneinander Tischtennis. Gewinnt Alina das erste Spiel, hören sie auf zu spielen. Im anderen Fall, spielen sie noch ein weiteres Mal. Geben Sie die Ergebnismenge mithilfe eines Baumdiagramms an.

5 Torsten besitzt 3 Oberteile und 2 Hosen. Bestimmen Sie die Anzahl der Möglichkeiten, wie sich Torsten anziehen kann. Zeichnen Sie ein Baumdiagramm.

6 Die Ergebnismenge ist S = {4; 5}. Bilden Sie alle möglichen Ereignisse.

7 Eine Urne enthält vier weiße Kugeln und eine schwarze Kugel.
Ihr werden nacheinander 2 Kugeln ohne Zurücklegen entnommen.
a) Geben Sie die Ergebnismenge S an, wenn nach jedem Zug die Kugelfarbe notiert wird.
b) Die Ereignisse A und B sind folgendermaßen definiert:
A: Die beiden Kugeln haben die gleiche Farbe.
B: Die zweite Kugel ist schwarz.
Ermitteln Sie die Ereignisse A und B und ihre Gegenereignisse in aufzählender Form.

8 In einer Klasse kandidieren die Schüler Peter, Horst und Walter für das Amt des Kassenwartes der Juniorenfirma oder des Stellvertreters. Ermitteln Sie zu folgenden Ereignissen die Gegenereignisse: a) Peter wird Kassenwart.
b) Walter wird Kassenwart oder Stellvertreter.   c) Horst wird nicht Kassenwart.

9 Eine Maschine produziert Spezialschrauben. In einer Qualitätskontrolle werden 2 Schrauben der Reihe nach daraufhin untersucht, ob sie brauchbar (b) oder unbrauchbar (u) sind. Geben Sie folgende Ereignisse in aufzählender Form an:
a) Die erste Schraube ist unbrauchbar.   b) Mindestens eine ist brauchbar.
c) Genau eine ist brauchbar.   d) Keine ist brauchbar.

3 Wahrscheinlichkeit

3.1 Definition der Wahrscheinlichkeit

Beim Lotto wird zusätzlich
eine Superzahl gezogen
(vgl. Tabelle). Im Jahr 2018
(10 Ziehungen) kam z. B. die
Zahl „2" nicht vor, die

Superzahlen am Samstag										
	1	2	3	4	5	6	7	8	9	0
Treffer 2018	2	–	–	2	1	1	1	1	1	1
Gesamt	191	198	197	193	216	183	196	181	193	188

Zahl „4" kam jedoch zweimal vor. Bei vielen Ziehungen (seit 07.12.91) kommt die Zahl „2" etwa
gleich häufig vor wie die anderen Zahlen. Lässt sich über die Häufigkeit der gezogenen
Zahlen eine Aussage machen, wenn das Experiment sehr oft durchgeführt wird?

Diese Frage untersuchen wir an einem Würfel.

Ein Würfel wird 10-; 20-; … ; 100-mal geworfen.

Es wird geprüft, wie oft das Ereignis E: „Augenzahl ist 2" aufgetreten ist.

Häufigkeitstabelle (n gibt die Anzahl der Würfe an)

n	10	20	30	40	50	60	70	80	90	100
$H_n(E)$	4	6	6	8	9	10	12	13	15	18
$h_n(E)$	0,4	0,3	0,2	0,2	0,18	0,17	0,17	0,16	0,17	0,18

Um einen Überblick zu bekommen,
erstellen wir mit einem Tabellenpro-
gramm ein Punktdiagramm. Das
Diagramm zeigt, dass die Folge der
relativen Häufigkeiten am Anfang
schwankt. Mit wachsendem n werden
die Schwankungen geringer. Nach vielen
Durchführungen des Zufallsexperiments

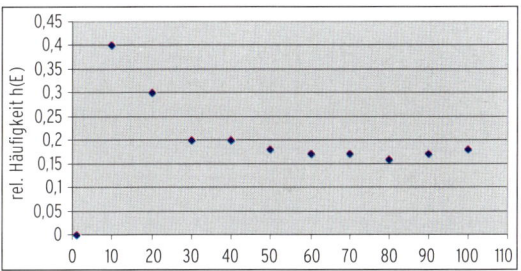

stabilisieren sich die **relativen Häufigkeiten** um den Wert 0,17. Diese Zahl wird als **statistische Wahrscheinlichkeit** für das Ereignis E angesehen.

mvurl.de/b2n7

Bestimmung der Wahrscheinlichkeit $P(E)$ **ohne Häufigkeitstabelle**

Beim (idealen) Würfel wird aufgrund seiner Symmetrie
die Annahme gemacht, dass die Augenzahlen 1, 2, 3, 4, 5
und 6 etwa gleich häufig auftreten, wenn man „oft genug"
würfelt. Für das Ereignis A: „Augenzahl ist 2" wird die
Wahrscheinlichkeit P **festgesetzt** durch

$P(A) = \frac{1}{6} (\approx 0,17)$.

Beispiel a)

Zufallsexperiment: **Werfen eines idealen Würfels**

Ergebnismenge $S = \{1; 2; 3; 4; 5; 6\}$

Wahrscheinlichkeit P für folgende Ereignisse

A: Augenzahl ist 2 $P(A) = \frac{1}{6}$

$A = \{2\}$ ist ein Elementarereignis.

E: „Augenzahl ist kleiner als 3"

Ereignis E: $E = \{1; 2\}$

Wahrscheinlichkeit für E: $P(E) = P(AZ = 1) + P(AZ = 2)$

$$P(E) = \frac{1}{6} + \frac{1}{6} = \frac{1}{3}$$

Beispiel b)

Zufallsexperiment: **Zweimaliges Werfen eines idealen Würfels**

Ergebnismenge $S = \{1\,1; 1\,2; 1\,3; ...; 6\,6\}$

Wahrscheinlichkeit P für folgende Ereignisse

E_1: Pasch 2 $P(E_1) = \frac{1}{36}$

$E_1 = \{2\,2\}$ ist ein Elementarereignis (von 36 möglichen).

E_2: Pasch $E_2 = \{1\,1; 2\,2; 3\,3; 4\,4; 5\,5; 6\,6\}$

Ereignis E_2 besteht aus 6 Elementarereignissen.

Wahrscheinlichkeit für E_2: $P(E_2) = P(1\,1) + P(2\,2) + ... + P(6\,6)$

$$P(E_2) = \frac{6}{36} = \frac{1}{6}$$

Beachten Sie

Ein Zufallsexperiment besitzt die Ergebnismenge S.

E ist ein Ereignis, eine Teilmenge von S.

Für die Wahrscheinlichkeit P(E) gilt:

· P(E) liegt zwischen 0 und 1.

· P(E) ist die Summe der Wahrscheinlichkeiten aller Ergebnisse aus E.

Beispiel c)

Eine Statistik belegt, dass bei Mäusen von 100 Nachkommen 47 weiblich sind.

Ergebnismenge $S = \{\text{Männchen, Weibchen}\}$

Die statistische Wahrscheinlichkeit, dass eine Maus weibliche Nachkommen hat, liegt also bei 0,47.

Die Wahrscheinlichkeit, dass eine Maus männliche Nachkommen hat, ist $1 - 0,47 = 0,53$.

Ist A das Ereignis „Weibchen", so ist das **Gegenereignis** $\overline{A}$ das Ereignis „Männchen".

Für die Wahrscheinlichkeit gilt: $P(\overline{A}) + P(A) = 1 \Rightarrow P(\overline{A}) = 1 - P(A)$

Beachten Sie

Für ein Ereignis A und sein Gegenereignis $\overline{A}$ gilt: $P(A) = 1 - P(\overline{A})$.

Beispiel d)

Zufallsexperiment:

Kontrolle an einer bestimmten Zollstation

Ergebnismenge: S = {Schmuggler; Nichtschmuggler}

Wahrscheinlichkeit P für das Ereignis

A: Schmuggler $\qquad$ P(A) = 0,15

(Unter 100 kontrollierten Personen waren 15 Schmuggler.)

$\overline{A}$: Nichtschmuggler $\qquad$ $P(\overline{A}) = 1 - P(A) = 0,85$

Beispiel e)

Die Firma Ven & Söhne fertigt Ventile auf den Anlagen A_1, A_2 und A_3.

Die Wahrscheinlichkeit, dass ein Ventil von der Anlage A_1 produziert wird, beträgt

$P(A_1) = 0,7$, entsprechend ist $P(A_2) = 0,2$ und $P(A_3) = 0,1$.

$\overline{A_1}$: Ventil ist nicht von der Anlage A_1 $\qquad$ $P(\overline{A_1}) = 1 - P(A_1) = 1 - 0,7 = 0,3$

oder

$\overline{A_1}$: Ventil ist von der Anlage A_2 oder A_3 $\qquad$ $P(\overline{A_1}) = P(A_2 \text{ oder } A_3) = 0,2 + 0,1 = 0,3$

Beispiel f)

Eine 24-stündige Verkehrszählung von Fahrzeugen am Stadtrand von Potsdam ergab folgende Daten.

Fahrzeugart	Pkw	Lkw	Sonstige
absolute Häufigkeit H	138 000	18 500	6500
relative Häufigkeit h	0,85	0,11	0,04

Die Summe der relativen Häufigkeiten muss 1 ergeben.

Die relativen Häufigkeiten werden als Wahrscheinlichkeiten verwendet.

Wahrscheinlichkeitsverteilung

Ergebnis	Pkw	Lkw	Sonstige
Wahrscheinlichkeit	0,85	0,11	0,04

Wahrscheinlichkeit P für das Ereignis

A: kein Lkw $\qquad$ P(A) = 0,85 + 0,04 = 0,89

oder mithilfe des Gegenereignisses von A:

$\overline{A}$: Lkw $\qquad$ $P(A) = 1 - P(\overline{A}) = 1 - 0,11 = 0,89$

Aufgaben

1 Die Wahrscheinlichkeit für eine Jungengeburt ist 0,514.
Bestimmen Sie die Wahrscheinlichkeit: Das Neugeborene ist ein Mädchen.

2 Bei einem Tag der offenen Tür der Berufsfachschule Süd besteht die Möglichkeit, auf eine
Torwand zu schießen. Ein Spiel besteht aus sechs Schüssen. Für jeden Teilnehmer wird
die Anzahl der Treffer notiert. Die Auswertung ergab folgende Tabelle:

Anzahl der Treffer	0	1	2	3	4	5	6
Anzahl der Teilnehmer	28	40	25	12	10	4	1

a) Stellen Sie eine Wahrscheinlichkeitsverteilung auf und stellen Sie diese grafisch dar.
b) Berechnen Sie, wie viel Prozent der Schüsse ins Tor gingen.

3 Eine Scheibe in einem Spielautomaten ist in fünf Sektoren
aufgeteilt. Die nebenstehende Abbildung zeigt die Aufteilung.
Die Scheibe wird in Drehung versetzt. Nach Stillstand der
Scheibe zeigt ein Pfeil auf genau einen Sektor. Die zugehörige
Zahl wird notiert. Damit ist ein Durchgang beendet. Geben Sie
die Wahrscheinlichkeitsverteilung für einen Durchgang an.

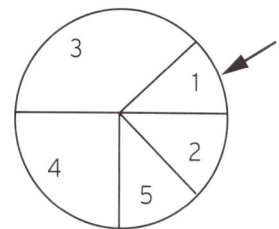

4 Eine TÜV-Station hat die häufigsten Mängel an fünf Jahre alten Pkws erfasst.
Es wurden 2000 Pkws untersucht.

Mangel	A: Handbremse	B: Ölverlust	C: Auspuffanlage	D: Scheinwerfer
h in %	7,8	7,5	5,0	4,3

Es wird davon ausgegangen, dass
höchstens ein Mangel auftritt.
Begründen Sie, dass die angegebenen relativen Häufigkeiten als Wahrscheinlichkeiten für das Auftreten der
Mängel A bis D angesehen werden
können.

Ermitteln Sie die Wahrscheinlichkeit der folgenden Ereignisse:
E1: Ein Pkw hat den Mangel B.
E2: Ein Pkw hat die Mängel A oder B.
E3: Ein Pkw hat keinen dieser Mängel.

3.2 Wahrscheinlichkeit bei Gleichverteilung (Laplace-Experiment)

Bei einem idealen Würfel wird die Wahrscheinlichkeit für das Ereignis E: „Augenzahl 4" wohl kaum über die relative Häufigkeit bestimmt, sondern es gilt die Annahme, dass alle Augenzahlen bei vielen Durchführungen etwa gleich oft fallen werden.

Somit lässt sich jeder Augenzahl die gleiche Wahrscheinlichkeit $\frac{1}{6}$ zuordnen. Die einzelnen Wahrscheinlichkeiten der Elementarereignisse werden in einer Tabelle zusammengefasst, die man auch **Wahrscheinlichkeitsverteilung** nennt.

Wahrscheinlichkeitsverteilung
für das Werfen eines Würfels

e_i	1	2	3	4	5	6
$P(e_i)$	$\frac{1}{6}$	$\frac{1}{6}$	$\frac{1}{6}$	$\frac{1}{6}$	$\frac{1}{6}$	$\frac{1}{6}$

In diesem Fall handelt es sich um ein Laplace-Experiment.

> **Beachten Sie**
>
> Wenn für alle Ergebnisse eines Zufallsexperiments **die gleiche Wahrscheinlichkeit** angenommen werden kann (Gleichverteilung), dann heißt dieses Experiment **Laplace-Experiment**. Ein idealer Würfel heißt auch Laplace-Würfel oder L-Würfel.

Berechnung der Wahrscheinlichkeit für ein Laplace-Experiment

Beispiel a)

Zufallsexperiment: **Werfen eines idealen Würfels**

Ergebnismenge $\qquad\qquad\qquad$ S = {1; 2; 3; 4; 5; 6}

Wahrscheinlichkeit P für das Ereignis

A: Augenzahl ist 1: $\qquad\qquad$ $P(A) = \frac{1}{6}$

B: Augenzahl ist 2: $\qquad\qquad$ $P(B) = \frac{1}{6}$

C: Augenzahl ist 1 oder 2: $\qquad$ $P(C) = P(A) + P(B)$

$$= \frac{1}{6} + \frac{1}{6} = \frac{1}{3}$$

S: Ergebnismenge $\qquad\qquad$ $P(S) = 1$ sicheres Ereignis

E: Augenzahl ist ungerade

Ereignis E: $\qquad\qquad\qquad$ E = {1; 3; 5}

Wahrscheinlichkeit für E $\qquad$ $P(E) = \frac{1}{6} + \frac{1}{6} + \frac{1}{6} = \frac{1}{2}$

Es gilt auch $\qquad\qquad\qquad$ $P(E) = 3 \cdot \frac{1}{6} = \frac{3}{6}$

Interpretation:

Das Ereignis E tritt ein, wenn der Würfel 1, 3 oder 5 zeigt.

E hat 3 Ergebnisse (Ausgänge) von insgesamt 6 möglichen **gleichwahrscheinlichen Ergebnissen**.

P(E) ist die Anzahl der zu E gehörenden Ergebnisse (3 günstige Ergebnisse), dividiert durch die Gesamtzahl aller Ergebnisse (6 mögliche Ergebnisse). Es gilt: $P(E) = \frac{g}{m}$.

Beispiel b)

Zufallsexperiment: **Drehen eines Glücksrades**

Nach jedem Stillstand des Rades zeigt der Pfeil auf die Mitte eines Sektors.

Ergebnismenge S = {grün; rot; weiß; blau}

Wahrscheinlichkeit P für das Ereignis A: grün $P(A) = \frac{1}{4}$

Gegenereignis $\overline{A}$ von A

$\overline{A}$: nicht grün bzw. $\overline{A}$ = {rot; weiß; blau} $P(\overline{A}) = \frac{3}{4}$

Weitere Lösungsmöglichkeit

für das Gegenereignis $\overline{A}$ von A $P(\overline{A}) = 1 - P(A) = 1 - \frac{1}{4} = \frac{3}{4}$

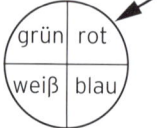

Beachten Sie (Laplace-Formel)

Liegt ein **Laplace-Experiment** vor, so gilt für die Wahrscheinlichkeit P(E) eines

Ereignisses E: $P(E) = \dfrac{\text{Anzahl der Ergebnisse, bei denen E eintritt}}{\text{Anzahl aller möglichen Ergebnisse}}$

Kurzschreibweise $P(E) = \dfrac{g}{m} = \dfrac{\text{günstig}}{\text{möglich}}$

Beispiel

➲ Die Firma Buchmann feiert ihr 20-jähriges Jubiläum. Unter anderem findet auch eine Verlosung statt. In der Lostrommel befinden sich 3000 Lose, die von 1 bis 3000 durchnummeriert sind. Bestimmen Sie die Wahrscheinlichkeit, dass das erste Los ein Gewinn ist, wenn

a) jedes Los, dessen Nummer mit einer 1 beginnt, gewinnt.

b) nur jedes Los mit der Endziffer 2 gewinnt.

Lösung

Anzahl der möglichen Ergebnisse: m = 3000

a) A: Losnummer beginnt mit einer 1

Anzahl der Nummern, die mit einer 1 beginnen

(einer, zehner, hunderter, tausender):   g = 1 + 10 + 100 + 1000 = 1111

Wahrscheinlichkeit: $P(A) = \frac{g}{m} = \frac{1111}{3000} = 0,37$

b) B: Losnummer mit der Endziffer 2

Unter je 10 aufeinanderfolgenden Zahlen gibt es genau eine Zahl mit der Endziffer 2.   g = 300

Wahrscheinlichkeit: $P(B) = \frac{g}{m} = \frac{300}{3000} = 0,1$

Beispiele für Nicht-Laplace-Experimente

a) Geburt eines Kindes: S = {männlich; weiblich}

P (männlich) = 0,514; P (weiblich) = 0,486

b) Werfen von Reißnägeln

Reißnägel nehmen (in der Regel) zwei Lagen ein:  und

Diese beiden Lagen sind im Allgemeinen nicht gleich wahrscheinlich.

In diesem Fall muss die relative Häufigkeit der beiden Lagen von „vielen"

Reißnägeln bestimmt werden, dann kann die Wahrscheinlichkeit festgelegt werden.

Aufgaben

1 Das Berufsschulzentrum wird von 1340 Schüler/-innen
besucht, davon sind 240 in einem Sportverein.
Bestimmen Sie die Wahrscheinlichkeit,
dass ein Schüler/eine Schülerin dieser Schule, den/die
man auf dem Pausenhof sieht, in keinem Sportverein ist.

2 Ein Kartenspiel besteht aus 4 Farben (Kreuz, Pik, Herz, Karo) mit je 8 Karten. Peter zieht
blind eine Karte aus dem Kartenspiel. Geben Sie die Wahrscheinlichkeit an, dass Peter

A: eine Pik-Karte,

B: keine Herz-Karte,

C: eine Pik- oder eine Karo-Karte, zieht.

3 In einer Lostrommel befinden sich 500 Lose. Jedes 10. Los ist ein Gewinn.

a) Bestimmen Sie die Wahrscheinlichkeit: Das erste gezogene Los ist ein Gewinn.

b) Es wurden bereits 20 Lose gezogen und alle 20 Lose waren Nieten.
Ermitteln Sie Wahrscheinlichkeit, beim nächsten Los einen Gewinn zu ziehen.

4 Zwei Spieler werfen nacheinander einen Würfel. Bestimmen Sie die Wahrscheinlichkeit
dafür, dass sie verschiedene Augenzahlen werfen.

5 Eine Urne enthält weiße und schwarze Kugeln. Eine weiße Kugel wird mit der Wahrscheinlichkeit $\frac{1}{6}$ gezogen.

a) Geben Sie ein Beispiel dafür an, wie viele weiße und schwarze Kugeln in der Urne sein
könnten.

b) Ermitteln Sie die Anzahl der Kugeln in der Urne, wenn bekannt ist, dass in der Urne
12 schwarze Kugeln mehr als weiße liegen.

6 Nach einem Betriebsfest der Firma Waldner sind noch Preise von der Tombola übrig.
Es gibt noch 3 kleine, 5 mittelgroße und 4 große Preise. Der Lehrling darf einen Preis
(blind) ziehen. Die Ereignisse A und B sind definiert durch:
A: Er zieht einen mittelgroßen Preis.
B: Er zieht einen kleinen oder einen großen Preis.
Berechnen Sie die Wahrscheinlichkeiten P (A), P (B), P ($\overline{A}$) und P ($\overline{B}$).

3.3 Wahrscheinlichkeit bei zweistufigen Zufallsexperimenten

Ziehen mit Zurücklegen

Beispiel

⮕ Eine Urne enthält 2 weiße und 1 rote Kugel. Es wird zweimal mit Zurücklegen gezogen und die Farbe der gezogenen Kugeln nacheinander notiert.

a) Bestimmen Sie die Wahrscheinlichkeitsverteilung.

b) Berechnen Sie die Wahrscheinlichkeit für das Ereignis E: „die gezogenen Kugeln haben die gleiche Farbe".

Lösung

a) Baumdiagramm (2-mal Ziehen mit Zurücklegen)

Das Experiment hat 9 Ergebnisse.

Das Ergebnis ww kommt 4-mal vor, somit ist $P(ww) = \frac{4}{9}$.

Wahrscheinlichkeitsverteilung

Ausgang	ww	wr	rw	rr
P	$\frac{4}{9}$	$\frac{2}{9}$	$\frac{2}{9}$	$\frac{1}{9}$

Vereinfachung des Baumdiagramms:

Bei diesem Baumdiagramm werden nur die verschiedenen Kugelfarben beachtet. Die Wahrscheinlichkeit, eine weiße Kugel zu ziehen, ist bei jeder Ziehung $\frac{2}{3}$, eine rote zu ziehen $\frac{1}{3}$. Diese Wahrscheinlichkeiten werden an die jeweiligen Pfade geschrieben. Z.B. ist P(ww) das Produkt der Wahrscheinlichkeiten auf den Teilstrecken des Pfades.

Es gilt allgemein die **Produktregel.**

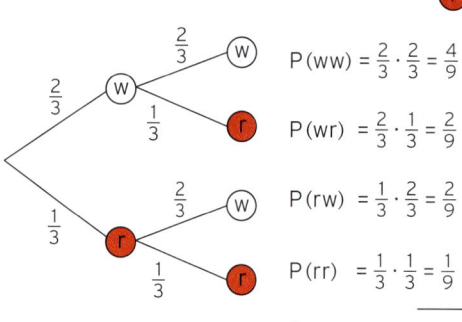

$P(ww) = \frac{2}{3} \cdot \frac{2}{3} = \frac{4}{9}$

$P(wr) = \frac{2}{3} \cdot \frac{1}{3} = \frac{2}{9}$

$P(rw) = \frac{1}{3} \cdot \frac{2}{3} = \frac{2}{9}$

$P(rr) = \frac{1}{3} \cdot \frac{1}{3} = \frac{1}{9}$

Summe 1

b) Ereignis E: gleiche Farbe   E = {ww; rr}

Oder-Beziehung: $P(E) = P(ww \text{ oder } rr) = P(ww) + P(rr) = \frac{4}{9} + \frac{1}{9} = \frac{5}{9}$

Es gilt allgemein die **Summenregel.**

Pfadregeln

Produktregel: Im Baumdiagramm ist die **Wahrscheinlichkeit eines Pfades** gleich dem **Produkt der Wahrscheinlichkeiten auf den Teilstrecken des Pfades**.

Summenregel: In einem Baumdiagramm ist die **Wahrscheinlichkeit eines Ereignisses** gleich der **Summe der Wahrscheinlichkeiten** der in diesem Ereignis **enthaltenen Ergebnisse**.

Ziehen ohne Zurücklegen

Beispiel

⟳ Die Firma Würth stellt Schrauben auf zwei Anlagen I
und II her. Die Schrauben werden in 10er-Schachteln
zu 7 Schrauben aus Anlage I und 3 Schrauben aus
Anlage II verpackt. Aus einer Schachtel werden
wahllos 2 Schrauben hintereinander entnommen
(ohne Zurücklegen).

Bestimmen Sie die Wahrscheinlichkeiten folgender Ereignisse:

E_1: Die erste Schraube stammt von Anlage I und die zweite von Anlage II.

E_2: Die zwei gezogenen Schrauben stammen von der gleichen Anlage.

E_3: Die zweite Schraube ist von der Anlage I.

Lösung

A_1: Die gezogene Schraube ist von Anlage I.

A_2: Die gezogene Schraube ist von Anlage II.

Bemerkung: $A_1 A_2$ bedeutet: 1. Schraube aus Anlage I **und** 2. Schraube aus Anlage II

Baumdiagramm mit den jeweiligen Wahrscheinlichkeiten auf den Teilstrecken.

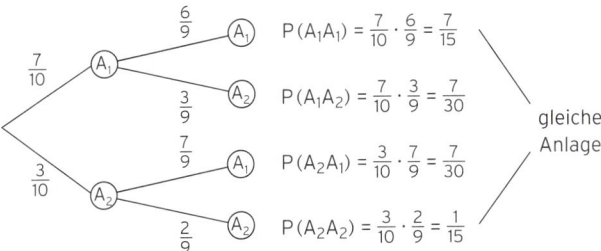

$$P(A_1 A_1) = \frac{7}{10} \cdot \frac{6}{9} = \frac{7}{15}$$

$$P(A_1 A_2) = \frac{7}{10} \cdot \frac{3}{9} = \frac{7}{30}$$

$$P(A_2 A_1) = \frac{3}{10} \cdot \frac{7}{9} = \frac{7}{30}$$

$$P(A_2 A_2) = \frac{3}{10} \cdot \frac{2}{9} = \frac{1}{15}$$

gleiche Anlage

$$P(E_1) = \frac{7}{10} \cdot \frac{3}{9} = \frac{7}{30}$$

$$P(E_2) = P(\text{gleiche Anlage}) = \frac{7}{15} + \frac{1}{15} = \frac{8}{15}$$

$$P(E_3) = P(A_1 A_1) + P(A_2 A_1) = \frac{7}{15} + \frac{7}{30} = \frac{7}{10}$$

Berechnungen von Wahrscheinlichkeiten mit dem Baumdiagramm

Pfadregeln

Produktregel

p_1 p_2 r

w

entlang eines Pfades

$P(w \text{ und } r)$ = $p_1 \cdot p_2$

Wahrscheinlichkeiten multiplizieren

Summenregel

p_1 w p_2 r

p_3 g p_4 s

entlang mehrerer Pfade

$P(wr \text{ oder } gs)$ = $p_1 \cdot p_2 + p_3 \cdot p_4$

Wahrscheinlichkeiten addieren

Ziehen mit und ohne Beachtung der Reihenfolge

Beispiel

⮕ Eine Urne enthält 5 rote und 4 grüne Kugeln.
Es werden nacheinander zwei Kugeln ohne Zurücklegen gezogen.
a) Berechnen Sie die Wahrscheinlichkeit, dass die erste Kugel rot und die zweite grün ist.
b) Wie groß ist die Wahrscheibnlichkeit dafür, dass eine rote und eine grüne Kugel gezogen wird?

Lösung
a) **Baumdiagramm**

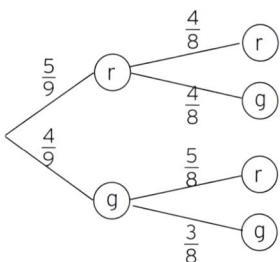

Die erste Kugel ist rot und die zweite grün.
Bei dieser Ziehung spielt die Reihenfolge eine Rolle.
Ziehung mit Beachtung der Reihenfolge

$$P\,(rg) = \frac{5}{9}\cdot\frac{4}{8} = \frac{5}{18}$$

a) Eine rote und eine grüne Kugel: rg oder gr
Bei dieser Ziehung spielt die Reihenfolge keine Rolle.
Ziehung ohne Beachtung der Reihenfolge

$$P\,(rg \text{ oder } gr) = \frac{5}{9}\cdot\frac{4}{8} + \frac{4}{9}\cdot\frac{5}{8} = \frac{5}{9}$$

Beachten Sie

Ziehung ohne Zurücklegen, bei der die Reihenfolge ohne Beachtung ist, entspricht der **Ziehung mit einem Griff.**

Zufallsexperiment – Urnenmodell

Die Durchführung vieler Zufallsexperimente lässt sich mit dem
Ziehen von Kugeln aus einer Urne modellieren (Urnenmodell).
Dabei stellt man sich eine Urne mit farbigen oder nummerierten
Kugeln vor, die je nach Problemstellung mit oder ohne Zurückle-
gen gezogen werden.

Zufallsexperiment

Urnenmodell

Ziehen mit Zurücklegen

Bei der Produktion von Tongefäßen beträgt
der Ausschusserfahrungsgemäß immer
10 %. Bestimmen Sie die Wahrscheinlichkeit, dass bei der Herstellung von zwei
Gefäßen beide brauchbar sind.

Urne mit z. B. 10 Kugeln, 9 weiße und eine
schwarze.
Zweimal ziehen mit Zurücklegen.
Gesuchte Wahrscheinlichkeit:
$P(ww) = \frac{9}{10} \cdot \frac{9}{10} = 0{,}81$

Hinweis: Da die Produktion immer 10 % Ausschuss liefert, unabhängig von der Entnahme,
wird das Experiment bei der Urne durch Ziehen mit Zurücklegen simuliert.

Ziehen ohne Zurücklegen

Von 30 Monitoren einer Sendung sind 10 %
defekt. Zwei Monitore dieser Sendung
werden nacheinander entnommen. Bestimmen Sie die Wahrscheinlichkeit, dass beide
Monitore defekt sind.

Urne mit 30 Kugeln, 27 weiße und
3 schwarze.
Zweimal ziehen ohne Zurücklegen.
Gesuchte Wahrscheinlichkeit:
$P(ss) = \frac{3}{30} \cdot \frac{2}{29} = \frac{1}{145} = 0{,}0069$

Ziehen mit Beachtung der Reihenfolge

Bei der Verkehrszählung wurde festgestellt,
dass 18 % der vorbeifahrenden Fahrzeuge
LKW waren. Ermitteln Sie die Wahrscheinlichkeit, dass unter zwei vorbeifahrenden
Fahrzeugen das erste ein LKW und das
zweite kein LKW ist.

Urne mit z. B. 100 Kugeln, 18 weiße und
82 schwarze.
Zweimal ziehen mit Zurücklegen.
Gesuchte Wahrscheinlichkeit:
$P(ws) = \frac{18}{100} \cdot \frac{82}{100} = 0{,}148$

Ziehen ohne Beachtung der Reihenfolge

Verkehrszählung siehe oben
Berechnen Sie die Wahrscheinlichkeit, dass
unter zwei vorbeifahrenden Fahrzeugen
genau ein LKW dabei ist.

Urne mit z. B. 100 Kugeln, 18 weiße und
82 schwarze.
Zweimal ziehen mit Zurücklegen.
Gesuchte Wahrscheinlichkeit:
$P(ws \text{ oder } sw) = \frac{18}{100} \cdot \frac{82}{100} + \frac{82}{100} \cdot \frac{18}{100} = 0{,}296$

Aufgaben

1 Aus einer Urne mit 5 weißen, 3 schwarzen und 2 roten Kugeln werden nacheinander zwei Kugeln mit Zurücklegen entnommen.

a) Geben Sie die Wahrscheinlichkeitsverteilung an.

b) Bestimmen Sie die Wahrscheinlichkeit für zwei gleichfarbige Kugeln.

c) Berechnen Sie die Wahrscheinlichkeit für das Ereignis A: „1. Zug weiße Kugel und 2. Zug rote Kugel".

d) Beantworten Sie die Teilaufgaben a), b) und c), wenn zwei Kugeln ohne Zurücklegen entnommen werden.

2 Im Labor eines Forschungsinstitutes steht ein Korb mit Mäusen. Im Korb sind drei Weibchen und ein Männchen. Es werden (blind) nacheinander zwei Mäuse ohne Zurücklegen aus dem Korb herausgenommen. Berechnen Sie die Wahrscheinlichkeit für

a) kein Männchen,

b) genau ein Weibchen,

c) mindestens ein Weibchen,

d) höchstens ein Weibchen.

3 In einer Gruppe von sechs Personen schmuggeln vier. Ein Zöllner wählt zufällig nacheinander zwei Personen aus. Ermitteln Sie die Wahrscheinlichkeit, dass er zwei (einen) Schmuggler auswählt.

4 Bei einer Verkehrszählung wurde festgestellt, dass 23 % der vorbeifahrenden Fahrzeuge Lkw waren, 55 % Pkw, 10 % Mopeds und 12 % sonstige Fahrzeuge. Bestimmen Sie die Wahrscheinlichkeit dafür, dass unter zwei vorbeifahrenden Fahrzeugen folgende Fahrzeuge sind:

Achtung Verkehrszählung!

a) zwei Lkws,

b) zwei Pkws oder zwei Mopeds,

c) das erste ein Pkw und das zweite ein Lkw,

d) ein Pkw und ein Lkw.

Nennen Sie einen Unterschied zwischen Teilaufgabe c) und d).

5 Die Firma Hirscher stellt Dichtungen her. Die Erfahrung zeigt, dass 5 % der hergestellten Dichtungen Mängel aufweisen. Das Qualitätsmanagement entscheidet, ein Testgerät anzuschaffen. Dieses Gerät erkennt mit einer Wahrscheinlichkeit von 96 % eine mangelhafte Dichtung. Eine Dichtung ohne Mängel wird von diesem Gerät mit einer Wahrscheinlichkeit von 2 % als mangelhaft eingestuft.

Bestimmen Sie die Wahrscheinlichkeit, dass das Gerät einen Mangel anzeigt.

6 Ein Gerät wird aus zwei Bauteilen zusammengesetzt, die unabhängig voneinander arbeiten. Jedes Bauteil arbeitet mit einer Wahrscheinlichkeit von 0,93 einwandfrei. Fällt ein Bauteil aus, so funktioniert das Gerät nicht mehr.

Berechnen Sie die Wahrscheinlichkeit für einen Ausfall des Gerätes.

3.4 Erwartungswert

mvurl.de/hh4w

Mithilfe von Wahrscheinlichkeiten können z. B. bei Glücksspielautomaten Aussagen über den zu erwartenden Gewinn bzw. Verlust gemacht werden. Bestimmen Sie den Gewinn pro Spiel, den man bei häufiger Durchführung erwarten kann.

Beispiel 1: Gewinn

➲ Hans und Lucia führen ein Spiel mit einem Würfel durch.
Die Tabelle zeigt die Gewinne und Verluste für Hans und die absoluten Häufigkeiten der geworfenen Augenzahlen nach 70 Würfen.

Augenzahl	gerade	1 oder 3	5
Gewinn in €	3	-2	-2,5
absolute Häufigkeit	33	22	15

a) Berechnen Sie den durchschnittlichen Gewinn pro Spiel für Hans auf zwei Arten.
b) Bestimmen Sie den durchschnittlichen Gewinn pro Spiel, mit dem Hans bei sehr vielen Durchführungen dieses Spiels rechnen kann.

Lösung

a) Gewinn pro Würfelwurf:

$$\bar{x} = \frac{3 \cdot 33 - 2 \cdot 22 - 2,5 \cdot 15}{70} = 0,25$$

Mithilfe der relativen Häufigkeiten:

$$\bar{x} = 3 \cdot \frac{33}{70} - 2 \cdot \frac{22}{70} - 2,5 \cdot \frac{15}{70} = 0,25$$

b) Bei sehr vielen Durchführungen (Würfelwürfen) **stabilisieren** sich die **relativen Häufigkeiten** in der Nähe der entsprechenden Wahrscheinlichkeiten:

$P(\text{gerade}) = \frac{1}{2}$; $P(1 \text{ oder } 3) = \frac{1}{3}$; $P(5) = \frac{1}{6}$

Durchschnittlicher Gewinn: $\quad \bar{x} = 3 \cdot \frac{1}{2} - 2 \cdot \frac{1}{3} - 2,5 \cdot \frac{1}{6} = 0,42$

Hinweis: 0,42 ist der **gewichtete Mittelwert** bei sehr vielen Durchführungen.
Dieser Wert 0,42 besagt, dass Hans auf lange Sicht einen durchnittlichen Gewinn pro Würfelwurf von 0,42 € erwarten kann.
Man nennt diese Zahl Erwartungswert des Gewinns: 0,42 (€/Spiel)

Gewinnwahrscheinlichkeiten:

Gewinn in €	3	-2	-2,5
Wahrscheinlichkeit	$\frac{1}{2}$	$\frac{1}{3}$	$\frac{1}{6}$

Erwartungswert des Gewinns: $\quad 3 \cdot \frac{1}{2} - 2 \cdot \frac{1}{3} - 2,5 \cdot \frac{1}{6} = 0,42$ (€/Spiel)

Beachten Sie

Ist der **Erwartungswert des Gewinns für den Spieler**

größer als null,	**kleiner als null,**	**gleich null,**
so nennt man das Spiel	so nennt man das Spiel	so nennt man das Spiel
günstig für den Spieler.	**ungünstig** für den Spieler.	**fair.**

Bei einem fairen Spiel macht der Spieler im Durchschnitt pro Spiel weder Gewinn noch Verlust.

Beispiel 2: Faires Spiel

➲ In einer Lotterie gewinnen 5 % der Lose 15 €,
   10 % der Lose 10 € und 15 % der Lose 1 €.

a) Bestimmen Sie den Preis für ein Los,
    wenn das Spiel fair ist.

b) Ein Los kostet 2,50 €. Verändern Sie den
    Höchstgewinn, so dass das Spiel fair ist.

Lösung

a) Man berechnet den Erwartungswert des Betrags, der von der Lotterie ausgezahlt wird.
    Wahrscheinlichkeiten:

Auszahlungsbetrag in €	15	10	1	0
Wahrscheinlichkeit	5 % = 0,05	10 % = 0,1	15 % = 0,15	70 % = 0,7

Erwartungswert: $15 \cdot 0,05 + 10 \cdot 0,1 + 1 \cdot 0,15 + 0 \cdot 0,7 = 1,9$

Der durchschnittliche Auszahlungsbetrag beträgt 1,90 €.

Das Spiel ist fair, wenn ein Los 1,90 € kostet.

b) Der Höchstgewinn beträgt x €.

Durchschnittlicher Auszahlungsbetrag: $x \cdot 0,05 + 10 \cdot 0,1 + 1 \cdot 0,15 + 0 \cdot 0,7$

$= 0,05x + 1,15$

Bedingung für ein faires Spiel: $0,05x + 1,15 = 2,50$

$x = 27$

Der Höchstgewinn müsste 27 € betragen.

Beispiel 3: Durchschnittliche Folgekosten bei Produktionsfehler

➲ Die Firma Aiglo Bekleidung GmbH stellt Hosen her. In der Qualitätskontrolle fällt auf,
  dass 5 % der Hosen einen Farbfehler und 7 % einen Nahtfehler haben. Beide Fehler
  treten bei einer Hose nicht auf. Bei einem Farbfehler entstehen Folgekosten von 20 €,
  bei einem Nahtfehler von 15 €.
  Berechnen Sie die durchschnittlich zu erwartenden Folgekosten.

Lösung

Wahrscheinlichkeiten:

	Farbfehler	Nahtfehler	ohne Fehler
Folgekosten in €	20	15	0
Wahrscheinlichkeit	0,05	0,07	0,88

Erwartungswert: $20 \cdot 0,05 + 15 \cdot 0,07 + 0 \cdot 0,88 = 2,05$

Die zu erwartenden Folgekosten betragen 2,05 € pro verkaufter Hose.

Was man wissen sollte ... über Wahrscheinlichkeitsrechnung

Begriff	Erläuterung	Beispiel
Wahrscheinlichkeit eines Laplace-Experiments	Alle Ergebnisse sind gleich wahrscheinlich. $P(E) = \frac{g}{m} = \frac{\text{günstig}}{\text{möglich}}$	Werfen eines Würfels E: gerade Augenzahl $P(E) = \frac{3}{6} = \frac{1}{2}$
Pfadregeln: Produktregel **Summenregel**	Im Baumdiagramm ist die **Wahrscheinlichkeit eines Pfades** gleich dem **Produkt der Wahrscheinlichkeiten auf den Teilstrecken des Pfades**. In einem Baumdiagramm ist die **Wahrscheinlichkeit eines Ereignisses** gleich der Summe der Wahrscheinlichkeiten der in diesem Ereignis **enthaltenen Ergebnisse**.	 $P(rr) = \frac{2}{8} \cdot \frac{1}{7}$ $P(gb) = \frac{4}{8} \cdot \frac{2}{7}$ $P(rr \text{ oder } gb) = \frac{2}{8} \cdot \frac{1}{7} + \frac{4}{8} \cdot \frac{2}{7} = \frac{5}{28}$
Erwartungswert	Der Erwartungswert ist der gewichtete Mittelwert (bei häufiger Durchführung).	Aus einer Urne mit 2 roten und 6 grünen Kugeln wird eine Kugel gezogen. Bei rot erhält man 8 €, bei grün muss man 2 € bezahlen. Erwartungswert des Gewinns: $8\,€ \cdot \frac{2}{8} + (-2\,€) \cdot \frac{6}{8} = 0,5\,€$ Auf lange Sicht werden durchschnittlich 0,5 € pro Ziehung gewonnen.

11 Bohner u.a. - ISBN 978-3-8120-0119-9

1 Bei einem Glücksspiel wird das abgebildete
Glücksrad benutzt.
Als Einsatz bezahlt man 3 €. Das Glücksrad
wird einmal gedreht. Man erhält den Betrag
ausbezahlt, dessen Sektor über dem Pfeil zu
stehen kommt.
Bestimmen Sie den Erwartungswert für den Gewinn.
Ist das Spiel fair?

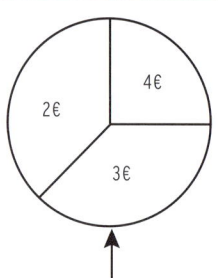

2 Die Firma Mithuber stellt Antriebswellen her. Bei einer Abweichung von der Soll-
länge entstehen Folgekosten. Die Folgekosten und die zugehörigen Wahrscheinlichkeiten
können der Tabelle
entnommen werden.

Abweichung	bis 0,5 mm	bis 0,8 mm	bis 1 mm
Folgekosten in €	20	30	150
Wahrscheinlichkeit	5 %	2 %	0,5 %

Ermitteln Sie die durchschnittlichen Folgekosten.

3 Ein 30-jähriger Mann schließt für 10 Jahre eine Lebensversicherung über 100 000 € ab.
Der Mann überlebt diese 10 Jahre mit einer Wahrscheinlichkeit von 0,995.
Bestimmen Sie die Höhe der Versicherungsprämie, wenn die Versicherung über die Lauf-
zeit 500 € Gewinn erzielt.

4 Die Handelskette Aldo lässt Hemden herstellen.
In der Qualitätskontrolle fällt auf, dass 4 % der
Hemden einen Farbfehler und 8 % einen
Nahtfehler haben. Beide Fehler treten bei einem
Hemd nicht auf. Bei einem Farbfehler entstehen
Folgekosten von 25 €, bei einem Nahtfehler
von 20 €.
Berechnen Sie die zu erwartenden Folgekosten.

5 In der Lotterie Aktion Glück gewinnen 10 % der Lose 7 €, 15 % der Lose 12 € und 20 % der
Lose 1 €. Wie viel muss ein Los kosten, wenn das Spiel fair ist?

6 Die Firma Hirscher & Söhne stellt Spezialbetonfertigteile her.
Die Tabelle gibt die Anzahl der täglich verkauften Bauteile und die zugehörigen
Wahrscheinlichkeiten (unvollständig) an.
Vervollständigen Sie die Tabelle, sodass der Erwartungswert für die Anzahl
der Bauteile 2 ist.

Anzahl	0	1	2	3	4
Wahrscheinlichkeit	10 %	20 %	45 %	?	?

Test zur Überprüfung Ihrer Grundkenntnisse

1 Aus einer Urne mit 5 numerierten Kugeln (1 bis 5) werden zwei Kugeln entnommen. Bestimmen Sie die Wahrscheinlichkeit dafür, dass eine Kugel mit der Nummer 1 und eine mit der Nummer 2 gezogen werden.

a) Sie werden nacheinander mit Zurücklegen entnommen.

b) Sie werden nacheinander ohne Zurücklegen entnommen.

c) Sie werden mit einem Griff entnommen.

2 Die Firma Alpha GmbH stellt Ventile her. Ein Test ergab, dass 3,1 % der produzierten Ventile defekt sind. Herr Spiegel entnimmt 2 Ventile aus der Produktion.
Berechnen Sie die Wahrscheinlichkeiten der folgenden Ereignisse:
A: Kein Ventil ist defekt.
B: Genau ein Ventil ist defekt.

3 Die Firma Argoline stellt verschiedenfarbige Platten für ein Stecksystem her. In einem Beutel befinden sich zehn rote, fünfzehn weiße und fünf blaue Platten. Ein Bastler greift nacheinander zwei Platten heraus.

a) Ermitteln Sie die Wahrscheinlichkeit dafür, dass die beiden Platten die gleiche Farbe haben.

b) Beurteilen Sie, ob eines der beiden Ereignisse wahrscheinlicher als das andere ist:
A: Die erste gezogene Platte ist blau.
B: Die zweite gezogene Platte ist blau.

4 In einer bestimmten Sportart sind 12 % aller Sportler in einem Wettkampf gedopt. Ein Institut entwickelt ein Verfahren, mit dem man einen gedopten Sportler mit 98 % Sicherheit erkennt. Leider werden jedoch 4 % derjenigen Sportler, die nicht gedopt sind, auch positiv getestet.

a) Stellen Sie die Zusammenhänge in einem Baumdiagramm dar.

b) Bestimmen Sie die Wahrscheinlichkeiten der folgenden Ereignisse:
E_1: Der Sportler ist gedopt und wird positiv getestet.
E_2: Der Sportler ist nicht gedopt und wird positiv getestet.
E_3: Die Untersuchung fällt negativ aus.

5 Bei einer Tombola der Berufsfachschule beträgt der Einsatz 1 €. Die ausbezahlten Beträge mit den dazugehörigen Wahrscheinlichkeiten können der Tabelle entnommen werden.
Ist die Tombola fair? Begründen Sie.

Ausbezahlter Betrag	2 €	5 €	10 €
Wahrscheinlichkeit	10 %	5 %	1 %

V Geraden

Modellierung einer Situation

Ein Energieversorger bietet die Tarife „one"
und „more" an. Beim Tarif „one" beträgt der
monatliche Grundpreis 5 €, der Preis pro
geleisteter kWh beträgt 30 Cent.

Im Tarif „more" werden ein monatlicher Grundpreis von 15 € und pro
geleisteter kWh 25 Cent in Rechnung gestellt.

Hinweis: Der Stromverbrauch wird in Kilowattstunden (kWh) gemessen.

a) Geben Sie für jeden Tarif die entsprechende Kostengleichung an.
   (x $\triangleq$ Verbrauch in kWh und y $\triangleq$ Kosten in €)

b) Zeichnen Sie die Schaubilder der beiden Tarife in ein Koordinatensystem.
   (x-Achse: 50 kWh $\triangleq$ 1 cm und y-Achse: 10 € $\triangleq$ 1 cm)

c) Ermitteln Sie aus Ihrer Zeichnung, ab welchem Stromverbrauch der Tarif
   „more" günstiger als der Tarif „one" wird. Wie hoch sind die Kosten bei diesem
   Stromverbrauch? Prüfen Sie Ihr Ergebnis rechnerisch nach.

d) Der Energieversorger möchte den monatlichen Grundpreis im Tarif
   „more" auf 20 € erhöhen und dafür den Preis pro kWh senken.
   Wieviel Cent darf die kWh nur noch kosten, damit für Kunden mit einem
   monatlichen Verbrauch von 250 kWh die Kosten gleich bleiben?

Bearbeiten Sie diese Situation, nachdem
Sie die rechts aufgeführten **Qualifikationen
und Kompetenzen** erworben haben.

Qualifikationen & Kompetenzen

- Geraden in ein Koordinatensystem zeichnen
- Schnittpunkte von Gerade und Koordinatenachsen bestimmen
- Geradengleichungen aufstellen
- Schnittpunkte von zwei Geraden berechnen
- Realitätsbezogene Zusammenhänge beschreiben, darstellen und deuten

1 Ursprungsgeraden

Beispiel 1

➲ Eine Bäckerei hat mehrere Verkaufsstellen und beliefert diese mit Brezeln. Eine Brezel kostet im Verkauf 0,50 €.

a) Berechnen Sie die Einnahmen für 2, 3 und 4 Brezeln.
Erstellen Sie eine Wertetabelle.
Übertragen Sie die entsprechenden Punkte in ein Koordinatensystem.

b) Wie hoch sind die Einnahmen y für x Brezeln?

Lösung

a) Eine Brezel kostet (in €)   0,50

2 Brezeln kosten $0,50 \cdot 2 = 1,00$

3 Brezeln kosten $0,50 \cdot 3 = 1,50$

4 Brezeln kosten $0,50 \cdot 4 = 2,00$

Wertetabelle	x (Anzahl der Brezeln)	0	1	2	3	4	· · ·	**x**
	y (Einnahmen in €)	0	0,5	1	1,5	2	· · ·	**0,5 · x**

Koordinatensystem

(Schaubild)

Verbindet man die zwei Punkte A und B miteinander, erhält man eine Strecke. Verlängert man die Strecke nach links und rechts, so erhält man eine Gerade, die durch den Ursprung verläuft.

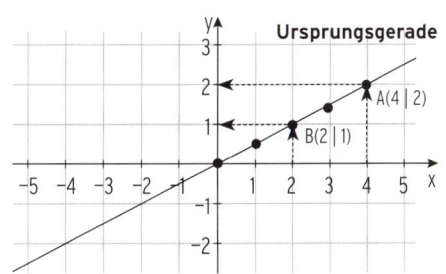

Bemerkung: Eine Gerade durch den Ursprung O(0 | 0) heißt **Ursprungsgerade.**

b) Anhand der Tabelle erkennt man, dass der y-Wert halb so groß wie der x-Wert ist.
Somit ergibt sich die Gleichung: **y = 0,5 · x**

Beispiel 2

⮕ Eine Ursprungsgerade g hat die Gleichung $y = \frac{4}{5}x$.

a) Zeichnen Sie die Gerade g in ein Koordinatensystem ein.

b) Geben Sie zwei weitere Punkte auf g an.

c) Prüfen Sie, ob die Punkte A(2,5 | 2) und B(− 2 | − 1) auf der Geraden g liegen.

Lösung

a) Wertetabelle

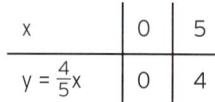

x	0	5
$y = \frac{4}{5}x$	0	4

Weiterer Geradenpunkt: P(5 | 4)

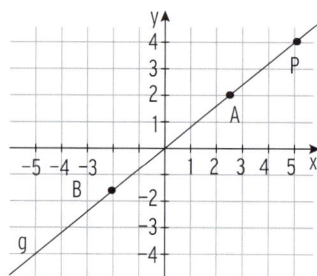

b) Um weitere Geradenpunkte zu erhalten, **wählt man den x-Wert** (x-Koordinate) und bestimmt durch **Einsetzen** in die Geradengleichung den y-Wert (y-Koordinate).

x = 1 einsetzen ergibt: $y = \frac{4}{5} \cdot 1 = \frac{4}{5}$ Geradenpunkt C(1 | $\frac{4}{5}$)

x = − 5 einsetzen ergibt: $y = \frac{4}{5} \cdot (− 5) = − 4$ Geradenpunkt D(− 5 | − 4)

c) Liegt ein Punkt auf einer Geraden, so ergibt das **Einsetzen der Koordinaten** des Punktes in die Geradengleichung eine **wahre Aussage (Punktprobe).**

Punktprobe mit A(2,5 | 2)

Einsetzen von x = 2,5 und y = 2 in die Geradengleichung $y = \frac{4}{5}x$

$2 = \frac{4}{5} \cdot 2,5$ d. h., 2 = 2 **wahre Aussage (w. A.)**

A(2,5 | 2) liegt auf der Geraden g (A ∈ g).

Punktprobe mit B(− 2 | − 1)

Einsetzen von x = − 2 und y = − 1 in die Geradengleichung $y = \frac{4}{5}x$

$− 1 = \frac{4}{5} \cdot (− 2)$ d. h. $− 1 = − \frac{8}{5}$ **falsche Aussage (f. A.)**

B(− 2 | − 1) liegt nicht auf der Geraden g (B ∉ g).

Aufgaben

1 Die Tabelle enthält Koordinaten eines Punktes einer Ursprungsgeraden. Zeichnen Sie die zugehörige Gerade in ein Koordinatensystem ein. Vervollständigen Sie die Tabelle.

a)

x	− 1	1	2	3	5
y				6	

b)

x	0	1	2	3	7
y			3		

2 Zeichnen Sie die Ursprungsgerade mithilfe eines weiteren Punktes.

a) g: $y = 2x$ h: $y = x$ k: $y = -1,5x$

b) g: $y = -x$ h: $y = 4x$ k: $y = \frac{1}{4}x$

c) g: $y = -\frac{6}{5}x$ h: $y = \frac{2}{3}x$ k: $y + 0,3x = 0$

3 Zeichnen Sie die Gerade g in ein geeignetes Koordinatensystem ein.

a) g: $y = 12,5x$ b) g: $y = 120x$ c) g: $y = -0,1x$

4 Ordnen Sie jeder Geraden eine Gleichung zu.

a) $y = -\frac{3}{4}x$

b) $y = 1,3x$

c) $y = \frac{8}{5}x$

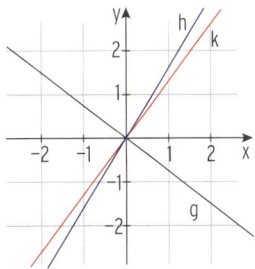

5 Gegeben sind die Punkte A($-4 \mid 5,5$) und B($1,6 \mid -3,6$) und die Gerade g durch die Gleichung $y = -2,25x$.

a) Zeichnen Sie g in ein Koordinatensystem ein.

b) Prüfen Sie, ob die Punkte A und B auf der Geraden g liegen.

c) Bestimmen Sie zwei weitere Punkte, die auf g liegen.

6 Die Tabelle gehört zu einer Ursprungsgeraden.
Vervollständigen Sie diese Wertetabelle.

x		1	5		12	
y	$-7,2$		12	18		30

7 Ein Liter Farbe kostet 3,00 €.

a) Geben Sie die Preise für 1,5 Liter, 2,5 Liter, 4 Liter und 6,5 Liter in Form einer Tabelle an.

b) Stellen Sie eine Gleichung für den Zusammenhang von y (Kosten in €) und x (Farbmenge in Liter) auf.

c) Wie viel Liter Farbe erhält man für 10,50 €, für 20,00 €?

8 Beim Raumausstatter Franz König kostet 1 m Stoff 5,00 €.

a) Stellen Sie den Zusammenhang grafisch dar.
Maßstab: 1 m $\triangleq$ 1 cm; 10 € $\triangleq$ 1 cm.
Geben Sie die zugehörige Gleichung (y € für x m) an.

b) Lesen Sie aus dem Schaubild den Preis für 6,5 m ab.
Überprüfen Sie Ihr Ergebnis durch Rechnung.

c) Wie viel m Stoff erhält man für 42,50 €?
Bestimmen Sie die Länge des Stoffes durch Ablesen und durch Rechnung.

d) Überprüfen Sie rechnerisch, ob der Punkt A($5,5 \mid 27,5$) auf dem Schaubild liegt.
Deuten Sie Ihr Ergebnis.

2 Die Steigung einer Geraden

Das Verkehrsschild „10 % Steigung" bedeutet:

Die Straße steigt auf 100 m horizontaler Strecke 10 m an.

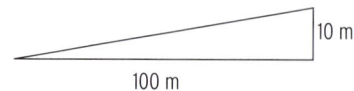

Man sagt, die Straße hat eine **Steigung** von m = 0,1.

m ist das **Längenverhältnis** von vertikaler Strecke zu horizontaler Strecke.

Beispiel 1

➲ Die Abbildung zeigt den Verlauf einer
   Straße K im Koordinatensystem.

a) Welche Steigung hat die Straße?
   Was würde auf dem Verkehrsschild
   stehen?

b) Bestimmen Sie die Geradengleichung.

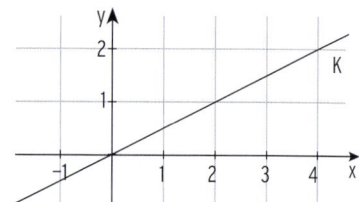

Lösung

a) Um die Steigung zu bestimmen, berechnet man
   das Verhältnis von y-Koordinate zur x-Koordinate
   eines Geradenpunktes.

   Aus dem Schaubild lässt sich ablesen:

   $m = \dfrac{1}{2} = \dfrac{2}{4} =$ konstant.

   Dieses Verhältnis heißt **Steigung m der Geraden.**

   Hinweis: Die Steigung m einer Geraden ist konstant.

   Auf dem Verkehrsschild würde 50 % stehen, wegen $\dfrac{1}{2} \triangleq 50\,\%$.

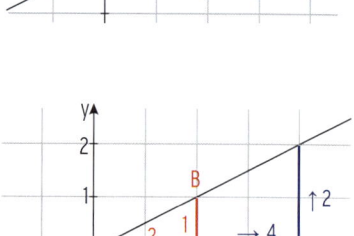

b) Aus $m = \dfrac{y}{x} = \dfrac{1}{2}$ folgt $y = \dfrac{1}{2}x$, die Gerade hat die Gleichung $y = \dfrac{1}{2}x$.

   Die Gerade mit der Gleichung $y = \dfrac{1}{2}x$ ist eine **Ursprungsgerade.**

Steigungsdreiecke

Geht man 2 Längeneinheiten (LE) vom Ursprung O aus nach rechts und

1 LE nach oben, so erreicht man den Punkt B(2 | 1).

Das Dreieck OAB ist ein **Steigungsdreieck.**

Ein weiteres Steigungsdreieck erhält man, wenn man vom Ursprung O (oder von einem

anderen Geradenpunkt) aus 4 Längeneinheiten (LE) nach rechts und 2 LE nach oben

geht.

Die Steigung $m = \dfrac{1}{2} = \dfrac{2}{4}$ ist konstant.

Die Gleichung einer Ursprungsgeraden mit der Steigung m lautet y = mx.
Der Faktor m ist die Steigung der Geraden.

Beispiel 2

➲ Gegeben ist die Gerade g mit der Gleichung $y = \frac{4}{3}x$.

a) Bestimmen Sie die Steigung von g.

b) Zeichnen Sie g mithilfe eines Steigungsdreiecks.

Lösung

a) Die Steigung ist $m = \frac{4}{3}$.

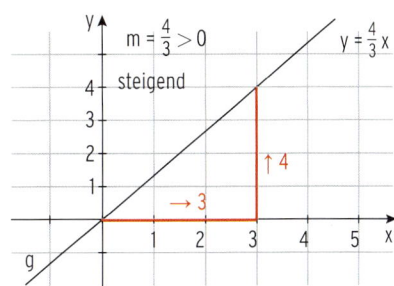

b) $m = \frac{4}{3}$ bedeutet:

Ein Steigungsdreieck festlegen, und zwar
von O(0 | 0) aus 3 LE nach rechts
und 4 LE nach oben.

Beispiel 3

➲ Zeichnen Sie die Gerade h mit $y = -\frac{2}{5}x$.

Lösung

Mithilfe eines weiteren Punktes

Weil h eine Ursprungsgerade ist, genügt es, neben dem Ursprung noch einen weiteren
Punkt zu bestimmen.

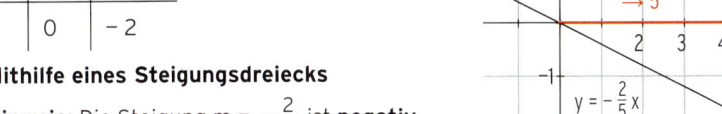

x	0	5
y	0	− 2

Mithilfe eines Steigungsdreiecks

Hinweis: Die Steigung $m = -\frac{2}{5}$ ist **negativ**.

Steigung $m = -\frac{2}{5}$ bedeutet:

Von O(0 | 0) aus 5 LE nach **rechts**
und 2 LE nach **unten.**

Hinweis: Geht man von O(0 | 0) 1 LE nach rechts, so muss man 0,4 LE nach unten
gehen. Dies lässt sich schlecht zeichnen und die Gerade wird ungenau.

$m > 0$ ist eine Gerade steigend, für $m < 0$ ist eine Gerade fallend.

Hinweis: Die Gerade mit y = 2x hat die Steigung $m = 2 = \frac{2}{1}$.

Steigungsdreieck: 1 LE nach rechts und 2 LE nach oben.

Aufgaben

1 Zeichnen Sie die Gerade g in ein Koordinatensystem.

a) g: $y = \frac{3}{5}x$

b) g: $y = 2x$

c) g: $y = 1,5x$

d) g: $y = -1,5x$

e) g: $y = -\frac{5}{2}x$

f) g: $y = \frac{4}{7}x$

g) g: $y + x = 0$

h) g: $y - 1,2x = 0$

i) g: $2y = x$

j) g: $3y + 2x = 0$

k) g: $y = 3$

l) g: $y = 0$

2 Eine Ursprungsgerade verläuft durch den Punkt P. Zeichnen Sie die Gerade g in ein Koordinatensystem ein und bestimmen Sie die Geradengleichung.

a) P(5 | 1)

b) P(3 | − 2)

c) P(− 1,5 | − 4)

3 Zeichnen Sie eine Ursprungsgerade mithilfe eines Steigungsdreiecks.
a) 3 Einheiten nach rechts und 2 Einheiten nach oben.
b) 5 Einheiten nach rechts und 3 Einheiten nach unten.
c) 2 Einheiten nach links und 1 Einheit nach unten.
   Bestimmen Sie die Geradengleichung.

4 Bestimmen Sie die Steigung von g.
Geben Sie die Gleichung von g an.

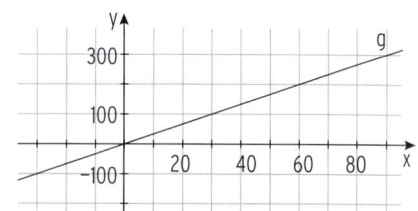

5
a) Welche Gerade hat die Steigung 1?
b) Welche Steigungen haben die
   drei anderen Geraden?

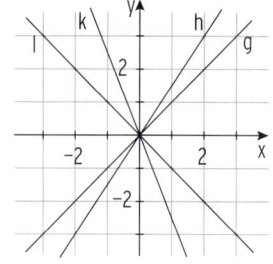

6
a) Bestimmen Sie die Gleichungen
   der Geraden g, h, k und u.
b) Welche Geraden sind fallend, welche
   sind steigend (wachsend)?

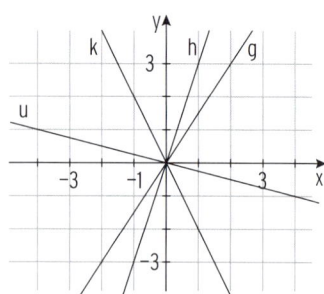

7 Zeigen Sie, dass die Punkte P(2 | 6,4), Q(− 3 | − 9,6) und T(5 | 16) auf einer Ursprungsgeraden liegen.

3 Geraden mit der Gleichung y = mx + b

Beispiel 1

⮕ Herr Peters kauft auf dem Markt Kartoffeln zum
   Preis von 0,40 € je kg.
   Für den Spankorb muss er 1,00 € Pfand bezahlen.

a) Wie viel € kosten 2; 3,5; 5; x kg
   ohne Spankorb und mit Spankorb?
b) Stellen Sie den Preis y in Abhängigkeit
   von dem Gewicht x zeichnerisch dar.

Lösung

a) Wertetabelle; x ist das Gewicht in kg, y der Preis in €.

x	2	3,5	5	x
y (ohne Korb)	0,8	1,4	2	0,4x
y (mit Korb)	1,8	2,4	3	0,4x + 1

Die Gleichung y = 0,4x + 1 stellt den Zusammenhang von Preis und Gewicht dar.
Aus m = $\frac{y}{x}$ = $\frac{1}{2}$ folgt y = $\frac{1}{2}$x, die Gerade hat die Gleichung y = $\frac{1}{2}$x.
Die Gerade mit der Gleichung y = $\frac{1}{2}$x ist eine **Ursprungsgerade.**

b) Schaubilder
   Da das Gewicht nur positive
   Werte annimmt, erhält man im
   Koordinatensystem nur Halbgeraden,
   wenn man die Punkte verbindet.

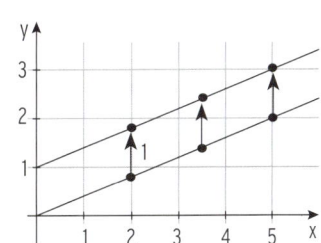

Weitere Überlegungen

Lässt man auch negative Werte
für x zu, dann erhält man zwei
Geraden mit den Gleichungen
g: y = 0,4x und
h: y = 0,4x + 1.

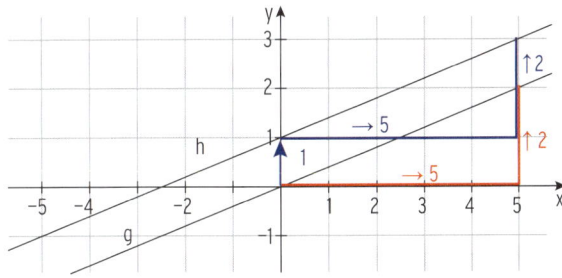

Eigenschaften der beiden Geraden

Die Geraden g und h sind **parallel,** sie haben die **gleiche Steigung** m = 0,4.
h entsteht durch Verschiebung von g um 1 Längeneinheit nach oben.
Die Gerade h **schneidet die y-Achse im Punkt P(0 | 1).**
Man nennt den Wert 1 den **y-Achsenabschnitt b,** d. h., b = 1.

mvurl.de/prs1

Beispiel 2

➲ Die Gerade g ist gegeben durch die Gleichung $y = \frac{1}{2}x + 3$.

   Zeichnen Sie die Gerade g.

Lösung

Mit einer Wertetabelle

x	0	1	2
y	3	3,5	4

Gerade durch die Punkte

P(0 | 3) und Q(2 | 4) zeichnen.

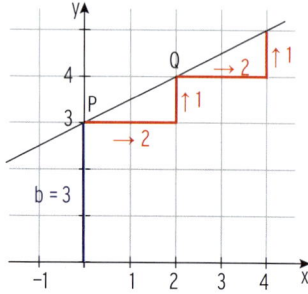

Mit y-Achsenabschnitt und Steigungsdreieck

Vorgehensweise

- y-Achsenabschnitt bestimmen: b = 3 bzw. P(0 | 3)
- Steigung bestimmen: $m = \frac{1}{2}$

   Vom Punkt P aus ein Steigungsdreieck einzeichnen, z. B. 2 LE nach rechts und 1 LE nach

   oben. Man erhält den Punkt Q. Gerade durch die Punkte P und Q zeichnen.

   Hinweis: Vom Punkt Q aus kann man auch ein Steigungsdreieck einzeichnen,

Beispiel 3

➲ Zeichnen Sie die Gerade g.

a) g: $y = \frac{4}{3}x - 2$ **b)** g: $y + \frac{3}{2}x = -1$

Lösung

a) Aus der Geradengleichung $y = \frac{4}{3}x - 2$ ablesen:

   b = –2

   $m = \frac{4}{3}$

   Vom Punkt P(0 | –2)

   3 LE nach rechts und 4 LE nach oben.

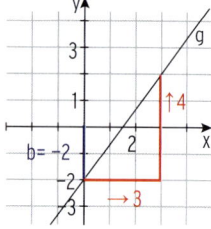

b) Gleichung umformen: $y + \frac{3}{2}x = -1$ $\left| -\frac{3}{2}x \right.$

                       $y = -\frac{3}{2}x - 1$

   Aus der Geradengleichung $y = -\frac{3}{2}x - 1$ ablesen:

   b = –1

   $m = -\frac{3}{2}$

   Vom Punkt P(0 | –1)

   2 LE nach rechts und 3 LE nach unten.

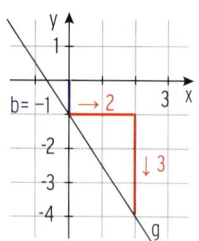

Beachten Sie

Die Geradengleichung in Hauptform lautet:

$$y = \mathbf{m}\,x + \mathbf{b}$$

                   ↑   ↑

   Steigung   y-Achsenabschnitt

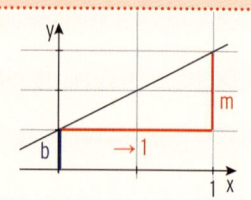

....

Beispiel 4

⮕ Ein Busunternehmen stellt für einen eintägigen Ausflug eine Pauschale von 50,00 €
und für jeden gefahrenen km 1,25 € in Rechnung.

a) Beschreiben Sie den Zusammenhang von Rechnungsbetrag und Anzahl der gefahrenen km mithilfe einer Gleichung (y € für x km).
Zeichnen Sie die zugehörige Gerade (20 km ≙ 1 cm; 25 € ≙ 1 cm).

b) Lesen Sie aus der Zeichnung den Preis für 50 km bzw. 80 km ab.
Berechnen Sie diese Preise.

Lösung

a) **Betrachtung ohne Pauschale:**

1 km kostet 1,25 (in €)

x km kosten 1,25 · x

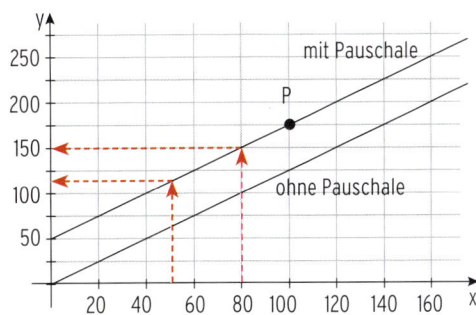

Betrachtung mit Pauschale:

Zu den Kosten von 1,25 · x kommt

eine Pauschale von 50,00 € dazu.

Gesamtkosten: 1,25 · x + 50

Zusammenhang (Geradengleichung)

y = 1,25x + 50

Für die Zeichnung bestimmt man neben S(0 | 50) einen zweiten Punkt.

Wählt man z. B. für x = 100, so erhält man   y = 1,25 · 100 + 50 = 175

Weiterer Geradenpunkt: P(100 | 175)

b) Ablesen: Der Preis für 50 km beträgt ca. 115,00 €; für 80 km ca. 150,00 €.
Berechnung: Für 50 km   y = 1,25 · 50 + 50 = 112,5

Für 80 km   y = 1,25 · 80 + 50 = 150

....

Aufgaben

a) p)

1 Zeichnen Sie die Gerade in ein Koordinatensystem.

a) $y = 3x + 1$

b) $y = -4x + 2$

c) $y = \frac{1}{2}x + 5$

d) $y = -2x$

e) $y = -\frac{2}{3}x - 4$

f) $y = 2x + 3$

g) $y = -2x - 3$

h) $y = -\frac{1}{3}x + \frac{5}{2}$

i) $y = \frac{2}{5}x + 1$

j) $y = -x + 1$

k) $y = -3x$

l) $y = -3$

m) $y + x = 2$

n) $y + \frac{1}{4}x = -\frac{1}{2}$

o) $2y + x = 6$

p) $3(y + x) = 2y + 4(x + 1)$

2 Für die Gerade g wurde folgende Wertetabelle aufgestellt:
Zeichnen Sie g. Bestimmen Sie eine Gleichung von g.

x	-1	0	1
y	-5	-3	-1

mvurl.de/xvlj

3 Zeichnen Sie die Gerade in ein Koordinatensystem ein.

Wählen Sie einen geeigneten Maßstab auf den Koordinatenachsen.

a) $y = 500x + 1500$

b) $y = 7{,}5x - 10$

c) $y = 10x + 200$

d) $y = -0{,}1x - 0{,}3$

e) $y = x - 300$

f) $y = 8x + 10$

4

a) Geben Sie die Gleichungen der

Geraden g, h, k und u an.

b) Welche Geraden sind fallend,

welche steigend?

c) Geben Sie eine zu g parallele Gerade an.

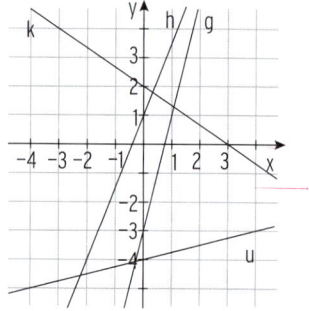

5 Ordnen Sie jeder Geraden

eine Gleichung zu.

a) $y = 1{,}3x - 2$

b) $y = 3{,}7x - 2$

c) $y = -0{,}6x + 4$

d) $y + 0{,}6x = 0$

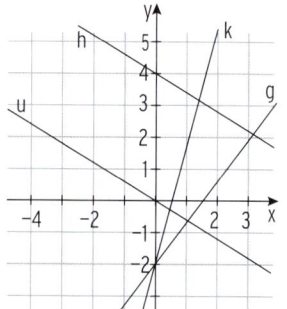

6 Bestimmen Sie den Steigungswinkel α der Geraden g.

a) g ist die 1. Winkelhalbierende ($y = x$).

b) g: $y = 0{,}5x - 3$

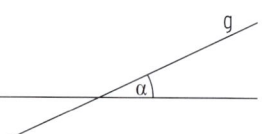

7 Die Gerade g ist gegeben durch ihre Gleichung $y = 4x + 2$.

Die Steigung m beschreibt das Änderungsverhalten einer Geraden.

Entscheiden Sie, ob die folgende Aussage wahr ist.

Ändert sich der x-Wert um 1, so ändert sich der y-Wert um 4.

8 Der Grundpreis für eine Taxifahrt beträgt 3,00 €. Für jeden gefahrenen km

muss man 0,70 € bezahlen. Stellen Sie den Preis y (in €) in Abhängigkeit

von der gefahrenen Strecke x (in km) geeignet dar.

9 15 Liter Saft kosten 21,00 €. Die Anlieferung schlägt mit 5,00 € zu Buche.

a) Stellen Sie eine Gleichung auf, die den Zusammenhang von x Liter Saft und dem

zu zahlenden Betrag y in € beschreibt.

b) Zeichnen Sie die Gerade mit der Gleichung $y = 1{,}4x + 5$ in ein geeignetes

Koordinatensystem ein.

c) Prüfen Sie anhand der Zeichnung und durch Rechnung, ob man für 12,50 €

5 Liter Saft erhält.

4 Aufstellen von Geradengleichungen

4.1 Aufstellen von Geradengleichungen aus Punkt und Steigung

mvurl.de/ikks

Beispiel 1
⮕ Die Abbildung zeigt die Gerade g.

a) Bestimmen Sie die Gleichung von g.
b) Überprüfen Sie, ob der Punkt A(2,6 | 4,5)
   auf g liegt.

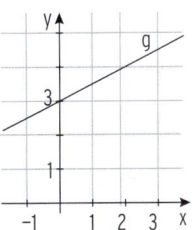

Lösung
a) Aus der Zeichnung liest man ab:

    • S_y(0 | 3) bzw. y-Achsenabschnitt b: b = 3

    • Steigung m: $m = \frac{1}{2}$

    Einsetzen in die Hauptform $y = mx + b$

    ergibt die Geradengleichung: $y = \frac{1}{2}x + 3$

b) **Punktprobe** mit A(2,6 | 4,5): $4,5 = 0,5 \cdot 2,6 + 3$

                                 $4,5 = 4,3$ falsche Aussage

    Der Punkt A liegt **nicht** auf g.

Beispiel 2
⮕ Die Gerade g hat die Steigung $m = -\frac{1}{3}$ und verläuft durch den Punkt A(2 | − 2).

a) Bestimmen Sie die Gleichung von g.
b) Geben Sie die Gleichung der Geraden h an, die parallel zu g durch den
   Punkt P(3 | − 4) verläuft.

Lösung
a) Ein Punkt und die Steigung sind bekannt: $A(2 \mid -2); m = -\frac{1}{3}$

    Einsetzen von m in die Hauptform: $y = -\frac{1}{3}x + b$

    Punktprobe mit A(2 | − 2): $-2 = -\frac{1}{3} \cdot 2 + b$

    Gleichung nach b auflösen: $-2 = -\frac{2}{3} + b$

    y-Achsenabschnitt: $b = -\frac{4}{3}$

    Gleichung von g: $y = -\frac{1}{3}x - \frac{4}{3}$

b) Da die Geraden g und h parallel sind,
   haben sie die gleiche Steigung. $m_h = m_g = -\frac{1}{3}$

   Ansatz für die Gleichung von h: $y = -\frac{1}{3}x + b$

   Punktprobe mit P(3 | − 4): $-4 = -\frac{1}{3} \cdot 3 + b$

   y-Achsenabschnitt: $b = -3$

   Gleichung von h: $y = -\frac{1}{3}x - 3$

Beispiel 3

⮕ Herr Peters benötigt ein Taxi.

Der Grundpreis beträgt 2,50 €.
Für jeden gefahrenen km muss er 1,60 €
bezahlen.

a) Stellen Sie den Preis y (in €) in Abhängigkeit
von der gefahrenen Strecke x (in km) geeignet dar.
b) Berechnen Sie den Preis für 100 km.
c) Herr Peters hat 50 €. Wie weit kann er dafür fahren?
d) Herr Peters möchte eine 35 km-Fahrt mit diesem Taxi machen.

Er vereinbart mit dem Taxifahrer einen festen Preis von 55 €.
Ist das für Herrn Peters günstig?

Lösung

a) **Darstellung mit einer Zeichnung**

Der Grundpreis 2,5 (in €) entspricht dem
y-Achsenabschnitt (x = 0) bzw.
dem Punkt $S_y(0 \mid 2,5)$.
Der Preis pro km beträgt 1,60 €.
Dies entspricht der Steigung m = 1,6.

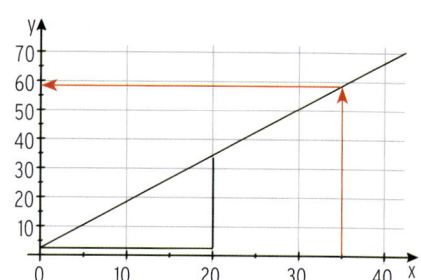

Maßstab festlegen: 10 km ≙ 1 cm; 10 € ≙ 1 cm

Zeichnen der Gerade mithilfe eines

Steigungsdreiecks: $m = \frac{1,6}{1} = \frac{16}{10} = \frac{32}{20}$;   20 nach rechts und 32 nach oben

oder mithilfe eines zweiten Punktes.

Preis für x = 20: y = 1,6 · 20 + 2,5 = 34,5   Punkt P(20 | 34,5)

Darstellung mit einer Gleichung

Bekannt sind der y-Achsenabschnitt b

und die Steigung m.   b = 2,5; m = 1,6

Einsetzen in die Hauptform   y = mx + b

ergibt die **Geradengleichung:**   y = 1,6x + 2,5

b) Gegeben: x = 100 (km), gesucht: Preis y   y = 1,6 · 100 + 2,5 = 162,50
Der Preis für 100 km beträgt 162,50 €.

c) Gegeben: Preis y = 50, gesucht: x   50 = 1,6 x + 2,5
Nach x auflösen: x = 29,69

Herr Peters kann ca. 29 km fahren.

d) Aus der Zeichnung kann man für x = 35 ablesen: y > 55
Ergebnis: Für Herrn Peters ist der Preis von 55 € ein „günstiges" Angebot.
Der tatsächliche Fahrpreis beträgt: y = 1,6 · 35 + 2,5 = 58,5 > 55

Aufgaben

1 Die Gerade g hat die Steigung m und verläuft durch den Punkt P.
Bestimmen Sie die Gleichung von g.

a) m = 3; P(2 | 1)

b) m = − 2; P(3 | − 3)

c) m = 1; P(4 | 1)

d) m = 0; P(1 | 5)

e) m = 1,5; P(− 4 | − 2)

f) m = $\frac{1}{3}$; P(6 | 2)

g) m = − 1; P(4 | − $\frac{1}{2}$)

h) m = − 3; P(2 | − 6)

i) m = $\frac{1}{5}$; P($\frac{2}{3}$ | − $\frac{1}{4}$)

2 Bestimmen Sie die Gleichung der Geraden g.

a) g hat die Steigung m = − 4,5 und verläuft durch A(0 | − 3).

b) g hat die Steigung m = 3 und verläuft durch A(1 | 1,5).

c) g verläuft durch A(− 6 | 1) und ist parallel zur Geraden h
mit der Gleichung y = − x + 2.

3 Zeichnen Sie die Gerade durch den Punkt P(− 2 | 3) mit der Steigung m = − $\frac{1}{4}$.
Wie lautet die zugehörige Geradengleichung?

4 Bestimmen Sie die Gleichungen von 2 Geraden, die durch den Punkt A(3 | − 1)
verlaufen.

5 Die Abbildung zeigt drei Geraden.
Bestimmen Sie jeweils die
Geradengleichung.

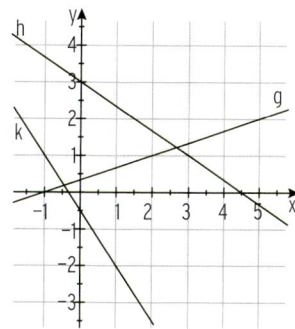

6 Katja erhält zu ihrem Geburtstag ein Sparschwein mit einem Guthaben von 150,00 €.
Sie legt monatlich 15,00 € ins Sparschwein.

a) Beschreiben Sie den Zusammenhang von Guthaben und Zeit mithilfe einer
Gleichung (y € in x Monaten).
Zeichnen Sie die zugehörige Gerade (1 Monat ≙ 1 cm; 50 € ≙ 1 cm).

b) Bestimmen Sie aus der Zeichnung ihr Guthaben nach 5 bzw. 8 Monaten.

c) Nach wie viel Monaten übersteigt das Guthaben erstmals 250,00 €?

d) Nach einem Jahr möchte Katja genau 350,00 € in ihrem Sparschwein haben.
Wie viel € muss sie am Ende des Jahres noch aufbringen?

12 Bohner u.a. - ISBN 978-3-8120-0119-9

mvurl.de/dsc5

4.2 Aufstellen von Geradengleichungen aus zwei Punkten

Beispiel 1

⮕ Eine Gerade g verläuft durch die Punkte A(1 | 2) und B(3 | 5).

a) Zeichnen Sie die Gerade g.

   Bestimmen Sie die Steigung von g aus den Koordinaten der zwei Geradenpunkte.

b) Geben Sie die Gleichung von g an.

mvurl.de/kljk

Lösung

a) Man liest die Steigung aus dem Steigungsdreieck ab:

$$m = \frac{5-2}{3-1} = \frac{3}{2}$$

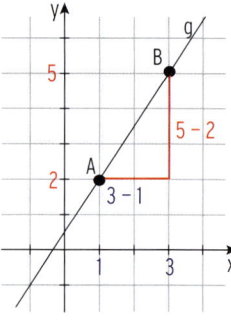

b) Einsetzen der Steigung $m = \frac{3}{2}$ in die Hauptform

   $y = mx + b$ ergibt $y = \frac{3}{2}x + b$.

   Punktprobe mit A(1 | 2): $2 = \frac{3}{2} \cdot 1 + b$

   Nach b auflösen: $b = \frac{1}{2}$

   Geradengleichung: $y = \frac{3}{2}x + \frac{1}{2}$

   Hinweis: Punktprobe mit B(3 | 5) führt zum gleichen Wert von b.

Verallgemeinerung

$A(1 | 2) = A(x_1 | y_1)$; $B(3 | 5) = B(x_2 | y_2)$

Differenz der y-Werte: $y_2 - y_1$

Differenz der x-Werte: $x_2 - x_1$

Steigung m: $m = \frac{y_2 - y_1}{x_2 - x_1}$

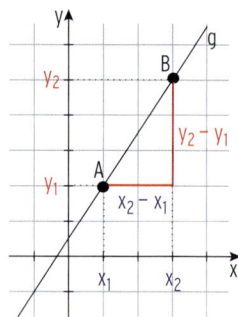

Für die Differenz $y_2 - y_1$ schreibt man auch Δy;

bzw. für $x_2 - x_1$ entsprechend Δx.

Schreibweise für die Steigung: $m = \frac{y_2 - y_1}{x_2 - x_1} = \frac{\Delta y}{\Delta x}$

Gelesen: Delta y durch Delta x

Beachten Sie

Für die **Steigung m** einer Geraden gilt:

$$m = \frac{\textbf{Differenz der y-Werte}}{\textbf{Differenz der x-Werte}} = \frac{y_2 - y_1}{x_2 - x_1} = \frac{\Delta y}{\Delta x}$$

Dabei sind x_1 und y_1 bzw. x_2 und y_2 die Koordinaten von zwei Geradenpunkten $A(x_1 | y_1)$ und $B(x_2 | y_2)$.

Beispiel 2

⮕ Eine Gerade g verläuft durch die Punkte A(− 1 | 4) und B(2 | − 2).

a) Zeichnen Sie die Gerade g.

Geben Sie die Gleichung von g an.

b) Die Gerade h geht durch die Punkte C(5 | − 3) und D(2 | 3).

Zeichnen Sie h.

Überprüfen Sie, ob h parallel zu g ist.

Lösung

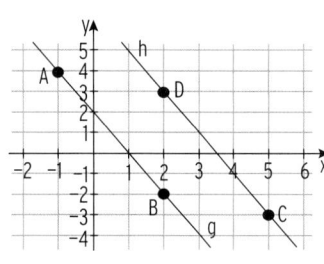

a) A(− 1 | 4); $x_1 = -1$; $y_1 = 4$
B(2 | − 2); $x_2 = 2$; $y_2 = -2$

Berechnung der Steigung m

$$m = \frac{y_2 - y_1}{x_2 - x_1} = \frac{-2 - 4}{2 - (-1)} = \frac{-6}{3} = -2$$

Ansatz für die Geradengleichung:	$y = mx + b$
Mit m = − 2 erhält man:	$y = -2x + b$
Punktprobe mit z. B. A(− 1 | 4)	$4 = -2 \cdot (-1) + b$
ergibt b:	$b = 2$
Gleichung von g:	$y = -2x + 2$
Hinweis: Punktprobe mit dem Punkt B(2 | − 2)	$-2 = -2 \cdot (2) + b$
liefert den gleichen Wert von b.	$b = 2$

b) C(5 | − 3); $x_1 = 5$; $y_1 = -3$
D(2 | 3); $x_2 = 2$; $y_2 = 3$

Berechnung der Steigung m

Mit der Formel:	$m = \dfrac{y_2 - y_1}{x_2 - x_1}$
Werte einsetzen:	$m = \dfrac{3 - (-3)}{2 - 5} = \dfrac{6}{-3} = -2$

Die Geraden g und h haben die gleiche Steigung.

Sie sind parallel.

Ansatz für die Geradengleichung mit m = − 2 :	$y = -2x + b$
Punktprobe mit z. B. C(5 | − 3):	$-3 = -2 \cdot 5 + b$
y-Achsenabschnitt:	$b = 7$
Gleichung von h:	$y = -2x + 7$

Beispiel 3

⮫ Herr Abt bestellt immer das gleiche
Taxi. Für eine Strecke von 25 km muss
er 49,80 € bezahlen. Fährt er dagegen
35 km, so muss er 68,80 € bezahlen.
Wie hoch ist der Preis für eine Strecke
von 40 km?

Lösung

Man stellt den Preis y (in €) in Abhängigkeit
von der gefahrenen Strecke x (in km) dar.

x = 25; y = 49,8 sind die Koordinaten
des Punktes A: A(25 | 49,8)

x = 35; y = 68,8 entspricht dem Punkt B: B(35 | 68,8)

Bestimmung der Geradengleichung

Bezeichnung der Koordinaten: $x_1 = 25$; $y_1 = 49,8$

                                        $x_2 = 35$; $y_2 = 68,8$

Berechnung der Steigung m: $m = \dfrac{y_2 - y_1}{x_2 - x_1} = \dfrac{68,8 - 49,8}{35 - 25} = \dfrac{19}{10} = 1,9$

Ansatz für die Geradengleichung: $y = mx + b$

Mit m = 1,9 erhält man: $y = 1,9x + b$

Punktprobe mit A(25 | 49,8) $49,8 = 1,9 \cdot 25 + b$

                                        $49,8 = 47,5 + b$

ergibt b: $b = 2,3$

Geradengleichung: $y = 1,9x + 2,3$

Gegeben: x = 40; gesucht: Preis y $y = 1,9 \cdot 40 + 2,3 = 78,3$

Herr Abt muss für eine Fahrt von 40 km 78,30 € bezahlen.

Verdeutlichung mit einer Zeichnung:

Der y-Achsenabschnitt b = 2,3
entspricht dem Grundpreis von 2,30 €.

Die Steigung m = 1,9 bedeutet,
dass 1,90 € für jeden gefahrenen km
zu bezahlen sind.

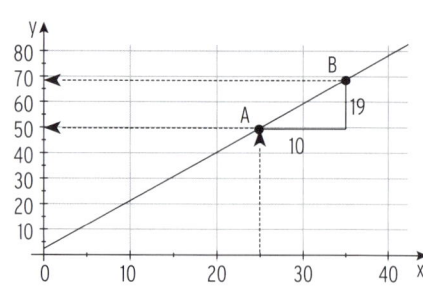

Aufgaben

1 Die Gerade g verläuft durch die Punkte A und B.
Bestimmen Sie die Gleichung der Geraden.

a) j)

a) $A(2 \mid 1)$; $\quad$ $B(5 \mid 7)$ $\qquad$ b) $A(1 \mid 1,5)$; $\quad$ $B(-1 \mid -4,5)$

c) $A(-3 \mid -1)$; $\quad$ $B(1 \mid 3)$ $\qquad$ d) $A(3 \mid 2,5)$; $\quad$ $B(-1 \mid 2,5)$

e) $A(-4 \mid 0)$; $\quad$ $B(0 \mid -3)$ $\qquad$ f) $A(-4 \mid 2)$; $\quad$ $B(1 \mid -1)$

g) $A(0 \mid 0)$; $\quad$ $B(5 \mid -4)$ $\qquad$ h) $A(-\frac{5}{3} \mid -\frac{5}{3})$; $\quad$ $B(\frac{1}{2} \mid \frac{1}{2})$

i) $A(2 \mid 5)$; $\quad$ $B(6 \mid 5)$ $\qquad$ j) $A(3 \mid 0)$; $\quad$ $B(3 \mid -2)$

2 Zeichnen Sie die Gerade g und bestimmen Sie die Geradengleichung.
a) g verläuft durch die Punkte $A(-1 \mid 2)$ und $B(5 \mid -3)$.
b) g ist parallel zur Geraden h mit $y = 3x + 17$ und geht durch den Punkt $P(-2 \mid -5)$.
c) g ist parallel zur 2. Winkelhalbierenden ($y = -x$) und geht durch den Punkt $A(1 \mid 5)$.

3

a) Bestimmen Sie eine Gleichung von g bzw. h.
b) Geben Sie eine zu g parallele Gerade an.
c) Bestimmen Sie die Gleichung einer
Ursprungsgeraden, die parallel zu h ist.

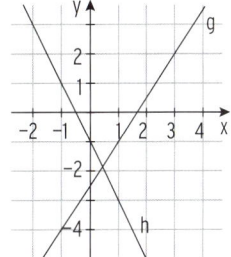

4 Gegeben ist die Gerade h mit der Gleichung $y = 3x - 4$.
Der Punkt $P(-1 \mid y_P)$ liegt auf h. Die Gerade g geht durch die Punkte P und $N(2 \mid 0)$.
Bestimmen Sie eine Gleichung von g.

5 $B(3 \mid y_B)$ liegt auf der Geraden durch $P(0 \mid 5)$ und $Q(5 \mid 0)$.
Bestimmen Sie y_B.

6 Eine Berufsschulklasse hat 500,00 € in der Klassenkasse. Die Klasse möchte einen
Ausflug machen. Der Klassensprecher weiß, dass ein Busunternehmen für eine Fahrt
von 120 km 216,00 € und bei einer Strecke von 220 km 346,00 € verlangt.
a) Wie weit entfernt darf das Ausflugsziel liegen?
b) Der Busunternehmer macht der Klasse ein Angebot. Er verlangt 410,00 € für eine Fahrt
von 280 km. Gewährt der Busunternehmer einen Preisnachlass?
Wenn ja, wie groß ist er?

7 Herr Merk fährt stets mit dem Taxiunternehmen Weber.
Für eine Fahrt von 30 km muss er 46,10 € bezahlen, für eine Fahrt von 50 km 75,10 €.
Wie hoch ist die Grundgebühr?

5 Schnittpunkte

5.1 Schnittpunkte von Gerade und Koordinatenachsen

Beispiel 1

➥ Gegeben ist die Gerade g mit $y = \frac{3}{2}x + 3$.

a) Bestimmen Sie aus der Zeichnung die Schnittpunkte von g mit den Koordinatenachsen.

b) Berechnen Sie die Schnittpunkte von g mit den Koordinatenachsen.

Lösung

a) **Schnittpunkt mit der y-Achse**

Durch Ablesen: Schnittpunkt von

g mit der y-Achse: $S_y(0 \mid 3)$

Schnittpunkt mit der x-Achse

Man liest ab: Schnittpunkt von

g mit der x-Achse: $S_x(-2 \mid 0)$

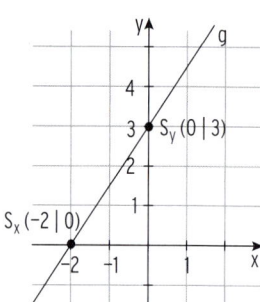

b) **Schnittpunkt mit der y-Achse**

Der Schnittpunkt mit der y-Achse hat **immer die x-Koordinate null,** d.h., um den y-Wert zu erhalten, setzen wir x = 0

in die Geradengleichung ein.

$y = \frac{3}{2} \cdot 0 + 3 = 3$

Schnittpunkt mit der y-Achse:

$S_y(0 \mid 3)$

Schnittpunkt mit der x-Achse

Der Schnittpunkt mit der x-Achse hat immer die **y-Koordinate null,** d. h., wir suchen den x-Wert unter der Bedingung: y = 0.

$\frac{3}{2}x + 3 = 0$

Auflösen der Gleichung nach x ergibt

$\frac{3}{2}x = -3$

die x-Koordinate des Schnittpunktes

$x = -2$

Schnittpunkt mit der x-Achse:

$S_x(-2 \mid 0)$

Beachten Sie

Bedingung für die y-Koordinate des **Schnittpunktes** mit der **y-Achse: x = 0.**

Bedingung für die x-Koordinate des **Schnittpunktes** mit der **x-Achse: y = 0.**

Hinweis: Die x-Koordinate des Schnittpunktes von Gerade und x-Achse wird auch als Nullstelle bezeichnet. Entsprechend schreibt man für S_x auch N.

Beispiel 2

➲ Die Gerade g verläuft parallel zur x-Achse durch den Punkt P(− 1 | 3).

a) Zeichnen Sie g in ein Koordinatensystem ein.
   Geben Sie drei Geradenpunkte an und bestimmen Sie die Gleichung von g.

b) Machen Sie Aussagen über die Schnittpunkte von g mit den Achsen.

Lösung

a) Parallele zur x-Achse durch P zeichnen.

Mögliche Geradenpunkte: A(− 2 | **3**); B(0 | **3**); C(3 | **3**)

Alle Punkte Q(x | y) auf der Geraden g haben

die y-Koordinate 3.

Die x-Koordinate ist frei wählbar.

Gleichung von g: **y = 3**

Die Gerade g mit **y = 3 verläuft parallel zur x-Achse** durch den Punkt S_y(0 | **3**).

b) Die Gerade g schneidet die y-Achse in S_y(0 | 3).
   g schneidet die x-Achse nicht. g || x-Achse.

Beachten Sie

Geraden mit der Gleichung **y = a** verlaufen **parallel zur x-Achse.**

Die x-Achse hat die Gleichung y = 0.

Beispiel 3

➲ Die Gerade h verläuft parallel zur y-Achse durch den Punkt P(2 | 1).

a) Zeichnen Sie h in ein Koordinatensystem ein.
   Geben Sie drei Geradenpunkte an und bestimmen Sie die Gleichung von h.

b) Machen Sie Aussagen über die Schnittpunkte von h mit den Achsen.

Lösung

a) Parallele zur y-Achse durch P zeichnen.

Weitere Geradenpunkte:

A(**2** | − 2); B(**2** | 0); C(**2** | 3)

Alle Punkte Q(x | y) auf der Geraden h haben

die x-Koordinate 2.

Die y-Koordinate ist frei wählbar.

Gleichung von h: **x = 2**

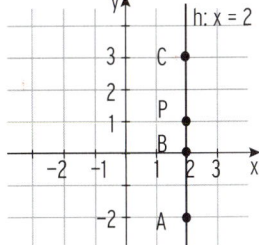

b) Die Gerade h schneidet die x-Achse im Punkt S_x(2 | 0).
   h und die y-Achse haben keine Punkte gemeinsam.

Beachten Sie

Geraden mit der Gleichung **x = b** verlaufen **parallel zur y-Achse.**

Die y-Achse hat die Gleichung x = 0.

Beispiel 4

⮕ Herr Seeberger kauft eine Telefonkarte für sein Handy im Wert von 25,00 €.
Eine Einheit kostet 0,30 €. Die Anzahl der verbrauchten Telefoneinheiten
wird mit x, das Restguthaben mit y (in €) bezeichnet.

a) Beschreiben Sie den Zusammenhang von Restguthaben und Anzahl
der verbrauchten Telefoneinheiten in Form einer Geradengleichung.
Zeichnen Sie die zugehörige Gerade (10 Einheiten ≙ 1 cm; 5 € ≙ 1 cm).

b) Für wie viele Einheiten kann Herr Seeberger telefonieren?
Ermitteln Sie das Ergebnis mithilfe des Schaubildes und durch Rechnung.

Lösung

a) Tabelle

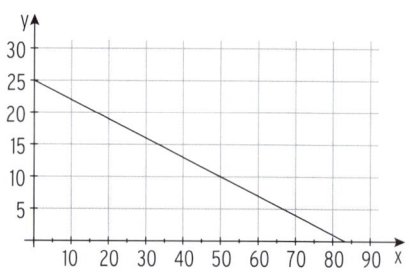

Einheiten	Kosten	Restguthaben
0	0	25
1	0,3	$25 - 0,3 = 24,7$
5	0,3 · 5	$25 - 0,3 · 5 = 23,50$
10	0,3 · 10	$25 - 0,3 · 10 = 22$
x	0,3 · x	$25 - 0,3 · x = y$

Zusammenhang von x und y: y = 25 − 0,3x

b) Herr Seeberger kann so lange telefonieren, bis sein Guthaben „aufgebraucht" ist,
d. h., bis sein Guthaben null ist (y = 0). Dies ist der Fall für den Schnittpunkt der
Geraden mit der x-Achse. Aus der Zeichnung: x ≈ 84

Berechnung

Einsetzen von y = 0 in die
Gleichung: y = 25 − 0,3x $0 = 25 - 0,3x$

Anzahl der Einheiten: $x = \frac{25}{0,3} = 83,33$

Der Wert seiner Handy-Karte entspricht 83 Einheiten.

Aufgaben

a) n)

1 Gegeben ist die Gerade g durch ihre Gleichung.
Zeichnen Sie die Gerade g in ein Koordinatensystem ein und berechnen Sie die
Schnittpunkte von g mit den Koordinatenachsen.

a) $y = 2x - 1$

b) $y = -x + 5$

c) $y = -4x - 3,5$

d) $y = \frac{3}{7}x - 3$

e) $y = -\frac{1}{2}x + \frac{5}{2}$

f) $y = 3x$

g) $x = -\frac{5}{2}$

h) $y = 2x - \frac{7}{3}$

i) $y = -\frac{8}{3}x + \frac{5}{4}$

j) $y = 30$

k) $y = -2 + 5x$

l) $y = -\frac{4}{5}x + \frac{3}{4}$

m) $y + \frac{3}{2}x - 4 = 0$

n) $1 - 3x = -2y$

o) $y = -\frac{2}{3}(x - 1) + 1$

2 Zeichnen Sie die Gerade g und bestimmen Sie die Geradengleichung.
Geben Sie mögliche Achsenschnitttpunkte an.

a) g ist parallel zur y-Achse und verläuft durch den Punkt A(3 | − 1).

b) g verläuft parallel zur x-Achse und der Punkt B(3 | − 1) liegt auf g.

3

a) Geben Sie die Gleichungen
der Geraden g, h, k und u an.

b) Geben Sie zu jeder Geraden die Gleichung
einer Parallelen an, die durch den Punkt
A(0 | 3) verläuft.

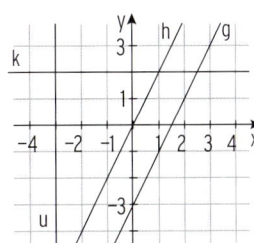

4 Interpretieren Sie das Diagramm.
Erfinden Sie eine passende Geschichte.

a)

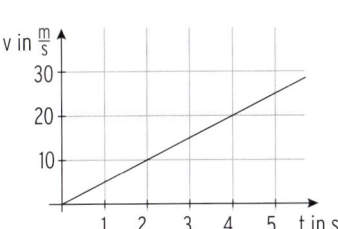

b)

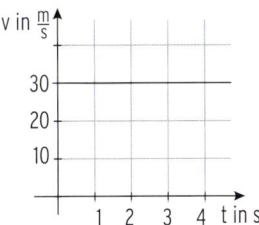

5 Die Gerade g mit $y = -\frac{3}{5}x + 5$ schließt mit den Koordinatenachsen ein Dreieck ein.
Berechnen Sie den Inhalt dieses Dreiecks.

6 Gegeben ist die Gerade g durch ihre Gleichung $y = 2 - \frac{3}{2}x$.
Für welche Werte von x verläuft g unterhalb der x-Achse?

7 Bestimmen Sie die Gleichungen von zwei Geraden, die die x-Achse in N(− 2,5 | 0)
schneiden.

8 Bestimmen Sie die Gleichungen von zwei Geraden, die die y-Achse in S_y(0 | − 5)
schneiden.

9 Hans kauft sich eine Telefonkarte mit 15,00 € Guthaben für sein Handy.
Der durchschnittliche Minutenpreis beträgt 0,09 €.

a) Es besteht ein linearer Zusammenhang zwischen dem Restguthaben und
der Anzahl der Minuten, die Hans telefoniert hat.
Bestimmen Sie die Geradengleichung (y € für x min). Zeichnen Sie die zugehörige
Gerade in ein Achsenkreuz (20 min ≜ 1 cm; 5 € ≜ 1 cm).

b) Wie viel Minuten kann Hans insgesamt mit seiner Guthabenkarte telefonieren?

c) Wie hoch ist das Restguthaben, wenn er 35 Minuten telefoniert hat?

d) Bei einem Restguthaben von 1 € wird sein Handy automatisch aufgeladen.
Nach wie viel Minuten tritt dies ein?

mvurl.de/99yq

5.2 Schnittpunkte von zwei Geraden

Beispiel 1

⮑ Auf dem Wochenmarkt bietet der Händler
Maier Kartoffeln zum Preis von 0,40 € je kg
an. Der Kunde muss bei ihm einen Korb für
1,00 € dazukaufen.
Der Händler Straub verkauft Kartoffeln zum
Preis von 0,60 € je kg, verlangt aber nichts für
den Korb.
Den Preis für x kg bezeichnet man mit y.

a) Erstellen Sie eine Wertetabelle (y in €, x in kg) sowohl für den Händler Maier als
auch für den Händler Straub. Geben Sie für beide Händler die zugehörige.
Gleichung an. Zeichnen Sie die beiden Graphen (1 kg ≙ 1 cm; 1 € ≙ 1 cm).

b) Bestimmen Sie mithilfe der Wertetabelle von Teilaufgabe a), bei welcher Menge
der Preis bei beiden Händlern gleich ist.
Was bedeutet das Ergebnis von Teilaufgabe b) für die beiden Geraden?

c) Berechnen Sie den Schnittpunkt der beiden Geraden.

Lösung

a) Wertetabelle

x (in kg)	0	1	2	3	4	5	6	7
y_{Maier} (Preis in €)	1	1,4	1,8	2,2	2,6	3	3,4	3,8
y_{Straub} (Preis in €)	0	0,6	1,2	1,8	2,4	3	3,6	4,2

Gleichung
für Händler Maier:
$y = 0,4x + 1$

Gleichung
für Händler Straub:
$y = 0,6x$

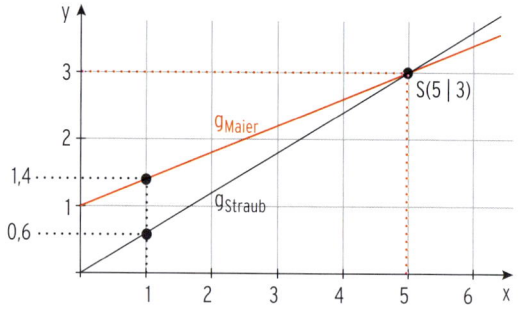

b) Aus der Tabelle

Bei x = 1 sind die Preise unterschiedlich: $y_{Maier} = 1,4$ und $y_{Straub} = 0,6$

Bei x = 2 sind die Preise auch unterschiedlich: $y_{Maier} = 1,8$ und $y_{Straub} = 1,2$

Bei x = 5 sind die Preise gleich groß: $y_{Maier} = 3$ und $y_{Straub} = 3$

Deutung anhand der beiden Geraden: Die Geraden schneiden sich im Punkt S(5 | 3).

c) **Berechnung des Schnittpunktes**

Die Preise y_{Maier} bzw. y_{Straub} sollen gleich groß sein: d. h., man kann die Preise

(y-Werte) gleichsetzen.

	$y_{Maier} = y_{Straub}$
Gleichung in x:	$0{,}4x + 1 = 0{,}6x$
Umformung:	$1 = 0{,}2x$
x-Wert (Schnittstelle):	$x = \frac{1}{0{,}2} = 5$
Einsetzen von x = 5 in eine der beiden	
Geradengleichungen ergibt den y-Wert:	$y = 0{,}6 \cdot 5 = 3$
Schnittpunkt:	$S(5 \mid 3)$

Beachten Sie

Um den x-Wert des **Schnittpunktes** zu bestimmen, setzt man die **y-Werte** gleich.

Beispiel 2

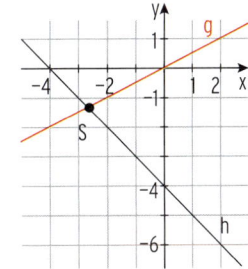

mvurl.de/x3tg

➲ Gegeben sind die Geraden g mit $y = \frac{1}{2}x$ und h mit $y = -x - 4$.

a) Zeichnen Sie die Geraden in ein Koordinatensystem ein.

b) Die Geraden schneiden sich im Punkt S.
   Lesen Sie aus der Zeichnung die Koordinaten von S ab und berechnen Sie diese.

Lösung

a) Steigungsdreieck einzeichnen oder Wertetabelle mit zwei x-Werten erstellen.

x	0	2
y_g	0	1
y_h	-4	-6

b) Schnittpunkt S von g und h
   aus der Zeichnung: $S(-2{,}7 \mid -1{,}2)$

Berechnung des Schnittpunktes

Gleichsetzen der y-Werte: $\quad \frac{1}{2}x = -x - 4 \mid + x$

x auf eine Seite: $\quad \frac{3}{2}x = -4 \quad \mid \cdot 2 \mid : 3$

Schnittstelle von g und h: $\quad x = -\frac{8}{3}$

Einsetzen von $x = -\frac{8}{3}$ in eine der beiden Geraden-

gleichungen ergibt den y-Wert des Schnittpunktes $\quad y = \frac{1}{2} \cdot (-\frac{8}{3}) = -\frac{4}{3}$

Schnittpunkt: $\quad S\left(-\frac{8}{3} \mid -\frac{4}{3}\right)$

Beispiel 3

⤵ Die Gerade g_1 mit der Steigung m = 2 geht durch den Punkt P(1 | − 2).
Die Gerade g_2 verläuft durch die Punkte A(5 | 0) und B(6 | − 1).

a) Zeichnen Sie die Geraden in ein Koordinatensystem ein.

b) Bestimmen Sie die beiden Geradengleichungen.

c) Berechnen Sie den Schnittpunkt von g_1 und g_2.

Lösung

a) Punkt P und ein Steigungsdreieck einzeichnen.

Punkt A und B einzeichnen und verbinden.

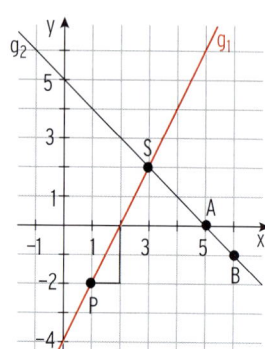

b) **Gleichung von g_1**

Ansatz für die Geradengleichung:	y = mx + b
Einsetzen von m = 2:	y = 2x + b
Punktprobe mit P(1 | − 2):	− 2 = 2 · 1 + b
y-Achsenabschnitt:	b = − 4
Gleichung von g_1:	y = 2x − 4

Gleichung von g_2

Bezeichnung der Koordinaten:

$$x_1 = 5; \; y_1 = 0$$
$$x_2 = 6; \; y_2 = − 1$$

Berechnung der Steigung m:

$$m = \frac{y_2 − y_1}{x_2 − x_1} = \frac{− 1 − 0}{6 − 5} = − 1$$

Ansatz für die Geradengleichung:

$$y = mx + b$$

Mit m = − 1 erhält man:

$$y = − x + b$$

Punktprobe mit A(5 | 0) ergibt:

$$b = 5$$

Gleichung von g_2:

$$y = − x + 5$$

c) **Berechnung des Schnittpunktes**

Gleichsetzen der y-Werte:

$$2x − 4 = − x + 5$$

Schnittstelle von g_1 und g_2:

$$x = 3$$

Berechnung des y-Wertes
Einsetzen von x = 3 in eine der beiden Geradengleichungen ergibt den y-Wert des Schnittpunktes:

$$y = − 3 + 5 = 2$$

Schnittpunkt:

$$S(3 | 2)$$

Beispiel 4

⮞ Untersuchen Sie die Geraden g und h auf gemeinsame Punkte.

a) g: $y = 0,5(x + 4)$; h: $y = 0,5x - 1$

b) g: $y = 2x + 1$; h: $2y - 4x = 2$

Lösung

a) Gleichsetzen der y-Werte:

$$0,5(x + 4) = 0,5x - 1$$
$$0,5x + 2 = 0,5x - 1 \quad | - 2$$
$$2 = -1 \text{ (falsche Aussage)}$$

Die Gleichung ist unlösbar.

Es gibt kein x (keine Schnittstelle) und

damit keinen gemeinsamen Punkt.

Die Geraden g und h sind **echt parallel.**

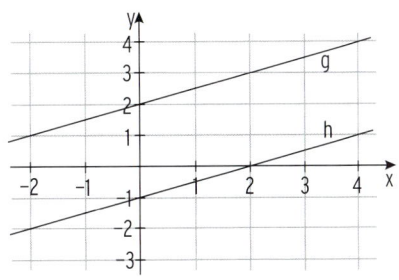

b) Geradengleichung von h nach y umformen:

$$2y - 4x = 2$$
$$2y = 4x + 2 \quad | : 2$$
$$y = 2x + 1$$

Gleichsetzen der y-Werte:

$2x + 1 = 2x + 1$ bzw. $0 = 0$

Die Gleichung ist für jedes x lösbar.

Die Geraden haben unendlich viele

gemeinsame Punkte.

Die Geraden liegen aufeinander,

sie sind **identisch.**

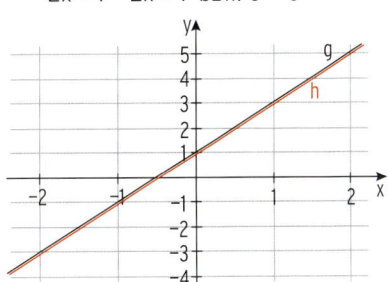

Beachten Sie

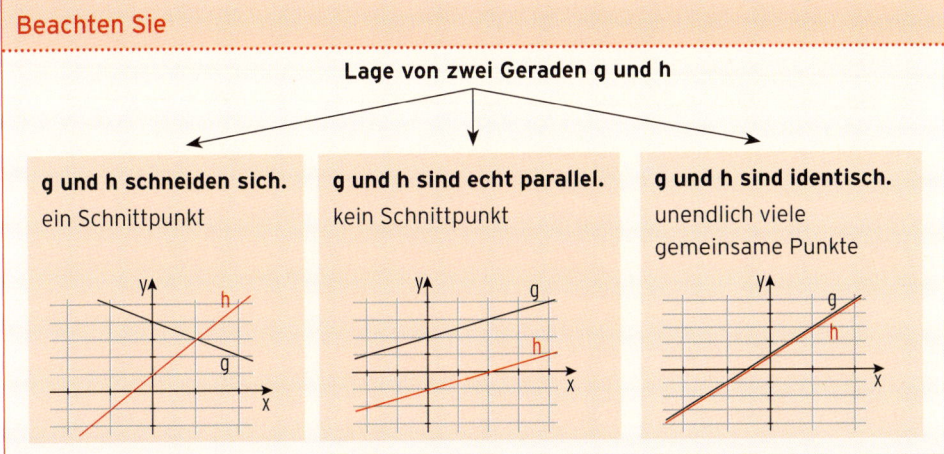

Aufgaben

mvurl.de/x3tg

1 Die Geraden g und h schneiden sich im Punkt S.
Berechnen Sie die Koordinaten von S.

a) g: $y = 2x - 1$

   h: $y = x - 2$

b) g: $y = -4x + 6$

   h: $y = -3x + 4$

c) g: $y = 2x + 5$

   h: $y = -6x + 5$

d) g: $y = \frac{1}{4}x - 1$

   h: $y = 1,5x + 2,5$

e) g: $y = 4x - 2$

   h: $y = \frac{2}{3}x + 1$

f) g: $y = -2,5x + 4$

   h: $y = \frac{1}{4}x - 1,5$

g) g: $y = \frac{1}{2}x + \frac{3}{2}$

   h: $y = -\frac{1}{2}(x + 8)$

h) g: $y + x = 3$

   h: $y = \frac{1}{4}x + \frac{1}{2}$

i) g: $y = -\frac{2}{3}x + 1$

   h: $y = \frac{1}{6}x - 4$

j) g: $y = -\frac{2}{3}x + 1$

   h: $y = 3$

k) g: $y = 2x + 1$

   h: $x = 4$

l) g: $y = 2x$

   h: $y = x$

2 Prüfen Sie, ob die Geraden g, h und k durch einen Punkt verlaufen.

   g: $y = x - 5$ h: $y = -2x + 4$ k: $y = 3x - 11$

3 Geben Sie die Gleichungen von zwei Geraden an, die den Punkt S($-4 \mid 3$) gemeinsam haben.

4 Untersuchen Sie die Lage der beiden Geraden g und h.

a) g: $y = 3x - 1$

   h: $y = 2(x - 1)$

b) g: $y = -(x + 6)$

   h: $y + x = 8$

c) g: $y = 3x + 1$

   h: $2y - 6x = 2$

5 Die Abbildung zeigt die Geraden g und h.

a) Wo schneiden sich g und h?

b) Bestimmen Sie die
Gleichungen von g und h.

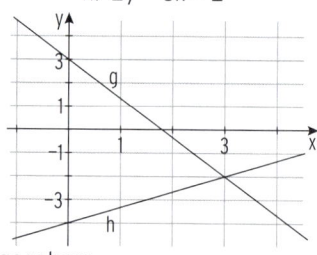

6 Die Geraden g und h sind durch ihre Gleichungen gegeben:

   g: $y = \frac{3}{2}(x + 1)$;   h: $y = -\frac{1}{2}x - 2$.

Die Geraden g, h und die x-Achse bilden ein Dreieck mit dem Inhalt A.

Bestimmen Sie A.

7 Die Gerade g_1 hat die Gleichung $y = 0,4x + 2$.

Die Gerade g_2 verläuft durch die Punkte A($0 \mid -3$) und B($3 \mid 0$).

a) Zeichnen Sie die Geraden in ein Koordinatensystem ein.

b) Berechnen Sie den Schnittpunkt von g_1 und g_2

c) Berechnen Sie den spitzen Winkel γ, unter dem sich g_1 und g_2 schneiden.

8 Die Gerade g hat die Gleichung $y = 3x - 1$.

Die Gerade h schneidet g in $x = 2$ und verläuft parallel zur x-Achse.

Bestimmen Sie eine Gleichung von h.

6 Anwendungen von Geraden

Beispiel 1

⮫ Die Stadtwerke bieten ihren Kunden Gas nach zwei Tarifen an:

Tarif I: 30,00 € monatliche Grundgebühr und 0,35 € pro kWh.

Tarif II: 40,00 € monatliche Grundgebühr und 0,20 € pro kWh.

a) Stellen Sie für beide Tarife je eine Gleichung auf
(y € für x kWh) und zeichnen Sie die Graphen in ein
rechtwinkliges Koordinatensystem ein.

b) Bei wie viel kWh sind die Kosten in beiden Tarifen gleich?
Entnehmen Sie das Ergebnis der Zeichnung.

Prüfen Sie durch Rechnung nach.

c) In welchem Bereich ist Tarif I günstiger als Tarif II?

Lösung

a) Die Variable x beschreibt die Anzahl der verbrauchten kWh.

y (in €) sind die monatlichen Stromkosten in Abhängigkeit vom Verbrauch.

Tarif I:	Reine Verbrauchskosten	$y = 0{,}35x$
	Grundgebühr 30,00 €	$y = 0{,}35x + 30$
Tarif II:	Grundgebühr 40,00 €	$y = 0{,}20x + 40$

Für die Zeichnung erstellt man eine Wertetabelle.

x	0	100
$y = 0{,}35x + 30$	30	65
$y = 0{,}2x + 40$	40	60

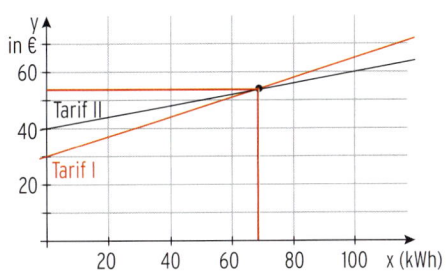

b) Gleiche Gaskosten

Aus der Zeichnung

Bei etwa x = 70 sind die Kosten (≈ 55,00 €) gleich groß.

Berechnung des Schnittpunktes

y-Werte gleichsetzen:	$0{,}35x + 30 = 0{,}2x + 40$
Nach x auflösen:	$0{,}15x = 10$
Schnittstelle:	$x = 66{,}67$

Einsetzen in eine der beiden Geradengleichungen $y = 0{,}35 \cdot 66{,}67 + 30 = 53{,}33$

Bei 66,67 kWh betragen die Kosten in beiden Tarifen 53,33 €.

c) Bis 66,67 kWh ist Tarif I günstiger als Tarif II.   Bereich: $0 < x < 66{,}67$

In diesem Bereich verläuft die Gerade zu Tarif I unterhalb der Geraden zu Tarif II.

Beispiel 2

➲ Die Franz Obisch KG produziert und verkauft Wasserkocher. Die Fixkosten je Woche betragen 2 400,00 €. Die variablen Kosten belaufen sich auf 12,00 € pro Stück. Der Verkaufspreis beträgt 32,00 €.

a) Wie lauten die Gleichungen für die Gesamtkosten (y € für x Stück) und für den Erlös pro Woche?

Zeichnen Sie die beiden Graphen in ein rechtwinkliges Koordinatensystem ein.

b) Bei welcher Stückzahl von verkauften Wasserkochern sind die Gesamtkosten gleich dem Erlös (Gewinnschwelle)?

Lösung

a) Die Gesamtkosten betragen: $y = 12x + 2400$

Der Erlös für x Stück beträgt: $y = 32x$

Wertetabelle und Schaubild

x	0	80	140
$y = 32x$	0	2 560	4 480
$y = 12x + 2400$	2 400	3 360	4 080

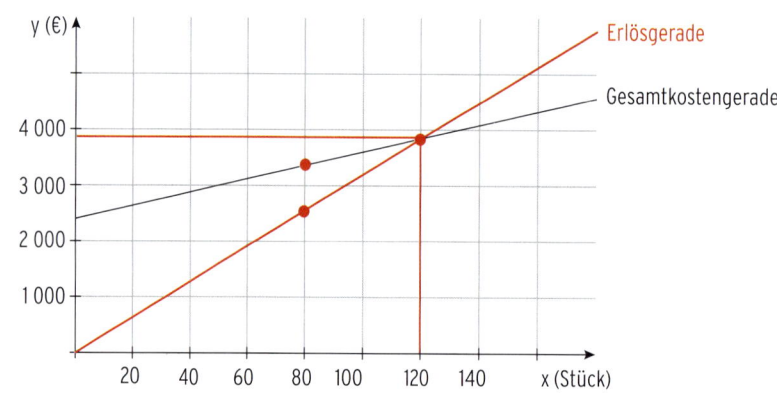

b) Bedingung: Erlös = Gesamtkosten

y-Werte gleichsetzen: $32x = 12x + 2400$

Gleichung nach x auflösen: $32x - 12x = 2400$

 $20x = 2400$

Gewinnschwelle: $x = 120$ (Stück)

Berechnung von y: $y = 32 \cdot 120 = 3840$

Bei 120 verkauften Wasserkochern sind die Gesamtkosten gleich dem Erlös .

Aufgaben

1 Ein Energieversorger bietet seinen Privatkunden zwei Strom-Tarife an:

Tarif 1: Grundpreis 75,00 €; Verbrauchspreis 0,15 € pro kWh.
Tarif 2: Grundpreis 50,00 €; Verbrauchspreis 0,20 € pro kWh.

a) Stellen Sie für jeden Tarif je eine Gleichung auf (y € für x kWh).
Stellen Sie diesen Zusammenhang in einem Koordinatensystem dar
(100 kWh ≙ 1 cm; 20 € ≙ 1 cm).

b) Bei welchem Stromverbrauch ergeben sich die gleichen Stromkosten?

c) Für welchen Stromverbrauch sollte der Kunde Tarif 2 wählen?

2 Der Netzbetreiber A-Plus bietet die folgenden Handy-Tarife an:
Im Tarif A wird ein durchschnittlicher Minutenpreis von 0,20 € ohne monatliche
Grundgebühr verlangt. Der Tarif B beinhaltet einen Minutenpreis von 0,15 € und eine
monatliche Grundgebühr von 20,00 €.

a) Welcher Tarif ist günstiger, wenn im Monat durchschnittlich 500 Minuten lang
telefoniert wird? Begründen Sie die Entscheidung rechnerisch.

b) Erstellen Sie für beide Tarife jeweils eine Gleichung für die Kosten in
Abhängigkeit von der Gesprächsdauer x in Minuten und stellen Sie den
Zusammenhang grafisch dar (50 min ≙ 1 cm; 10 € ≙ 1 cm).

c) Bestimmen Sie die Minutenzahl, bei der die monatlichen Kosten in beiden Tarifen
gleich sind.

d) Bei welcher Minutenzahl spart man bei Tarif A 10,00 € gegenüber Tarif B?

3 Eine Brauerei rechnet für die Auslieferung seiner Getränkekisten mit dem
eigenen Verkaufsfahrzeug 0,80 € pro
Kiste bei monatlichen Fixkosten von
840,00 €.

a) Erstellen Sie einen Term für die Kosten
der Auslieferung von x Kisten.

b) Ein Logistikunternehmen bietet die
Auslieferung von Getränkekisten für
1,15 € pro Kiste an. Erstellen Sie einen

Term für die Kosten der Auslieferung von x Kisten.
Um welchen Betrag lassen sich die Kosten bei einem monatlichen Absatz von
2 300 Kisten senken?
Bei wie viel Kisten verbilligt sich die Auslieferung um 100,00 €?

13 Bohner u.a. - ISBN 978-3-8120-0119-9

4 Ein Versicherungsvertreter wird von zwei Versicherungen umworben. Sie unterbreiten ihm folgende Gehaltsangebote:

Angebot A: Monatliches Grundgehalt 1200,00 €;

1 % Provision auf die abgeschlossene Versicherungssumme.

Angebot B: Monatliches Grundgehalt 900,00 €;

1,5 % Provision auf die abgeschlossene Versicherungssumme.

a) Stellen Sie für jedes Angebot eine Gleichung auf
(y € Gehalt für x € Versicherungssumme).
Zeichnen Sie die zugehörigen Geraden in ein geeignetes Koordinatensystem ein.

b) Bei welcher Höhe der abgeschlossenen Versicherungssumme ergeben beide Angebote dasselbe Einkommen?

c) Welches Angebot muss der Versicherungsvertreter annehmen, wenn er überzeugt ist, Lebensversicherungen über eine Höhe von mindestens 70 000,00 € abzuschließen?

5 Zwei Schulklassen mit der gleichen Schülerzahl machen eine Abschlussfahrt.
Klasse a nimmt 100,00 € aus der Klassenkasse und jeder Schüler zahlt 18,00 € zusätzlich.
Die Klasse b entnimmt aus ihrer Klassenkasse 140,00 € und jeder Schüler zahlt zusätzlich 16,00 €. Jede Klasse trägt die Hälfte der Kosten der Abschlussfahrt.
Lösen Sie die Aufgabe zeichnerisch und rechnerisch.

a) Wie viel Schüler nehmen an der Abschlussfahrt teil?

b) Was kostet die Abschlussfahrt insgesamt?

6 Wir vergleichen drei Internetangebote:

Angebot I: 5,00 € monatliche Grundgebühr und 0,02 €/Minute online

Angebot II: keine monatliche Grundgebühr, dafür 0,04 €/Minute online

Angebot III: flat rate 30,00 € (d.h. einmalige Gebühr pro Monat und dafür kann man unbegrenzte Zeit surfen).

a) Stellen Sie für die drei Angebote die Gleichungen auf (y € für x Minuten).

b) Zeichnen Sie die drei Schaubilder in ein rechtwinkliges Koordinatensystem ein
(100 min ≙ 1 cm; 5 € ≙ 1 cm).

Ermitteln Sie anhand der Schaubilder:

c) Nach wie vielen Minuten sind die Kosten bei Angebot I und Angebot II gleich hoch?

d) Wie lange kann man bei Angebot II surfen, um noch unter dem Preis von Angebot III zu sein?

Was man wissen sollte … über Geraden

- **Gleichung einer Geraden in der Hauptform**
  y = mx + b

  b: y-Achsenabschnitt

  m: Steigung einer Geraden

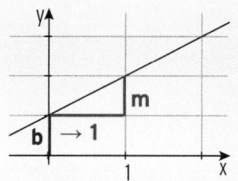

- **Besondere Geraden**

  1. Winkelhalbierende: y = x
  2. Winkelhalbierende: y = – x
  Parallele zur x-Achse: y = a
  Parallele zur y-Achse: x = b

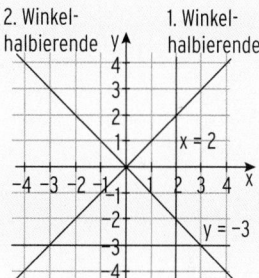

- **Berechnung der Steigung** einer Geraden

  durch die Punkte $A(x_1 \mid y_1)$ und $B(x_2 \mid y_2)$

  $$m = \frac{y_2 - y_1}{x_2 - x_1}$$

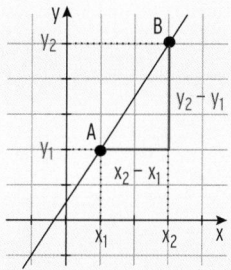

- **Schnittpunkt einer Geraden**

  – **mit der y-Achse**
    Bedingung: x = 0

  – **mit der x-Achse**
    Bedingung: y = 0

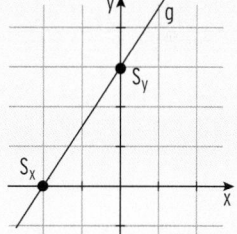

- **Schnittpunkt von g und h**
  Gleichsetzen der y-Werte
  ergibt die x-Koordinate des
  Schnittpunktes.

  Einsetzen der x-Koordinate in eine
  der beiden Geradengleichungen ergibt
  den y-Wert des Schnittpunktes von g und h.

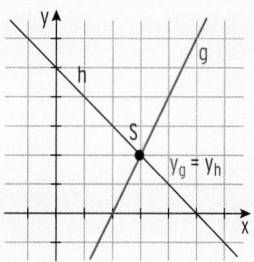

Geraden-Domino

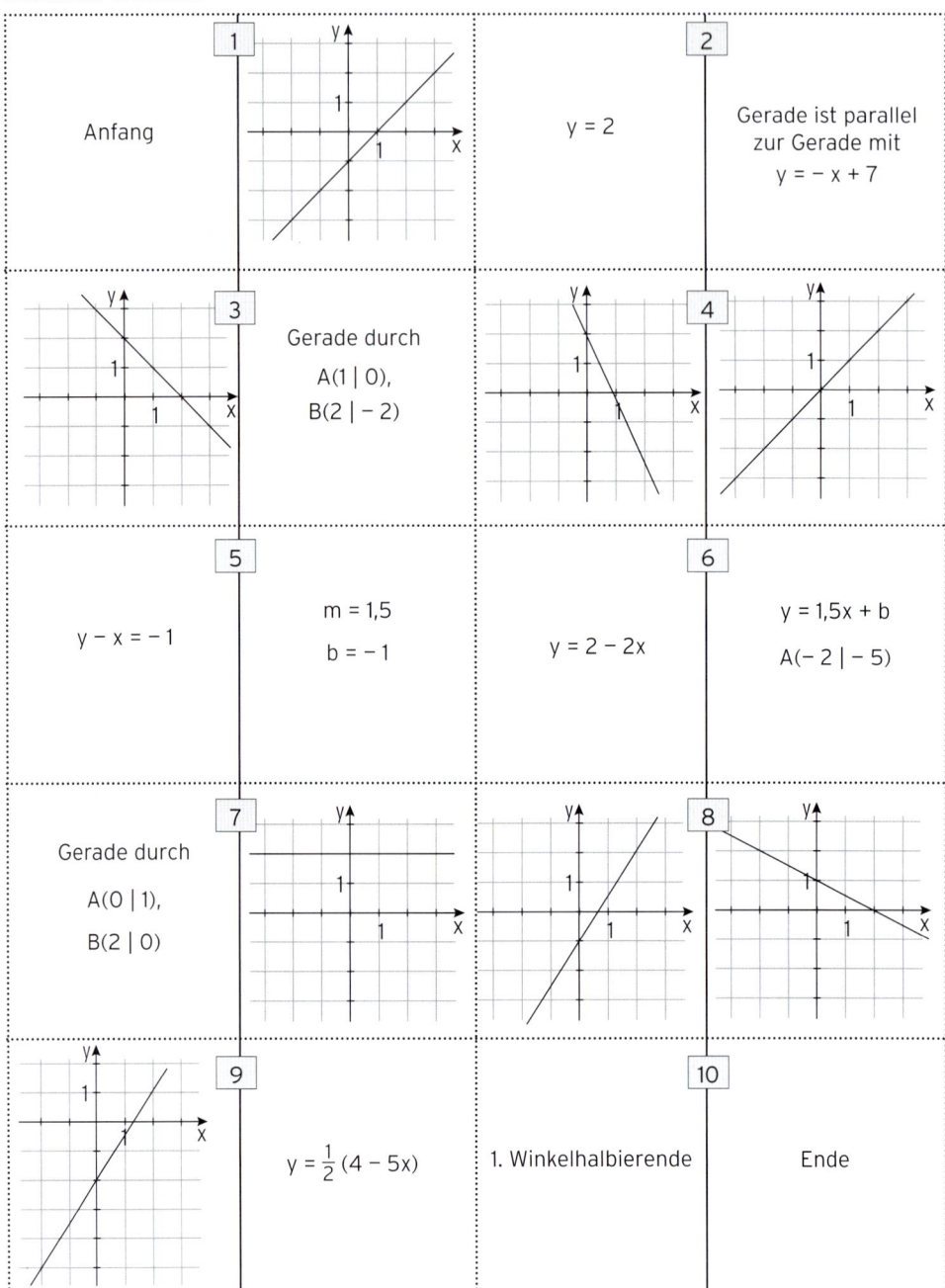

Anfang

1

y = 2

2

Gerade ist parallel
zur Gerade mit
y = − x + 7

3

Gerade durch
A(1 | 0),
B(2 | − 2)

4

5

y − x = − 1

m = 1,5
b = − 1

6

y = 2 − 2x

y = 1,5x + b
A(− 2 | − 5)

7

Gerade durch
A(0 | 1),
B(2 | 0)

8

9

y = $\frac{1}{2}$ (4 − 5x)

10

1. Winkelhalbierende

Ende

Nur entlang der gestrichelten Linie schneiden.

Test zur Überprüfung Ihrer Grundkenntnisse

1 Gegeben ist die Gerade g durch ihre Gleichung.
Zeichnen Sie die Gerade g in ein Koordinatensystem ein und berechnen Sie die Schnittpunkte von g mit den Koordinatenachsen.

a) g: $y = \frac{2}{3}x - 1$ b) g: $y = -2x + 5$ c) g: $y = -3$

2 Gegeben ist die Gerade g mit $y = \frac{3}{8}x + 1$.

a) Berechnen Sie die Achsenschnittpunkte.
Zeichnen Sie die Gerade in ein Koordinatensystem.

b) Liegt der Punkt $P(-18 \mid -6)$ auf der Geraden g?

c) Eine zu g parallele Gerade h schneidet die x-Achse in $x = 3$.
Bestimmen Sie die Gleichung von h.

3 Bestimmen Sie die Geradengleichungen mithilfe der Abbildung.
Berechnen Sie die Koordinaten von S.

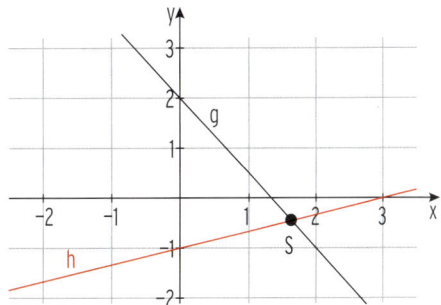

4 Die Gerade g verläuft durch die Punkte $A(4 \mid -1)$ und $B(-1 \mid 3)$.
Geben Sie die Gleichung von g an.

5 Maike leiht sich von Opa 280 €, um sich einen Wunsch zu erfüllen. Sie möchte den Betrag in Raten von 15 € monatlich zurückzahlen. Stellen Sie hierzu eine Gleichung auf (y € Restschuld nach x Monaten). Wo schneidet die zugehörige Gerade die x-Achse? Welche Bedeutung hat dieser Punkt?

6 Für Ihr neues Smartphone empfiehlt Ihnen der Verkäufer zwei Tarife.
Tarif 1: Telefonieren und Surfen unbegrenzt für monatlich 24,99 €.
Tarif 2: Surfen unbegrenzt für monatlich 14,99 € und telefonieren in alle Netze für 9 ct pro Minute.

a) Erstellen Sie ein mathematisches Modell für jeden der beiden Tarife.

b) Welchen Tarif wählen Sie, wenn Sie 100 Minuten bzw. 200 Minuten im Monat telefonieren? Begründen Sie Ihre Wahl mithilfe einer Rechnung.

VI Lineare Gleichungssysteme

Modellierung einer Situation

Der Bootsverleiher Jakob bietet Boote verschiedenen Typs zum Ausleihen an.

Die entsprechenden Preise sind in der nachfolgenden Tabelle aufgelistet.

Bootstyp	Preis je Stunde
Motorboot	40 €
Elektroboot	30 €

An einem schönen Sommertag sind alle 37
Boote gleichzeitig ausgeliehen.

Die Einnahmen nach einer Stunde betragen 1220 €.

Wie viele Motor- und Elektroboote besitzt der Bootsverleiher jeweils?

Qualifikationen & Kompetenzen

- Ein lineares Gleichungssystem (LGS) umformen und lösen
- Ein LGS auf Lösbarkeit untersuchen
- Modellieren von realen Situationen

Bearbeiten Sie diese Situation, nachdem
Sie die rechts aufgeführten **Qualifikationen
und Kompetenzen** erworben haben.

1 Einführung

mvurl.de/5s53

Beispiel

➲ Schon vor 4000 Jahren entstand in Persien
folgende Aufgabe zur Berechnung eines Rechtecks.

*Ein Viertel der Breite zur Länge addiert
ergibt sieben Handbreiten, Länge und Breite
addiert macht zehn Handbreiten.*

Lösung

Das Problem besteht darin, dass weder Breite noch Länge, z. B. eines rechteckigen Tuches,
bekannt sind. Länge und Breite wurden damals in Handbreiten gemessen.

Für die Breite setzen wir die Variable x, für die Länge die Variable y.
Man drückt die beiden Aussagen durch zwei Gleichungen aus.

Ein Viertel der Breite x zur Länge y addiert ergibt 7 Handbreiten: $\frac{1}{4}x + y = 7$

Breite und Länge addiert ergibt 10 Handbreiten: $x + y = 10$

> Die **beiden Gleichungen** bilden ein **lineares Gleichungssystem (LGS).**
>
> $$\frac{1}{4}x + y = 7$$
>
> $$x + y = 10$$

Gesucht sind nun zwei Zahlen x und y, die beide Gleichungen erfüllen. **Mit diesen beiden
Gleichungen werden zwei Geraden beschrieben.** Da die gesuchten Zahlen x und y beide
Gleichungen erfüllen müssen, sind x und y die Koordinaten des Schnittpunktes der beiden
Geraden.

Bestimmung des Schnittpunktes

Umformung der Gleichungen in die Hauptform: g: $y = -\frac{1}{4}x + 7$

h: $y = -x + 10$

Gleichsetzen der y-Werte $-\frac{1}{4}x + 7 = -x + 10$

x auf eine Seite bringen: $\frac{3}{4}x = 3$

Schnittstelle x von g und h: $x = 4$

Berechnung des y-Wertes

Einsetzen von x = 4 in eine der beiden Geradengleichungen ergibt den y-Wert des Schnittpunktes:

$y = -4 + 10 = 6$

Schnittpunkt: S(4 | 6)

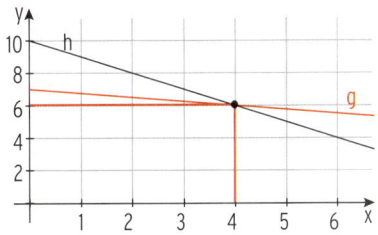

Das Rechteck hat eine Breite von 4 und eine Länge von 6 Handbreiten.

2 Zeichnerische Lösung eines linearen Gleichungssystems

Ein Gleichungssystem mit zwei (linearen) Gleichungen und zwei Unbekannten (x und y) ist ein **l**ineares **G**leichung**s**ystem **(LGS).**

Beispiel 1

↪ Bestimmen Sie die Lösungsmenge des linearen Gleichungssystems zeichnerisch.

$$-x + y = -1$$
$$x + y = 5$$

Lösung

Man fasst jede Gleichung als Geradengleichung auf. Zum Zeichnen ist es zweckmäßig, die Gleichungen auf die Form $y = mx + b$ zu bringen.

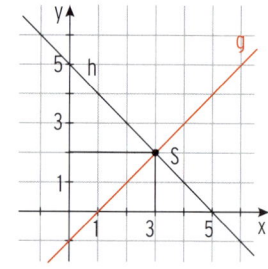

Gleichung umformen: $-x + y = -1$ $| + x$
                               $y = x - 1$

Gleichung umformen: $x + y = 5$ $| - x$
                               $y = -x + 5$

Man zeichnet die Geraden g und h
mit g: $y = x - 1$ und h: $y = -x + 5$.

Man liest aus der Zeichnung ab:

Die Geraden schneiden sich in einem Punkt. Schnittpunkt: S(3 | 2).

Das LGS hat die Lösung x = 3 und y = 2. Lösungsmenge L = {(3; 2)}

Hinweis: Das Gleichungssystem hat **genau eine Lösung.**

Beispiel 2

↪ Lösen Sie das lineare Gleichungssytem grafisch.

$$-x + y = -1$$
$$-y = -x - 3$$

Lösung

Gleichung umformen: $y = x - 1$

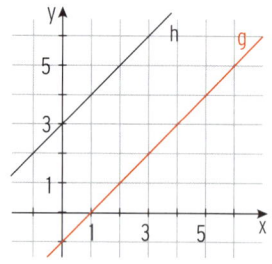

Gleichung umformen: $-y = -x - 3$ $| \cdot (-1)$
                               $y = x + 3$

Zeichnen der Geraden g und h
mit g: $y = x - 1$ und h: $y = x + 3$.

Aus der Zeichnung ablesen:

Die Geraden sind echt parallel. Sie schneiden sich nicht.

Das Gleichungssystem hat **keine Lösung,**

die Lösungsmenge ist die leere Menge: L = ∅.

Beispiel 3

⟳ Bestimmen Sie die Lösungsmenge des linearen Gleichungssystems zeichnerisch.

$$-x + y = -1$$
$$3x = 3y + 3$$

Lösung

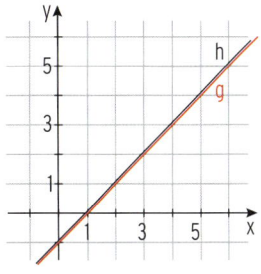

Erste Gleichung umformen: $y = x - 1$

Zweite Gleichung umformen: $3x = 3y + 3$ $| - 3$
  $3x - 3 = 3y$ $| : 3$
  $y = x - 1$

Zeichnen der Geraden g und h
mit g: $y = x - 1$ und h: $y = x - 1$.

Die Geraden fallen zusammen, sie sind gleich (identisch),

sie haben unendlich viele gemeinsame Punkte.

Alle Zahlenpaare, die die Gleichung $y = x - 1$ erfüllen, sind Lösungen.

Das LGS hat unendlich viele Lösungen.

Lösungsmenge $L = \{ (x; y) \mid y = x - 1 \}$

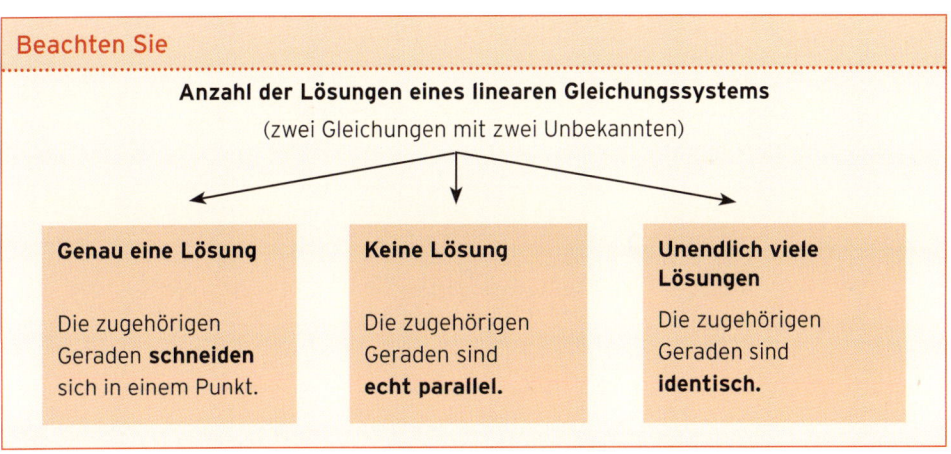

Beachten Sie

Anzahl der Lösungen eines linearen Gleichungssystems

(zwei Gleichungen mit zwei Unbekannten)

Genau eine Lösung	**Keine Lösung**	**Unendlich viele Lösungen**
Die zugehörigen Geraden **schneiden** sich in einem Punkt.	Die zugehörigen Geraden sind **echt parallel.**	Die zugehörigen Geraden sind **identisch.**

Aufgaben

1 Lösen Sie die folgenden linearen Gleichungssysteme grafisch.

a) $y = 2x + 1$

$y = \frac{3}{2}x - \frac{1}{2}$

b) $2y = 5x - 2$

$-2{,}5x + y = 3$

c) $y = -3x + 2$

$x = -\frac{1}{3}y + \frac{2}{3}$

2 Bestimmen Sie die Anzahl der Lösungen grafisch.

a) $y - x - 3 = 0$

$y = -2x - 4$

b) $x = -2y + 6$

$y + 0{,}5x = 1$

c) $x + y = 2$

$0{,}5x + 0{,}5y = 1$

3 Rechnerische Lösung eines linearen Gleichungssystems

Gleichsetzungsverfahren

Beispiel 1

➲ Lösen Sie das lineare Gleichungssystem:

$$y = -2x - 4$$
$$y = -\frac{1}{2}x + \frac{1}{2}$$

Lösung

Mit diesen Gleichungen werden Geraden beschrieben. Den Schnittpunkt bestimmt man durch **Gleichsetzen der y-Werte.** Man spricht vom **Gleichsetzungsverfahren.**

y-Werte gleichsetzen:	$-2x - 4 = -\frac{1}{2}x + \frac{1}{2}$	$\mid \cdot 2$
Mit 2 multiplizieren:	$-4x - 8 = -x + 1$	$\mid + x \mid + 8$
x auf eine Seite bringen:	$-3x = 9$	$\mid : 3$
x-Wert:	$x = -3$	

Berechnung von y durch Einsetzen von x = − 3
in eine der beiden linearen Gleichungen: $\quad y = -2 \cdot (-3) - 4 = 2$
Lösung des linearen Gleichungssystems: $\quad x = -3$ und $y = 2$

Hinweis: Das LGS hat genau eine Lösung.

Beispiel 2

➲ Gegeben ist das lineare Gleichungssystem:

$$b = 0,5a + 2$$
$$a - 0,5b = -0,5$$

Bestimmen Sie die Lösung.

Lösung

Auflösen der 2. Gleichung nach b: $\qquad a - 0,5b = -0,5$
$\qquad b = 2a + 1$

b-Werte gleichsetzen: $\qquad 0,5a + 2 = 2a + 1$

Sortieren: $\qquad 1 = 1,5a$

a-Wert: $\qquad a = \frac{2}{3}$

Berechnung von b durch Einsetzen von $a = \frac{2}{3}$
in eine der beiden Gleichungen: $\qquad b = 0,5 \cdot \frac{2}{3} + 2 = \frac{7}{3}$
Lösung des linearen Gleichungssystems: $\qquad a = \frac{2}{3}$ und $b = \frac{7}{3}$

Aufgaben

1 Lösen Sie das lineare Gleichungssystem.

a) $y = -x + 3$
$\quad y = -2x - 7$

b) $y = \frac{1}{2}x + 3$
$\quad y = -\frac{1}{2}x + 4$

c) $y = 2x - \frac{2}{3}$
$\quad y = -4x + \frac{8}{3}$

d) $x = 3y - 5$
$\quad x = y - 3$

e) $a = -3b + 5$
$\quad a - 0,5b = 1$

f) $2b = -a + 6$
$\quad a = 3 + 2b$

g) $b = -2a$ und $a - 5b = -1$

h) $x - y - 5 = 0$ und $y = 1 - 0,25x$

Einsetzungsverfahren

Beispiel 1

⮌ Lösen Sie folgendes Gleichungssystem:

$$y = -2x - 4$$
$$x + 2y = 1$$

Lösung

$y = -2x - 4$ **setzt** man in die Gleichung $x + 2y = 1$ **ein:** $x + 2 \cdot (-2x - 4) = 1$

Dadurch erhält man eine Gleichung mit der Unbekannten x.

Klammer auflösen:

$$x - 4x - 8 = 1$$
$$-3x - 8 = 1 \qquad | + 8 \; | : (-3)$$
$$x = -3$$

Einsetzen von $x = -3$ in eine der beiden Gleichungen, z. B. in

$y = -2x - 4$, ergibt: $\qquad y = -2 \cdot (-3) - 4 = 2$

Lösung des linearen Gleichungssystems: $\qquad x = -3$ und $y = 2$

Beispiel 2

⮌ Bestimmen Sie die Lösung.

$$3y - 4x = 17$$
$$x = 4y - 1$$

Lösung

$x = 4y - 1$ setzt man in die Gleichung $3y - 4x = 17$ ein: $3y - 4 \cdot (4y - 1) = 17$

Man erhält eine Gleichung mit der Unbekannten y.

Klammer auflösen:

$$3y - 16y + 4 = 17 \quad | - 4$$
$$-13y = 13 \qquad | : (-13)$$
$$y = -1$$

Einsetzen von $y = -1$ in eine der beiden

Gleichungen ergibt den x-Wert: $\qquad x = 4 \cdot (-1) - 1 = -5$

Lösung des linearen Gleichungssystems: $\qquad x = -5$ und $y = -1$

Aufgaben

1 Lösen Sie das folgende Gleichungssystem.

a) $y = 3x - 5$
   $x = 2$

b) $x = 4y - 5$
   $y = -3$

c) $a - 2b = 3$
   $b = -5$

d) $y = -8x - 6$
   $3x + 5y = 7$

e) $y = \frac{1}{4}x - 3$
   $x = 2y + 5$

f) $3x + 4y = -10$
   $4y = 8x - 32$

Additionsverfahren

Beispiel 1

➲ Lösen Sie folgendes Gleichungssystem: $3x - 2y = 14$

$x + y = -2$

Lösung

Beim Additionsverfahren multipliziert man eine Gleichung mit einem Faktor, sodass bei der **„Addition der beiden Gleichungen"** eine Unbekannte wegfällt.

Additionsverfahren:	$3x - 2y = 14$
Gleichung mit 2 multiplizieren	$x + y = -2 \qquad \mid \cdot 2$
	$3x - 2y = 14$
Addition	$2x + 2y = -4$
ergibt **eine Gleichung** mit der Unbekannten x:	$5x = 10 \qquad \mid : 5$
Nach x auflösen:	$x = 2$

Einsetzen von x = 2 in eine der beiden Gleichungen,

z. B. in $x + y = -2$, ergibt:	$2 + y = -2 \mid -2$
Nach y auflösen:	$y = -4$
Lösung des linearen Gleichungssystems:	$x = 2$ und $y = -4$

Beispiel 2

➲ Gegeben ist das folgende Gleichungssystem: $3x - 6y = 12$

$4x + 5y = 3$

Bestimmen Sie die Lösung.

Lösung

Gleichung mit 4 multiplizieren:	$3x - 6y = 12 \qquad \mid \cdot 4$
Gleichung mit (– 3) multiplizieren:	$4x + 5y = 3 \qquad \mid \cdot (-3)$
	$12x - 24y = 48$
Addition ergibt	$-12x - 15y = -9$
eine Gleichung mit der Unbekannten y:	$-39y = 39 \qquad \mid : (-39)$
Nach y auflösen:	$y = -1$
Einsetzen von y = – 1 in eine der beiden	
Gleichungen, z. B. in 4x + 5y = 3, ergibt:	$4x + 5(-1) = 3 \qquad \mid + 5$
	$4x = 8 \qquad \mid : 4$
Nach x auflösen:	$x = 2$
Lösung des linearen Gleichungssystems:	$x = 2$ und $y = -1$

Die drei Verfahren zur Lösung von linearen Gleichungssystemen im Überblick:

Beispiele

$y = -2x - 4$	$y = -2x - 4$	$3x - 2y = 14$
$y = -0{,}5x + 0{,}5$	$x + 2y = 1$	$x + y = -2$
Lösung durch	Lösung durch	Lösung durch
Gleichsetzungs-verfahren	**Einsetzungs-verfahren**	**Additions-verfahren**

Aufgaben

1 Lösen Sie das folgende lineare Gleichungssystem.

a) $x + y = 6$
$x - y = 4$

b) $3x - 2y = 8$
$x + 2y = 4$

c) $7x + 3y = 8$
$-7x + 2y = 2$

d) $-4y - 5x = 8$
$4y + 6x = 7$

e) $5x - 3y = 13$
$x + 2y = 13$

f) $9x + 2y = -15$
$-5x + 4y = -7$

g) $3x + 3y = 0$
$-4x + 2y = 1$

h) $2x - 3y = 0$
$-5x - 4y = 0$

i) $-a + 3b = 3$
$-7a - 3b = 1$

j) $5x + y = 6$
$4x + 3y = 3y$

k) $3x + 2y = 4x$
$-x + y = 1$

l) $2a + 4b = b$
$-a - 5b = 2a - 7$

2 Bestimmen Sie die Lösung des Gleichungssystems.

a) $2(x + 3) - 3y = 17$
$4(2x - 3) + 5y = 15$

b) $4(x - 5) + 3(y - 2) = 21$
$5(6 - x) + 4(2y - 3) = 18$

c) $-2(x - 3) + 5 = 6y - 1$
$5(3x - 7) + 10 = -7y - 11$

d) $20 - 4y = -3(x + 2) + 25$
$2(3x - 3) = -3(5 + 2y) - 21$

a)

3 Das lineare Gleichungssystem ist eindeutig lösbar. Ermitteln Sie die Lösung.

a) $\frac{x}{2} + y = 2$
$\frac{x}{4} - \frac{y}{2} = 3$

b) $\frac{x}{3} - \frac{y}{2} = 1$
$\frac{2x}{3} + \frac{y}{4} = 7$

c) $\frac{x}{4} + \frac{y}{3} = 5$
$\frac{x}{8} + \frac{y}{4} = 3$

d) $a + 3b = -7$
$-4a = b + 1$

e) $\frac{x}{3} - \frac{y}{4} = 0$
$3 - 5x - 4y = 0$

f) $\frac{2a}{9} + b = \frac{1}{9}$
$2a = 9b$

4 Wählen Sie ein geeignetes Lösungsverfahren. Bestimmen Sie die Lösung.

a) $y = -2x - 3$
$y = 3x + 7$

b) $y + x = -7$
$x = 2y - 1$

c) $7x + y = 22$
$7x - y = 34$

5 Geben Sie ein Gleichungssystem an, welches die Lösung $x = -1$ und $y = 4$ hat.

4 Anwendungen

Beispiel 1

➲ Karl kauft 10 Stück von Artikel A und 15 Stück
von Artikel B und bezahlt 19,25 €. Hans kauft
12 Stück von Artikel A und 12 Stück von
Artikel B und bezahlt 17,40 €.
Berechnen Sie die Einzelpreise.

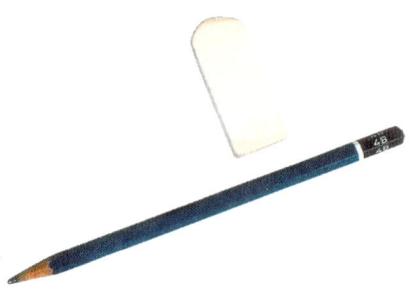

Lösung

Festlegung der Variablen

x ist der Preis für ein Stück von Artikel A. Dann kosten 10 Stück 10x €.

y ist der Preis für ein Stück von Artikel B. Dann kosten 15 Stück 15y €.

Aufstellen von 2 Gleichungen	$10x + 15y = 19{,}25$	$\vert : 5$
Dies ist ein LGS für x und y.	$12x + 12y = 17{,}40$	$\vert : (-4)$

Lösung mit dem Additionsverfahren	$2x + 3y \; = 3{,}85$	
	$-3x - 3y = -4{,}35$	$+$
Addition ergibt eine Gleichung mit x:	$-x = -0{,}50$	
	$x = 0{,}5$	

Einsetzen von x = 0,5 in eine Gleichung

z. B. in 10x + 15y = 19,25 ergibt: $10 \cdot (0{,}5) + 15y = 19{,}25$

Nach y auflösen: $15y = 14{,}25 \;$ d. h., $y = 0{,}95$

Das LGS hat die Lösung: $x = 0{,}5$ und $y = 0{,}95$

Ein Stück von Artikel A kostet 0,50 €, ein Stück von Artikel B 0,95 €.

Beispiel 2

➲ Ein Hotel hat 26 Zimmer. Ein Einzelzimmer (EZ) kostet 110,00 €, ein Doppelzimmer
(DZ) 130,00 €. Wie viel Einzelzimmer und Doppelzimmer werden vermietet, wenn bei
ausgebuchtem Haus die Einnahmen 3 100,00 € betragen?

Lösung

Festlegung der Variablen

x ist die Anzahl der Einzelzimmer; y ist die Anzahl der Doppelzimmer.

Aufstellen von 2 Gleichungen

Gesamtzahl der Zimmer ist 26:	$x + y = 26$	$\vert \cdot (-11)$
Die Einnahmen für x EZ und y DZ:	$110x + 130y = 3100$	$\vert : 10$

Lösung mit dem Additionsverfahren	$-11x - 11y = -286$	
	$11x + 13y = 310$	$+$
Gleichung in y:	$2y = 24$ bzw. $y = 12$	
Einsetzen von y = 12 in z. B. x + y = 26 ergibt	$x + 12 = 26$ bzw. $x = 14$	

Das Hotel hat 14 Einzelzimmer und 12 Doppelzimmer.

Aufgaben

1 Peter kauft 10 Stück von Artikel A und 12 Stück von Artikel B und bezahlt 38,00 €.
Kurt kauft 15 Stück von Artikel A und 2 Stück von Artikel B und bezahlt 19,40 €.
Bestimmen Sie die Einzelpreise.

2 Die Kosten der Abschlussfeier für die Schüler der beiden Wirtschaftsschulklassen betragen 210,00 €. Aufgrund des unterschiedlichen Einsatzes bei der Vorbereitung werden die Kosten verschieden verteilt. Zahlt jeder Schüler der a-Klasse einen Betrag von 3,25 €, jeder Schüler der b-Klasse einen Betrag von 3,50 €, so ergibt sich ein Fehlbetrag von 25,00 €. Erhöht man die zu bezahlenden Beträge auf 4,00 € bzw. 4,50 €, dann entsteht ein Überschuss von 22,50 €.
Berechnen Sie die Anzahl der Schüler der a- und der b-Klasse.

3 Die Summe von zwei natürlichen Zahlen beträgt 229. Die zweite Zahl ist doppelt so groß wie die um 1 verminderte erste Zahl. Ermitteln Sie die zwei Zahlen.

4 In einem Behälter werden 10 kg Farbmischung aus blauer und weißer Farbe hergestellt. Die Mischung enthält 7 kg weniger blaue als weiße Farbe.

a) Wie viel kg weiße und blaue Farbe sind in der Mischung?

b) Ein kg weiße Farbe kostet 8,50 €, ein kg blaue Farbe kostet 9,50 €.
Berechnen Sie den Preis für die Farbmischung.

5 Die Kaffeesorte A kostet 3,50 € pro kg, die Kaffeesorte B kostet 5,00 € pro kg.
Wie viel Kaffee kann man von jeder Sorte kaufen, wenn insgesamt 100,00 € ausgegeben werden können und von der billigeren Sorte doppelt so viel gekauft werden soll wie von der teuren?

6 Karin sagt zu Petra: „Gib mir $\frac{3}{4}$ deines Geldes, so habe ich 100,00 €." Darauf sagt Petra zu Karin: „Gib mir nur die Hälfte deines Geldes, dann habe ich 100,00 €."
Wie viel Geld haben beide?

7 Die Summe des Alters von Vater und Sohn ist doppelt so groß wie ihr Altersunterschied.
In zehn Jahren wird der Vater doppelt so alt sein wie sein Sohn.

a) Legen Sie die Lösungsvariablen fest (x ist ..., y ist ...).

b) Schreiben Sie beide Aussagen über das Alter mithilfe von mathematischen Gleichungen. Berechnen Sie die Lösung.

8 Die Gasrechnung setzt sich zusammen aus der monatlichen Grundgebühr und den Kosten für die verbrauchte Menge in m^3.
Für den Monat Januar ergibt sich bei einem Verbrauch von 420 m^3 ein Rechnungsbetrag von 159,00 €. Die Gasrechnung für den Monat Mai über 285 m^3 belief sich dagegen nur auf 111,75 €. Berechnen Sie die monatliche Grundgebühr und den m^3-Preis.

VII Parabeln

Modellierung einer Situation

Der Gateway Arch in St. Louis ist ein parabel-
förmiger Bogen mit einer Höhe von 192 m.
Die Breite am Boden entspricht der Höhe des
Bogens.

Bildquelle: www.wikipedia.de

a) Erläutern Sie die Lage des Bogens in dem von
   Ihnen gewählten Koordinatensystem mit einer
   Skizze.
   Stellen Sie eine Gleichung zur Beschreibung
   des Bogens auf.

b) Für Messzwecke wird am linken Fußpunkt F des Bogens ein Lichtstrahl unter einem Winkel
   von 45° auf den Bogen gerichtet.
   In welcher Höhe trifft der Lichtstrahl den Bogen?

Bearbeiten Sie diese Situation, nachdem
Sie die rechts aufgeführten **Qualifikationen
und Kompetenzen** erworben haben.

Qualifikationen & Kompetenzen

- Parabeln in ein Koordinaten-
  system zeichnen
- Quadratische Gleichungen lösen
- Schnittpunkte von Parabel und
  Koordinatenachsen bestimmen
- Parabelgleichungen aufstellen
- Schnittpunkte von Parabel und
  Gerade bzw. von zwei Parabeln
  berechnen
- Realitätsbezogene Zusammen-
  hänge beschreiben, darstellen und
  deuten

1 Normalparabel

Beispiel

➥ Herbert hat ein Motorrad gekauft.

Ihn interessiert, welchen Weg s das Motorrad in einer bestimmten Zeit t aus dem Stand heraus fährt.

Deshalb erstellt er eine Tabelle.

Zeit t in s	0	1	2	3	4
Weg s in m	0	1	4	9	16

a) Übertragen Sie die entsprechenden Punkte in ein Koordinatensystem.
b) Welcher Zusammenhang besteht zwischen dem Weg s und der Zeit t?

Lösung

a) Punkte einzeichnen.

b) Verbindet man die Punkte, so sieht man, dass das Schaubild keine Gerade ist. Diese gekrümmte Kurve ist eine **Parabel.** Anhand der Tabelle kann man erkennen, dass der Weg s **quadratisch** von der Zeit t abhängt.

Formel: **$s = t^2$**

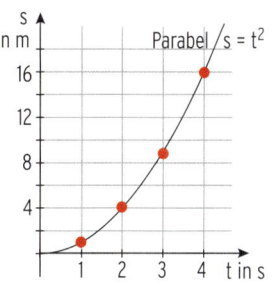

Wir untersuchen nun solche quadratischen Abhängigkeiten.

Umbenennung: In der Mathematik schreibt man für s den Buchstaben y und für t den Buchstaben x. Die **Gleichung dieser Parabel** lautet dann: **$y = x^2$.**

Im Beispiel mit dem Motorrad war nur $t \geq 0$ sinnvoll. Lässt man für t bzw. x alle Werte zu ($x \in \mathbb{R}$), so ist

$y = x^2$ die Gleichung der Normalparabel.

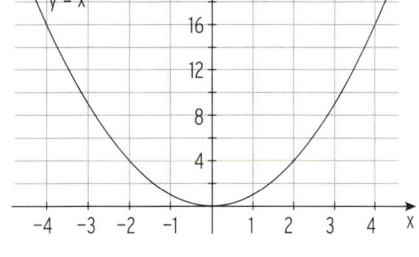

Wertetabelle und Normalparabel

x	−3	−2	−1	0	1	2	3
y	9	4	1	0	1	4	9

Die Normalparabel ist symmetrisch zur y-Achse.

14 Bohner u.a. - ISBN 978-3-8120-0119-9

Eigenschaften der Normalparabel p: y = x²

– Die Normalparabel ist
  symmetrisch zur y-Achse.
– Sie **berührt die x-Achse im Ursprung.**
– Der Ursprung ist der **Scheitelpunkt**
  der Normalparabel.

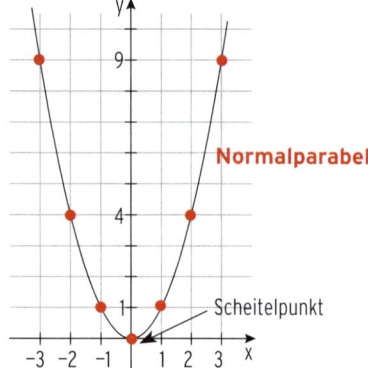

Normalparabel

Scheitelpunkt

> **Beachten Sie**
> ....
> Die Parabel **p: y = x²** heißt **Normalparabel.**
> Der Ursprung O(0 | 0) ist ihr **Scheitelpunkt.**

Aufgaben

1 Welche Punkte liegen auf der Normalparabel?

A(0 | 1) $\qquad$ B($-\frac{1}{2}$ | $\frac{1}{4}$) $\qquad$ C(0,5 | 0,25) $\qquad$ D($-\frac{3}{2}$ | $-\frac{9}{4}$)

E($\sqrt{2}$ | 2) $\qquad$ F(-3 | -3^2) $\qquad$ G(-5 | $(-5)^2$) $\qquad$ H(1,3 | 1,69)

2 Zeichnen Sie die Normalparabel (evtl. mit einer Schablone).
Lesen Sie aus dem Schaubild folgende Quadratzahlen näherungsweise ab.

Vergleichen Sie diese Näherungswerte mit den Werten des Taschenrechners.

a) $1,6^2$ $\qquad$ b) $2,3^2$ $\qquad$ c) $(-2,6)^2$ $\qquad$ d) $(-0,4)^2$

3 Begründen Sie anhand von Beispielen, warum die Normalparabel symmetrisch
zur y-Achse ist.

4 Für die Normalparabel wurde eine Tabelle
erstellt. Vervollständigen Sie diese Tabelle.

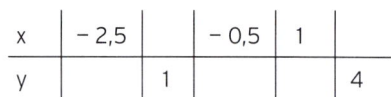

x	$-2,5$		$-0,5$	1	
y		1			4

5 Dem y-Wert 5 sind zwei x-Werte
zugeordnet. Lesen Sie diese ab.
Welche Eigenschaft haben diese
zwei x-Werte?
Welche Gleichung hat man gelöst?

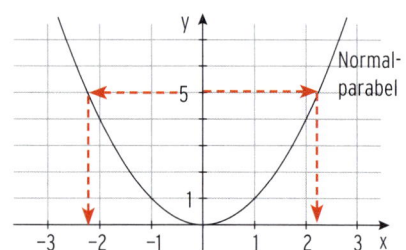

2 Abbildungen der Normalparabel

2.1 Streckung und Verschiebung in y-Richtung

Parabel mit der Gleichung $y = ax^2$

Beispiel 1

➲ Gegeben sind die Parabeln p_1: $y = 2x^2$ und p_2: $y = 0,5x^2$.

a) Erstellen Sie eine Wertetabelle für die Normalparabel und die Parabeln p_1 und p_2.
Zeichnen Sie diese drei Parabeln in ein Koordinatensystem ein.

b) Beschreiben Sie den Verlauf der Parabeln p_1 und p_2 im Vergleich zur Normalparabel.

Lösung

a) Wertetabelle und Schaubild

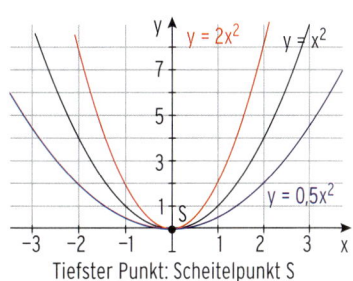

x	− 3	− 2	− 1	0	1	2	3
$y = x^2$	9	4	1	0	1	4	9
$y = 2x^2$	18	8	2	0	2	8	18
$y = 0,5x^2$	4,5	2	0,5	0	0,5	2	4,5

Tiefster Punkt: Scheitelpunkt S

b) Die Parabel mit $y = 2x^2$ verläuft **steiler** als die Normalparabel.
Die Parabel mit $y = 0,5x^2$ verläuft **flacher** als die Normalparabel.

Beispiel 2

➲ Die Parabeln p_1: $y = - x^2$, p_2: $y = - 2x^2$ und p_3: $y = - 0,5x^2$ sind gegeben.
Erstellen Sie eine Wertetabelle und zeichnen Sie p_1, p_2 und p_3 in ein Achsenkreuz.

Lösung

Wertetabelle und Schaubild

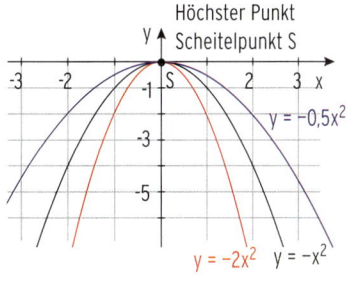

Höchster Punkt Scheitelpunkt S

x	− 3	− 2	− 1	0	1	2
$y = - x^2$	− 9	− 4	− 1	0	− 1	− 4
$y = - 2x^2$	− 18	− 8	− 2	0	− 2	− 8
$y = - 0,5x^2$	− 4,5	− 2	− 0,5	0	− 0,5	− 2

Die Parabeln sind nach unten geöffnet.

Beachten Sie

Die Parabel p: $y = ax^2$

• entsteht durch **Streckung der Normalparabel** in y-Richtung mit dem Faktor $a > 0$.

• ist für $\begin{cases} a > 1 & \text{enger} \\ 0 < a < 1 & \text{weiter} \end{cases}$ als die Normalparabel.

• ist für $\begin{cases} a > 0 & \text{nach oben} \\ a < 0 & \text{nach unten} \end{cases}$ geöffnet.

Hinweis: Die Parabel mit $y = - x^2$ entsteht aus der Normalparabel durch
Spiegelung an der x-Achse.

Aufgaben

1 Welche Parabeln sind nach unten bzw. nach oben geöffnet?
Begründen Sie Ihre Antwort.

a) $y = \frac{1}{8}x^2$ b) $y = -6x^2$ c) $y = 0{,}4x^2$ d) $y = -1{,}3x^2$

2 Zeichnen Sie die Parabel mithilfe einer Wertetabelle.

a) $y = 1{,}5x^2$ b) $y = \frac{1}{4}x^2$ c) $y = -\frac{1}{5}x^2$ d) $y = -0{,}5x^2$

e) $y = 10x^2$ f) $y = 32x^2$ g) $y = -5x^2$ h) $y = -100x^2$

3 Ordnen Sie der Parabelgleichung die zugehörige Parabel zu (s. Abb. 1). Wie entsteht die Parabel aus der Normalparabel?

$y = 3x^2$

$y = \frac{1}{3}x^2$

$y = -\frac{3}{2}x^2$

$y = -\frac{2}{3}x^2$

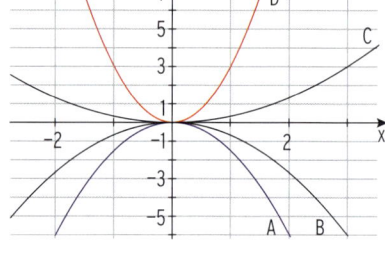

Abb. 1

4 Die Gleichung der Parabel lautet: $y = ax^2$
(s. Abb. 2).
Bestimmen Sie den Faktor a für die Parabeln p_1 bis p_4.

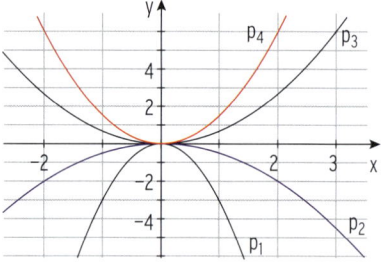

Abb. 2

5 Welche der folgenden Punkte $A(4 \mid -12)$, $B(0 \mid -\frac{3}{4})$, $C(-1 \mid -\frac{3}{4})$, $D(-\frac{2}{3} \mid -\frac{1}{3})$ liegen auf der Parabel mit $y = -\frac{3}{4}x^2$?

6 Geben Sie eine Gleichung für eine Parabel an, die enger ist als die Parabel mit der Gleichung $y = 3{,}2x^2$.

7 Bestimmen Sie den Faktor a so, dass der Punkt $P(3 \mid \frac{5}{2})$ auf der Parabel mit $y = ax^2$ liegt.

8 In der Fahrschule lernt man folgende Faustregel zur Berechnung des Bremsweges (in m): Dividiere die Geschwindigkeit (in $\frac{km}{h}$) durch 10 und multipliziere das Ergebnis mit sich selbst.

Geschwindigkeit (in kmh⁻¹)	30	50	80	100	120	150	x
Bremsweg (in m)							

Übertragen Sie diese Werte in ein geeignetes Koordinatensystem und stellen Sie hierfür eine Gleichung auf.

Parabel mit der Gleichung $y = ax^2 + c$

mvurl.de/vc5z

Beispiel 1

⮕ Gegeben sind die Parabeln p_1 und p_2 durch

p_1: $y = x^2 + 2$ bzw. p_2: $y = x^2 - 3$.

a) Erstellen Sie eine Wertetabelle für die Normalparabel und für p_1 und p_2.

b) Zeichnen Sie alle drei Parabeln in ein Koordinatensystem ein.
   Wie entstehen die Parabeln p_1 und p_2 aus der Normalparabel?

mvurl.de/6jpk

Lösung

a) Wertetabelle

x	− 2,5	− 2	− 1	0	1	2	2,5
$y = x^2$	6,25	4	1	0	1	4	6,25
$y = x^2 + 2$	8,25	6	3	2	3	6	8,25
$y = x^2 - 3$	3,25	1	− 2	− 3	− 2	1	3,25

b) Die Parabel p_1: $y = x^2 + 2$
   entsteht durch Verschiebung der
   Normalparabel p: $y = x^2$ um 2 LE
   (Längeneinheiten) **nach oben.**

   p_1 hat den **Scheitelpunkt S(0 | 2).**

   Die Parabel p_2: $y = x^2 - 3$
   entsteht durch Verschiebung der
   Normalparabel um 3 LE **nach unten.**

   p_2 hat den **Scheitelpunkt S(0 | − 3).**

   Alle drei Parabeln sind symmetrisch zur y-Achse.

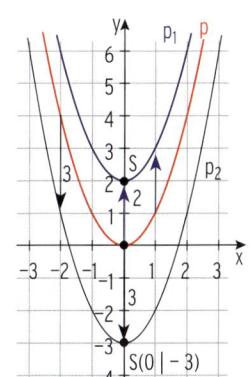

Beachten Sie

Die Parabel p: $y = x^2 + c$ ist eine nach **oben bzw. unten verschobene Normalparabel.**

Sie hat den **Scheitelpunkt S(0 | c).**

Der **Scheitelpunkt** ist der Parabelpunkt mit dem **kleinsten y-Wert.**

c $>$ 0: Verschiebung nach oben

c $<$ 0: Verschiebung nach unten

Beispiel 2

➲ Gegeben sind die Parabeln p_1, p_2 und p_3 durch

p_1: $y = \frac{1}{4}x^2$, p_2: $y = \frac{1}{4}x^2 + 3$ und p_3: $y = \frac{1}{4}x^2 - 2$.

a) Erstellen Sie eine Wertetabelle für die Parabel p_1.

b) Wie entstehen die Parabeln p_2 und p_3 aus der Parabel p_1?
   Zeichnen Sie p_1, p_2 und p_3 in ein Koordinatensystem ein.

Lösung

a) Wertetabelle

x	-5	-4	-3	-2	-1	0	1	2	3	4	5
$y = \frac{1}{4}x^2$	6,25	4	2,25	1	0,25	0	0,25	1	2,25	4	6,25

b) Die Parabel p_2: $y = \frac{1}{4}x^2 + 3$
entsteht durch Verschiebung der
Parabel p_1: $y = \frac{1}{4}x^2$ um 3 LE
(Längeneinheiten) **nach oben.**
p_2 hat den **Scheitelpunkt S(0 | 3).**

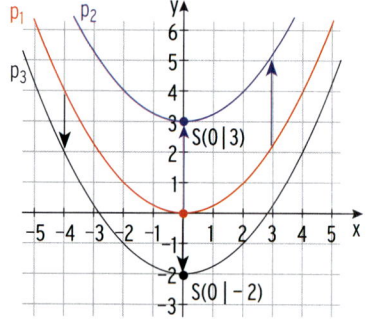

Die Parabel p_3: $y = \frac{1}{4}x^2 - 2$
entsteht durch Verschiebung der
Parabel p_1 um 2 LE **nach unten.**
p_3 hat den **Scheitelpunkt S(0 | − 2).**
Alle vier Parabeln sind symmetrisch zur y-Achse.

Beachten Sie

Verschiebt man eine Parabel mit **y = ax^2** in y-Richtung, so entsteht
eine Parabel mit der Gleichung **y = ax^2 + c.**

Eine Parabel mit der Gleichung $y = ax^2 + c$ ist **symmetrisch zur y-Achse.**

Der **Scheitelpunkt** ist **S(0 | c).**

Form, Öffnung und Lage der Parabel mit

$$y = ax^2 + c$$

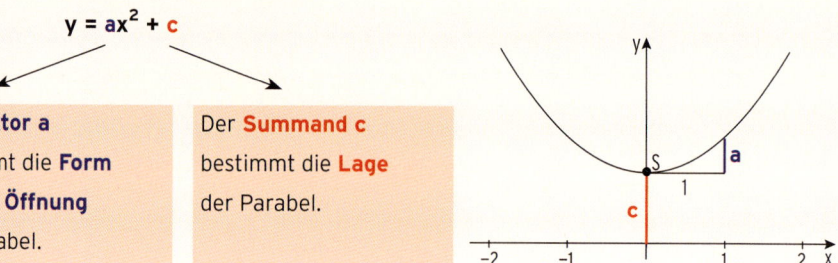

Der **Faktor a**
bestimmt die **Form**
und die **Öffnung**
der Parabel.

Der **Summand c**
bestimmt die **Lage**
der Parabel.

Aufgaben

1 Geben Sie den Scheitelpunkt und die Öffnung der Parabel p an.
Zeichnen Sie p.

a) $p: y = x^2 + 3{,}5$

b) $p: y = x^2 - 5$

c) $p: y = x^2 - 1{,}75$

d) $p: y = x^2 + \frac{5}{3}$

e) $p: y = -x^2 + 3{,}5$

f) $p: y = -x^2 - 1$

g) $p: y = \frac{1}{2}x^2 + \frac{5}{2}$

h) $p: y = -\frac{3}{2}(x^2 - 2)$

i) $p: y = 2(\frac{1}{4} - x^2)$

2 Wie entsteht die Parabel p aus der Normalparabel?

a) $p: y = x^2 + 4$

b) $p: y = x^2 - 2{,}5$

c) $p: y = x^2 - 0{,}5$

d) $p: y = -x^2 + 8$

e) $p: y = -3{,}56 - x^2$

f) $p: y = -(x^2 - 5)$

3 Zeichnen Sie die verschobene Normalparabel mit dem Scheitelpunkt S in ein
Achsenkreuz und geben Sie ihre Gleichung an.

a) $S(0 \mid 2{,}5)$

b) $S(0 \mid -4)$

c) $S(0 \mid \frac{7}{2})$

4 Eine zur y-Achse symmetrische Parabel schneidet die y-Achse bei 4 und
die x-Achse bei 2.

a) Zeichnen Sie diese Parabel in ein Achsenkreuz.

b) Bestimmen Sie die Parabelgleichung.

5 Bestimmen Sie die Parabelgleichung.

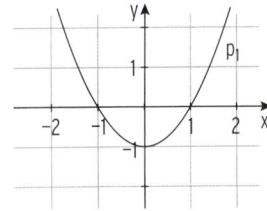 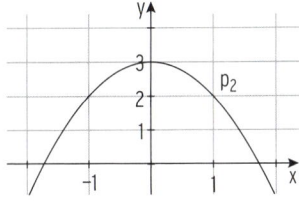 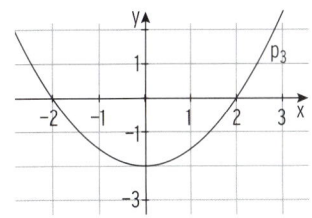

6 Für eine Parabel wurde folgende
Tabelle erstellt. Bestimmen Sie
den Scheitelpunkt dieser Parabel.

x	-3	-2	-1	0	1	2	3
y			0,5	1	0,5		

Vervollständigen Sie die Tabelle und geben Sie die Gleichung der Parabel an.

7 Gegeben sind die Parabeln p_1, p_2 und p_3 durch

$p_1: y = \frac{1}{2}x^2;$ $\qquad p_2: y = \frac{1}{2}x^2 + 3$ und $\quad p_3: y = \frac{1}{2}x^2 - 1.$

a) Zeichnen Sie die Parabeln p_1, p_2 und p_3 in ein Achsenkreuz.
Wie entstehen die Parabeln p_2 und p_3 aus p_1?

b) Wie entsteht die Parabel $p_4: y = -\frac{1}{2}x^2 + 5$ aus der Parabel p_1?

mvurl.de/v8u4

2.2 Verschiebung in x- und y-Richtung

Parabel mit der Gleichung $y = (x - d)^2$

Beispiel 1

⮎ Gegeben sind die Parabeln p_1 und p_2 durch $y = (x + 2)^2$ und $y = (x - 3)^2$.

a) Zeichnen Sie die Normalparabel, p_1 und p_2 in ein gemeinsames Koordinatensystem.

b) Wie entstehen die Parabeln p_1 und p_2 aus der Normalparabel?

Lösung

a) Wertetabelle

x	− 4	− 3	**− 2**	−1	0	1	2	**3**	4	5
$y = (x + 2)^2$	4	1	**0**	1	4	9	16	25	36	49
$y = (x - 3)^2$	49	36	25	16	9	4	1	**0**	1	4

b) Die Parabel p_1: $y = (x \mathbf{+ 2})^2$ ist eine um **2 LE** nach

links verschobene Normalparabel.

Der Scheitelpunkt ist S(**− 2** | 0).

Die Parabel p_2: $y = (x \mathbf{- 3})^\mathbf{2}$ ist eine um **3 LE** nach

rechts verschobene Normalparabel.

Der Scheitelpunkt ist S(**3** | 0).

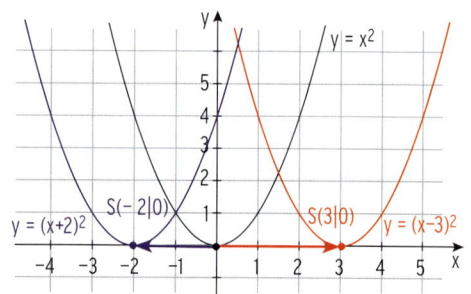

Beachten Sie

Die Parabel mit $y = (x \mathbf{- d})^2$ ist eine nach **rechts bzw. links verschobene Normalparabel.**

Sie hat den Scheitelpunkt S(**d** | 0).

Die Parabel ist symmetrisch zur Geraden mit x = d.

d > 0: Verschiebung nach rechts

d < 0: Verschiebung nach links

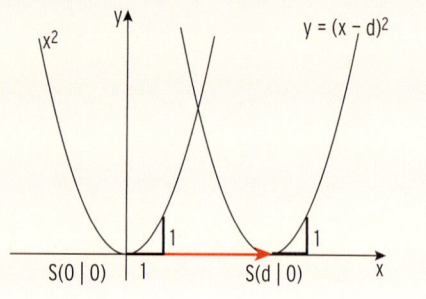

Hinweis: Ist d < 0, z. B. d = − 2, so gilt: $y = (x - (- 2))^2 = (x + 2)^2$.

Dies ist die Gleichung einer um 2 LE nach links verschobenen Normalparabel.

Aufgaben

1 Gegeben ist eine Parabel durch ihre Gleichung.
Wie entsteht diese Parabel aus der Normalparabel?
Zeichnen Sie die Parabel in ein Koordinatensytem.

a) $y = (x - 1)^2$ 　　　　　 b) $y = (x + 2{,}5)^2$ 　　　　　 c) $y = (x - 1{,}5)^2$

2 Die Normalparabel wird verschoben.
Geben Sie die Gleichung der verschobenen Parabel an.

a) 3,5 LE nach rechts 　　　 b) 1,5 LE nach links 　　　 c) 17 LE nach rechts

3 Die Normalparabel wird verschoben. Der neue Scheitelpunkt ist S.
Zeichnen Sie die verschobene Parabel (mithilfe einer Parabelschablone)
und geben Sie die Parabelgleichung an.

a) $S(0 \mid 2{,}5)$ 　　　　　 b) $S(0 \mid -3{,}5)$ 　　　　　 c) $S(0 \mid \frac{9}{4})$

d) $S(-4 \mid 0)$ 　　　　　 e) $S(1{,}75 \mid 0)$ 　　　　　 f) $S(-\frac{3}{2} \mid 0)$

4

a) Geben Sie die Scheitelpunkte der
abgebildeten Parabeln an.

b) Welche Parabeln sind verschobene
Normalparabeln?
Begründen Sie Ihre Vermutung.

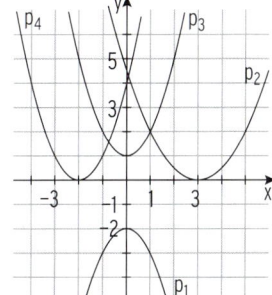

5 Die Abbildung zeigt die Parabel p.

a) Bei welchem x-Wert hat der zugehörige
Parabelpunkt den kleinsten y-Wert?

b) Bestimmen Sie die Gleichung der
Symmetrieachse.

c) Für welche Parabelpunkte gilt: $y = 4$?

d) Ist p eine verschobene Normalparabel?
Begründen Sie Ihre Antwort.

e) Geben Sie eine Gleichung von p an.

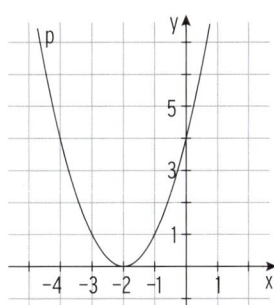

6 Für eine verschobene Normalparabel
wurde folgende Tabelle erstellt.
Vervollständigen Sie die Tabelle.
Geben Sie den Scheitelpunkt und die
Gleichung der Parabel an.

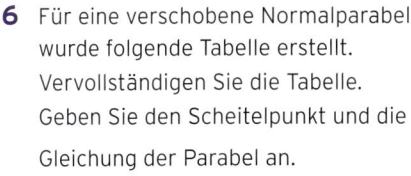

x	0	1	2	3	4	5
y		1		1		

Parabel mit der Gleichung $y = (x - d)^2 + e$

Beispiel 1

⮕ Die Parabeln p_1: $y = (x - 3)^2$ und p_2: $y = (x - 3)^2 + 2$ sind gegeben.

a) Zeichnen Sie die Normalparabel, p_1 und p_2 in ein Koordinatensystem.
b) Wie entstehen die Parabeln p_1 und p_2 aus der Normalparabel?

Lösung

a) Schaubilder

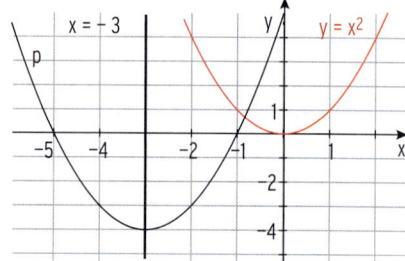

b) **Verschiebt** man die Normalparabel um **3 LE nach rechts,** so erhält man p_1: $y = (x - 3)^2$.

p_1 hat den **Scheitelpunkt S(3 | 0).**

Verschiebt man p_1 um **2 LE nach oben,** so erhält man die Parabel p_2: $y = (x - 3)^2$ **+ 2.** p_2 hat den Scheitelpunkt S(**3** | **2**).

Den Scheitelpunkt S(**3** | **2**) kann man aus der Gleichung $y = (x - 3)^2$ **+ 2** ablesen.

p_1 und p_2 sind symmetrisch zur Geraden mit x = 3.

Beispiel 2

⮕ Die Abbildung zeigt die Normalparabel und die Parabel p.

a) Wie entsteht die Parabel p aus der Normalparabel?
b) Bestimmen Sie die Gleichung von p.

Lösung

a) Scheitelpunkt S(**– 3** | **– 4**)

p erhält man, indem man die Normalparabel **um 3 LE nach links** und um **4 LE nach unten verschiebt.**

b) Verschobene Normalparabel mit dem Scheitelpunkt S(**– 3** | **– 4**)
Parabelgleichung: $y = (x + 3)^2 - 4$

Beachten Sie

Die Parabel p mit der Gleichung $y = (x - d)^2 + e$ ist eine **verschobene Normalparabel.**

p hat den Scheitelpunkt S(**d** | **e**).

Die Parabelgleichung der Form $y = (x - d)^2 + e$ heißt **Scheitelform.**

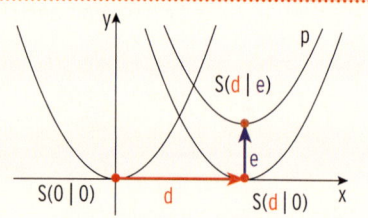

Aufgaben

1 Bestimmen Sie den Scheitelpunkt der Parabel.
Wie entsteht diese Parabel aus der Normalparabel?

a) $y = x^2 - 3$

b) $y = (x - 3)^2$

c) $y = (x - 3)^2 + 2$

d) $y = (x + 1{,}5)^2 - 4$

e) $y = (x - 2)^2 - 1$

f) $y = (x + 1)^2 + 3$

g) $y = 2 + x^2$

h) $y = x^2 + 2x + 1$

i) $y = x^2 - 6x + 9$

2 Die Normalparabel wird verschoben.
Bestimmen Sie den Scheitelpunkt und die Gleichung der verschobenen Parabel.
Zeichnen Sie die verschobene Parabel (mit der Schablone).

a) Um 5 LE nach rechts und um 4 LE nach unten.

b) Um 4 LE nach links und um 3 LE nach oben.

c) Um 3 LE nach rechts und 2 LE nach oben.

d) Um 2 LE nach links und um 5 LE nach unten.

3 Zeichnen Sie die zugehörigen Schaubilder in ein Koordinatensystem ein.

g: $y = x$;   h: $y = x + 3$;   i: $y = x^2$;   j: $y = x^2 + 3$;   k: $y = (x + 3)^2$

4 Bestimmen Sie die Gleichungen der Parabeln.
Welche Parabeln sind verschobene Normalparabeln?
Welche Parabeln können mit der Schablone gezeichnet werden?

a)

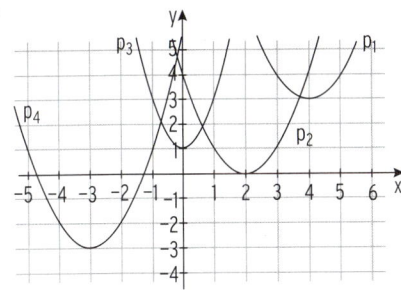

b)

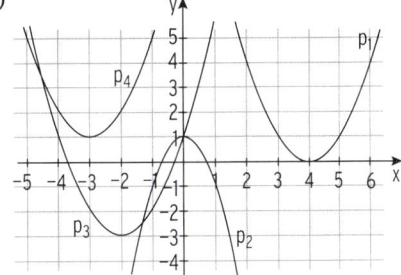

5 Gegeben sind die Parabel p und die Gerade g.
Die Parabel hat den Scheitelpunkt S(2 | 4).

Überlegen Sie sich, wo die x-Achse und die y-Achse verlaufen.

Geben Sie die Gleichungen von p und g an.

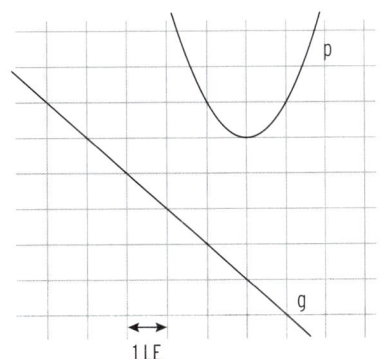

Parabel mit der Gleichung $y = x^2 + bx + c$

Ist die Parabelgleichung in der Scheitelform gegeben, dann kann man den Scheitelpunkt ablesen. Aber nicht immer ist die Parabel in der Scheitelform gegeben.

Beispiel

Scheitelform:	$y = (x + 3)^2 - 4$
Term ausmultiplizieren	$y = x^2 + 6x + 9 - 4$
Allgemeine Form:	$y = x^2 + 6x + 5$

Hinweis: Die Parabelgleichung mit der Form $y = x^2 + bx + c$ heißt **allgemeine Form**.

Beispiel

⮕ Gegeben ist die Parabel p: $y = x^2 - 2x - 3$.

Zeichnen Sie p in ein Koordinatensystem ein. Bestimmen Sie den Scheitelpunkt. Wie entsteht p aus der Normalparabel?

Lösung

Mithilfe einer Wertetabelle

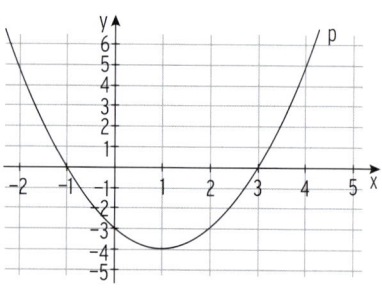

x	− 3	− 2	− 1	0	1	2	3	4
y	12	5	0	− 3	− 4	− 3	0	5

Scheitelpunkt: $S(1 \mid -4)$

p entsteht aus der Normalparabel durch

Verschiebung um 1 nach rechts und um 4 nach unten.

Aufgaben

1 Zeichnen Sie die Parabel p. Geben Sie den Scheitelpunkt an.

a) p: $y = x^2 + 3x - 4$ b) p: $y = x^2 + 4x$ c) p: $y = x^2 - 2x - 2$

2 Die Parabel p hat die Gleichung $y = x^2 + bx + c$.
Bestimmen Sie die Koeffizienten b und c.

a)

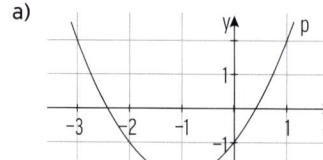

b)

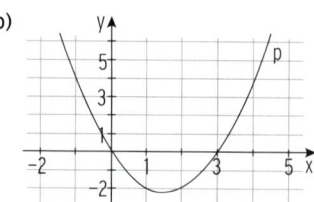

3 Eine Parabel hat die Gleichung $y = x^2 + bx + c$.
Sie verläuft durch die Punkte $A(4 \mid -2)$ und $B(7 \mid 1)$. Bestimmen Sie b und c.

3 Schnittpunkte

3.1 Schnittpunkte einer Parabel mit den Koordinatenachsen

Parabel mit der Gleichung $y = ax^2 + c$

Beispiel

➲ Bestimmen Sie die Koordinaten der Schnittpunkte der Parabel p mit den Achsen.

a) $p: y = -\frac{1}{2}x^2 + 2$

b) $p: y = \frac{1}{3}x^2 + 1$

Lösung

a) **Schnittpunkt von p mit der y-Achse**

Bedingung: x = 0

$y = -\frac{1}{2} \cdot 0^2 + 2 = 2$

Schnittpunkt:

$S_y(0\,|\,2)$

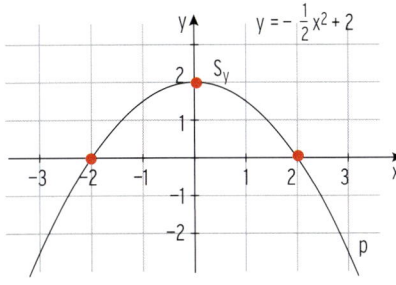

Schnittpunkte von p mit der x-Achse

Bedingung: y = 0

Quadratische Gleichung nach x^2 auflösen:

Wurzelziehen:

Schnittpunkte:

$-\frac{1}{2}x^2 + 2 = 0$

$x^2 = 4$

$x_1 = 2;\ x_2 = -2$

$N_1(2\,|\,0);\ N_2(-2\,|\,0)$

Hinweis: p ist nach unten geöffnet. Scheitelpunkt: $S(0\,|\,2)$

b) **Schnittpunkt von p mit der y-Achse**

Bedingung: x = 0

$y = \frac{1}{3} \cdot 0^2 + 1 = 1$

Schnittpunkt: $S_y(0\,|\,1)$

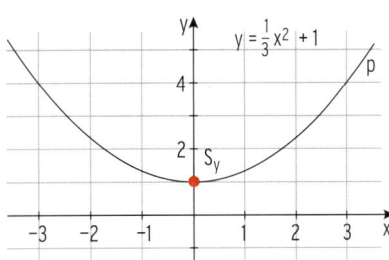

Schnittpunkte von p mit der x-Achse

Bedingung: y = 0

Quadratische Gleichung nach x^2 auflösen:

$\frac{1}{3}x^2 + 1 = 0$

$x^2 = -3$

Die Gleichung hat keine Lösung, da man aus einer negativen Zahl keine Wurzel ziehen kann.

p schneidet die x-Achse nicht.

Hinweis: p ist nach oben geöffnet. Scheitelpunkt: $S(0\,|\,1)$

Beachten Sie

Bedingung für die x-Koordinate des Schnittpunktes einer Parabel mit der **x-Achse: y = 0.**

Bedingung für die y-Koordinate des Schnittpunktes einer Parabel mit der **y-Achse: x = 0.**

Aufgaben

1 Gegeben ist eine Parabel durch ihre Gleichung. Untersuchen Sie die Parabel auf Schnittpunkte mit den Koordinatenachsen. Fertigen Sie eine Zeichnung an.

Bestimmen Sie durch Ablesen die Koordinaten des Scheitelpunktes.

a) $y = x^2 - 1$ **b)** $y = -x^2 + 6$ **c)** $y = \frac{1}{2}x^2 + 2$

d) $y = -\frac{1}{2}x^2 + \frac{5}{2}$ **e)** $y = \frac{3}{2} - \frac{1}{4}x^2$ **f)** $y = -2 - x^2$

2 Ordnen Sie jeder Parabel eine Parabelgleichung zu.

Bestimmen Sie a und c.

$y = 0{,}2x^2 + c$

$y = ax^2 + 3$

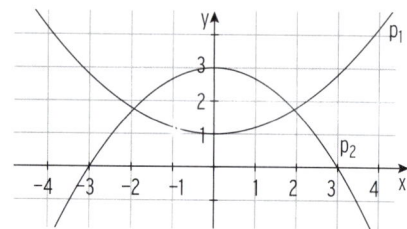

3 Berechnen Sie die Koordinaten der Schnittpunkte der Parabel mit der x-Achse. Zeichnen Sie die Parabel in ein Koordinatensystem.

Wählen Sie dazu einen geeigneten Maßstab auf den Achsen.

a) $y = x^2 - 400$ **b)** $y = 5x^2 - 20$ **c)** $y = -0{,}02x^2 + 6$

4 Eine in y-Richtung verschobene Normalparabel schneidet die x-Achse in $x_{1|2} = \pm 3$. Geben Sie die Gleichung dieser Parabel an.

5 Für welche t liegt der Punkt $P(t \mid t^2 - 4)$ auf der x-Achse?

6 Für welchen Wert von a schneidet die Parabel mit $y = ax^2 + 3$ die x-Achse in $x = -0{,}5$?

7 Die gesamtwirtschaftliche Nachfrage ist gegeben durch

$$p: y = -\frac{1}{6}x^2 + 6; \; x \text{ in ME, y in GE/ME.}$$

a) Geben Sie den Schnittpunkt von p mit der y-Achse an.

Welche Bedeutung hat dieser Punkt?

b) Ermitteln Sie den Schnittpunkt von p mit der x-Achse.

Interpretieren Sie im Sachzusammenhang.

Parabel mit der Gleichung $y = x^2 + bx + c$

Beispiel

⮕ Gegeben ist die Parabel p durch ihre Gleichung.

Untersuchen Sie p auf Schnittpunkte mit der x-Achse.

a) p: $y = x^2 - 2x - 1$ b) p: $y = x^2 - 2x + 1$ c) p: $y = x^2 - 2x + 3$

Lösung

a) **Schnittpunkte von p mit der x-Achse**

Bedingung: y = 0 $x^2 - 2x - 1 = 0$

Werte für a, b und c: $a = 1; b = -2; c = -1$

Lösung mit der abc-Formel: $x_{1|2} = \dfrac{2 \pm \sqrt{(-2)^2 - 4 \cdot 1 \cdot (-1)}}{2 \cdot 1} = \dfrac{2 \pm \sqrt{8}}{2}$

Diskriminante D = 8 > 0

zwei Lösungen: $x_1 = \dfrac{2 + \sqrt{8}}{2} \approx 2{,}41$

$x_2 = \dfrac{2 - \sqrt{8}}{2} \approx -0{,}41$

Zwei Schnittpunkte von p mit der x-Achse:
$N_1(2{,}41 \mid 0); N_2(-0{,}41 \mid 0)$

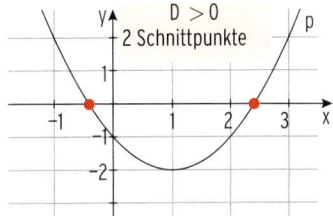

Hinweis: Die x-Koordinaten der Schnittpunkte
von Parabel und x-Achse werden auch
als Nullstellen bezeichnet.

b) **Schnittpunkte von p mit der x-Achse**

Bedingung: y = 0 $x^2 - 2x + 1 = 0$

Werte für a, b und c: $a = 1; b = -2; c = 1$

Lösung mit der abc-Formel: $x_{1|2} = \dfrac{2 \pm \sqrt{(-2)^2 - 4 \cdot 1 \cdot 1}}{2 \cdot 1} = \dfrac{2 \pm \sqrt{0}}{2}$

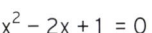

Diskriminante D = 0

eine (doppelte) Lösung: $x_1 = \dfrac{2 + \sqrt{0}}{2} = \dfrac{2 + 0}{2} = 1$

$x_{1|2}$ ist eine Berührstelle. $x_2 = \dfrac{2 - \sqrt{0}}{2} = \dfrac{2 - 0}{2} = 1$

p berührt die x-Achse in $N_{1|2}(1 \mid 0)$.

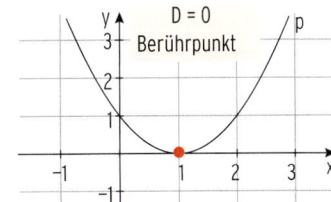

c) **Schnittpunkte von p mit der x-Achse**

Bedingung: y = 0

$$x^2 - 2x + 3 = 0$$

Werte für a, b und c:

$$a = 1;\ b = -2;\ c = 3$$

Lösung mit der abc-Formel:

$$x_{1|2} = \frac{2 \pm \sqrt{(-2)^2 - 4 \cdot 1 \cdot 3}}{2 \cdot 1} = \frac{2 \pm \sqrt{-8}}{2}$$

Diskriminante D = − 8 < 0

keine Lösung, kein Schnittpunkt von p mit der x-Achse.

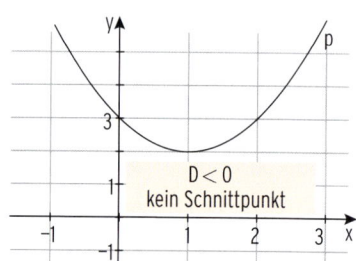

Beachten Sie

Gemeinsame Punkte der Parabel p mit der x-Achse

Bedingung für die x-Koordinate: $\qquad y = 0$

Dies führt auf eine quadratische Gleichung: $\qquad ax^2 + bx + c = 0$

Bestimmung der Lösung ggf. mit der Formel: $\qquad x_{1|2} = \dfrac{-b \pm \sqrt{b^2 - 4ac}}{2a}$

Die Anzahl der Lösungen hängt von der Diskriminante D ab.

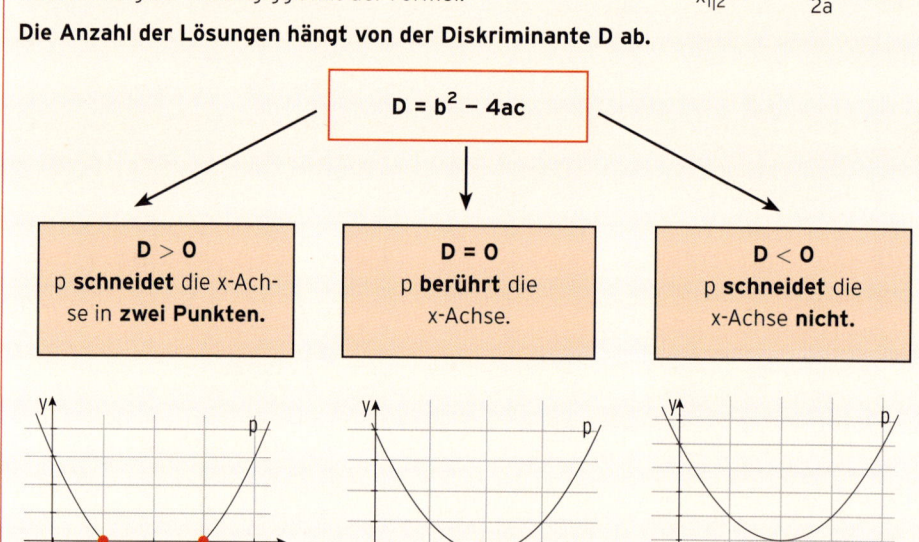

Aufgaben

a) g)

1 Gegeben ist eine Parabel durch ihre Gleichung. Untersuchen Sie die Parabel auf Schnittpunkte mit den Koordinatenachsen. Fertigen Sie eine Skizze an.

a) $y = x^2 + 2x - 3$ b) $y = x^2 - 3x + 2$ c) $y = x^2 - 4x + 4$

d) $y = (x + 3)^2$ e) $y = (x - 1)(x + 2)$ f) $y = x^2 + x$

g) $y = x^2 + 4x$ h) $y = x(x - 2{,}5)$ i) $y = (x - 1)^2 - 3$

2 Welcher Zusammenhang besteht zwischen den Parabeln p_1, p_2 und p_3?

p_1: $y = x^2 - 3x - 4$; p_2: $y = x^2 - 3x$; p_3: $y = x^2 - 3x + 2$

3 Gegeben ist die Parabel p durch die Gleichung $y = x^2 - 3x + \frac{9}{4}$.

Zeigen Sie rechnerisch, dass p die x-Achse berührt.

4 Zeigen Sie, dass die Parabel mit der Gleichung $y = x^2 - 1{,}5x + 2$ keinen Schnittpunkt mit der x-Achse hat.

5 Bestimmen Sie die Gleichungen der Schaubilder.

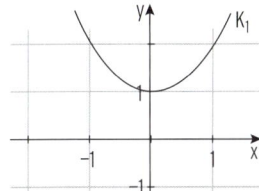 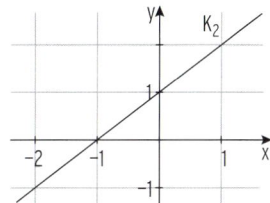 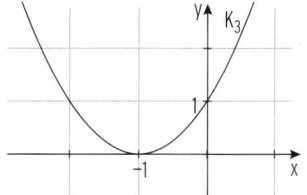

6 Gegeben ist die Parabel p.

a) Wie entsteht das Schaubild p aus der Normalparabel?

b) Die Parabel p wird um 3 nach links verschoben. Wo schneidet die verschobene Parabel die x-Achse?

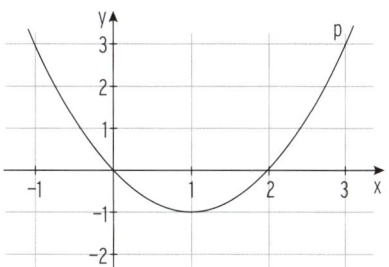

7 Welche Eigenschaften der Parabel kann man an der Parabelgleichung ablesen?

a) $y = x^2 - 1$ b) $y = x(x - 1)$ c) $y = (x + 1)^2 - 4$

15 Bohner u.a. - ISBN 978-3-8120-0119-9

Bestimmung des Scheitelpunktes

Beispiel 1

➲ Bestimmen Sie den Scheitel der Parabel p mit der Gleichung $y = x^2 - 6x + 5$.

Lösung

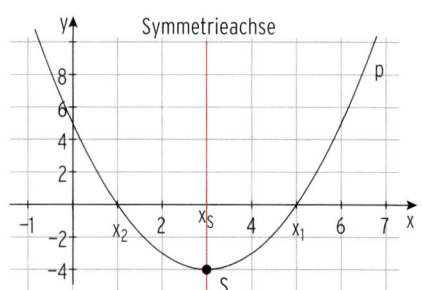

Mithilfe der Schnittstellen von p mit der x-Achse

Anhand der Abbildung erkennt man, dass der x-Wert des Scheitelpunktes x_S der Mittelwert der Stellen x_1 und x_2 ist.

x-Wert des Scheitelpunktes: $x_S = \dfrac{x_1 + x_2}{2}$

Berechnung der Schnittstellen von p mit der x-Achse

Bedingung: y = 0 $\qquad\qquad\qquad$ $x^2 - 6x + 5 = 0$

Werte für a, b und c: $\qquad\qquad\quad$ $a = 1; b = -6; c = 5$

Lösung mit der abc-Formel: $\qquad$ $x_{1|2} = \dfrac{6 \pm \sqrt{(-6)^2 - 4 \cdot 1 \cdot 5}}{2 \cdot 1} = \dfrac{6 \pm \sqrt{16}}{2} = \dfrac{6 \pm 4}{2}$

Schnittstellen: $\qquad\qquad\qquad\quad$ $x_1 = 5; x_2 = 1$

x-Wert des Scheitelpunktes: $\qquad$ $x_S = \dfrac{x_1 + x_2}{2} = \dfrac{5 + 1}{2} = 3$

Einsetzen von $x_S = 3$ in die Gleichung von p ergibt den y-Wert des Scheitelpunktes von p. $\qquad$ $y = 3^2 - 6 \cdot 3 + 5 = -4$

Scheitelpunkt von p: $\qquad\qquad$ $S(3 \mid -4)$

Mithilfe einer Formel

Der Scheitelpunkt S liegt auf der Symmetrieachse der Parabel. Verschiebt man p in y-Richtung, so ändert sich die Symmetrieachse **nicht** und somit auch **nicht der x-Wert des Scheitelpunktes**. Die Parabel p wird nun so verschoben, dass sie die x-Achse berührt. Bestimmt man nun die Schnittstelle (Berührstelle) der verschobenen Parabel p*, so ist die zugehörige Diskriminante D = 0 (Berühren).

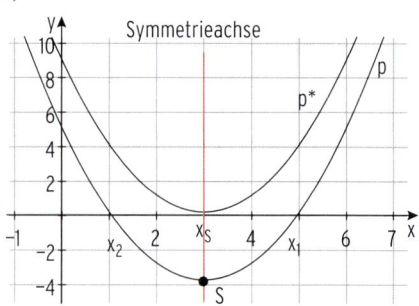

$x_{1|2} = \dfrac{-b \pm \sqrt{D}}{2a} = \dfrac{-b \pm \sqrt{0}}{2a} = \dfrac{-b}{2a} = -\dfrac{b}{2a}$.

Die Berührstelle von p* mit der x-Achse ist der

x-Wert des Scheitelpunktes: $x_S = x_{1|2} = \dfrac{-(-6)}{2 \cdot 1} = 3$

Für a = 1: $x_S = -\dfrac{b}{2}$

Beachten Sie

Die Parabel p hat die Gleichung $y = x^2 + bx + c$.

Für die **x-Koordinate des Scheitelpunktes x_S** von p gilt: $\mathbf{x_S = -\dfrac{b}{2}}$.

Bestimmung des Scheitelpunktes mithilfe der Formel: $x_S = -\dfrac{b}{2}$ (a = 1)

mvurl.de/y2oe

Gleichung	b	$x_S = -\dfrac{b}{2}$	y_S	Scheitelpunkt S
$y = x^2 - 3x + 5$	-3	$-\dfrac{-3}{2} = 1{,}5$	$1{,}5^2 - 3 \cdot 1{,}5 + 5 = 2{,}75$	$S(1{,}5 \mid 2{,}75)$
$y = (x + 1)(x + 3)$ $y = x^2 + 4x + 3$	4	$-\dfrac{4}{2} = -2$	$(-2 + 1)(-2 + 3) = -1$	$S(-2 \mid -1)$

Hinweis: Die Parabel p: $y = 3x^2 - 6$ hat den Scheitelpunkt $S(0 \mid -6)$.

Beispiel 2

⮞ Gegeben ist die Parabel p durch die Gleichung $y = (x - 1)(x + 3)$.

Wie muss p verschoben werden, damit die verschobene Parabel die x-Achse berührt?

Lösung

Scheitelpunkt bestimmen

Term ausmultiplizieren: $y = x^2 + 2x - 3$

Wert für b: $b = 2$

x-Wert des Scheitelpunktes: $x_S = -\dfrac{b}{2} = -\dfrac{2}{2} = -1$

y-Wert des Scheitelpunktes: $y_S = (-1 - 1)(-1 + 3) = -2 \cdot 2 = -4$

Scheitelpunkt: $S(-1 \mid -4)$

Der Scheitel $S(-1 \mid -4)$ muss auf die x-Achse verschoben werden.
Also verschiebt man die Parabel p um 4 LE nach oben.

Hinweis: x_S ergibt sich auch aus dem Mittelwert der Schnittstellen von p mit der x-Achse:

$$x_S = \frac{1 + (-3)}{2} = -1$$

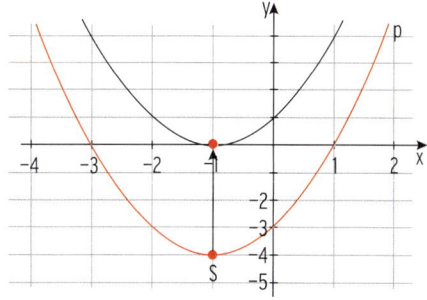

Aufgaben

1 Bestimmen Sie die Koordinaten des Scheitelpunktes.
Wie ist die Parabel geöffnet?

a) $y = x^2 - 6x - 1$

b) $y = x^2 + 8x - 3$

c) $y = -5x^2 + 9$

d) $y = x^2 + 2x$

e) $y = -\frac{1}{2}x^2$

f) $y = x(x - 8)$

g) $y = (x - 2{,}5)^2$

h) $y = -3x^2 + 7$

i) $y = (x - 3)^2 + 5$

2 Bestimmen Sie die Gleichung einer Parabel, die den Scheitelpunkt $S(-1\,|\,5)$ hat.

3 Gegeben sind die Parabeln p_1 und p_2 durch die Gleichungen
$p_1 : y = x^2 + 4x + 7$; $\;p_2: y = x^2 - 8x + 17$.
Welchen Abstand haben die zwei Scheitelpunkte voneinander?

4 Gegeben ist die Parabel p.
a) Bestimmen Sie den Scheitelpunkt von p.
b) Geben Sie die Gleichung von p sowohl in der Scheitelform als auch in der allgemeinen Form an.

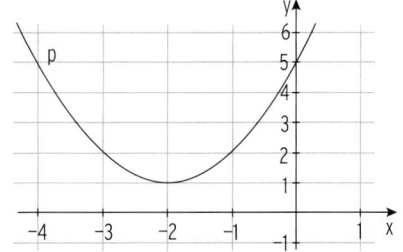

5 Gegeben ist die Parabel p durch ihre Gleichung p: $y = x^2 - 6x + 5$.
a) Bestimmen Sie den tiefsten Punkt der Parabel.
b) Zeichnen Sie p in ein geeignetes Koordinatensystem ein.
c) Spiegeln Sie die Parabel p an der x-Achse.
Geben Sie die Schnittpunkte der gespiegelten Parabel mit der x-Achse an.

6 Für jede reelle Zahl c ist die Parabel p gegeben durch p: $y = x^2 - 2x + c$.
a) Bestimmen Sie für c = 3 die Scheitelkoordinaten und zeichnen Sie p in ein rechtwinkliges Koordinatensystem ein (1 LE $\triangleq$ 1 cm).
b) Berechnen Sie die Koordinaten des Scheitels in Abhängigkeit von c.
c) Welche Bedingung muss für c gelten, damit die Parabel zwei Schnittpunkte mit der x-Achse hat?

7 Die Abbildung zeigt die Parabel p.
a) Bestimmen Sie die Gleichung von p.
b) Die eingezeichnete Strecke a = $\overline{AB}$ beginnt im angegebenen Punkt A und endet an der Parabel. Berechnen Sie die Längen der eingezeichneten Strecken a und b = $\overline{CD}$.
Berechnen Sie den Inhalt des Dreicks ABC.

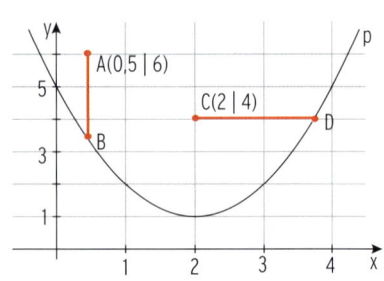

Parabel-Domino

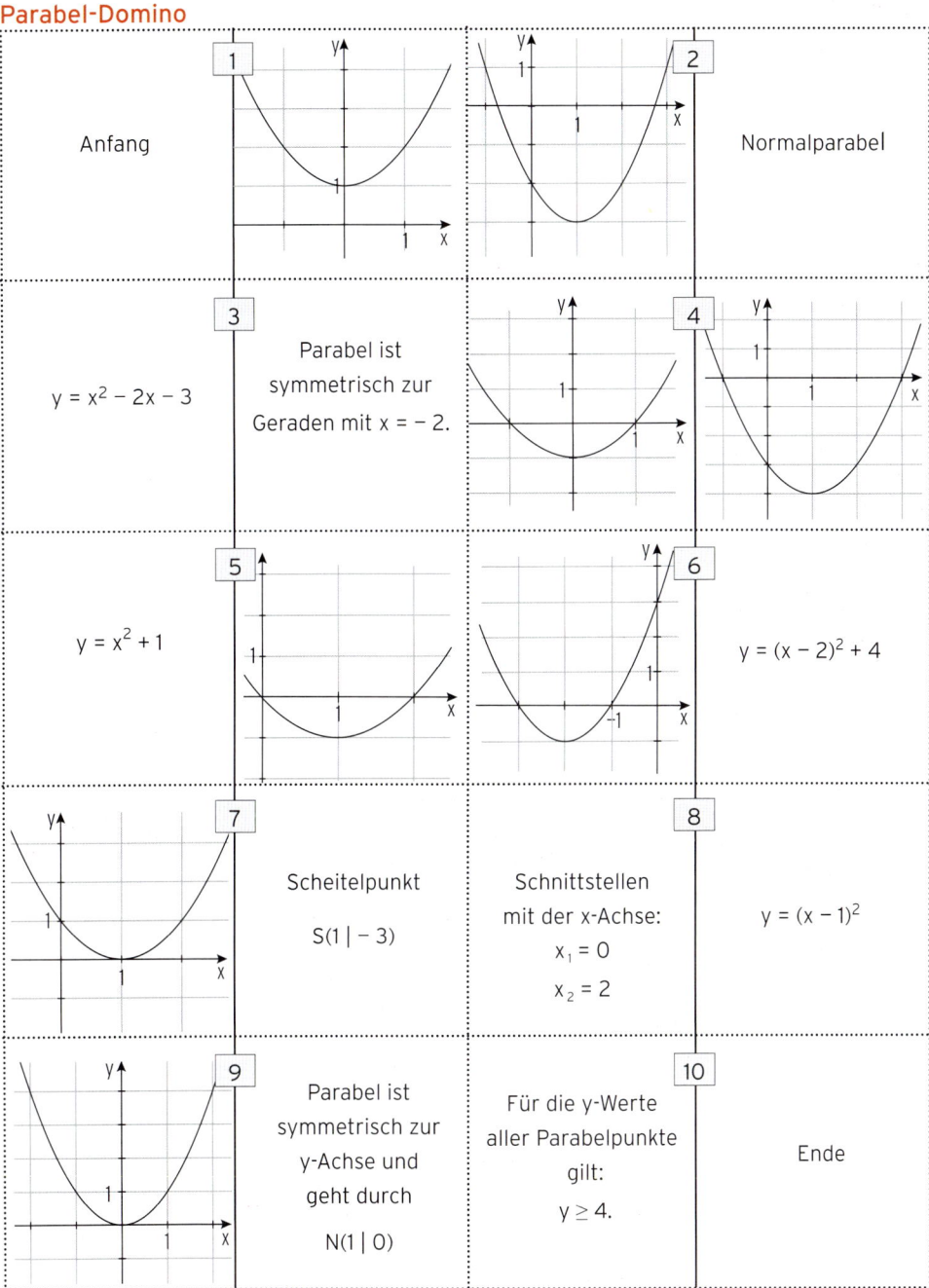

1	**2**
Anfang	Normalparabel
3	**4**
$y = x^2 - 2x - 3$	Parabel ist symmetrisch zur Geraden mit $x = -2$.
5	**6**
$y = x^2 + 1$	$y = (x - 2)^2 + 4$
7	**8**
Scheitelpunkt $S(1 \mid -3)$	Schnittstellen mit der x-Achse: $x_1 = 0$ $x_2 = 2$	$y = (x - 1)^2$
9	**10**
Parabel ist symmetrisch zur y-Achse und geht durch $N(1 \mid 0)$	Für die y-Werte aller Parabelpunkte gilt: $y \geq 4$.	Ende

Nur entlang der gestrichelten Linie schneiden.

mvurl.de/i5nt

3.2 Schnittpunkte von Parabel und Gerade

Beispiel 1

↪ Das Hightech-Unternehmen Möller stellt technische Geräte her. Bei der Produktion dieser Geräte werden die Gesamtkosten in € pro Tag, in Abhängigkeit von der Ausbringungsmenge x (in ME), festgelegt durch $y = \frac{1}{2}x^2 + 5$; $0 \leq x \leq 7$.

Der Betrieb hat einen konstanten Verkaufspreis von 3,50 € je ME geplant.

a) Zeichnen Sie die Gesamtkostenkurve und die Erlösgerade in ein geeignetes Koordinatensystem ein.

b) Bestimmen Sie grafisch und rechnerisch, in welchem Bereich Gewinn erzielt wird.

Lösung

a) Der Erlös y in Abhängigkeit von x:

$y = 3,5x$ (Preis mal Menge)

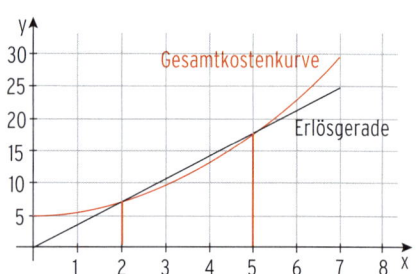

b) grafisch

x-Werte, für die der Erlös und die Gesamtkosten **gleich groß** sind.

Aus der Zeichnung ablesen: $x_1 = 2$; $x_2 = 5$

Bereich in dem Gewinn erzielt wird: $2 < x < 5$ (Gewinnzone)

rechnerisch

Bedingung für die **x-Werte (Schnittstellen),** für die der Erlös und die Gesamtkosten **gleich groß** sind.

y-Werte gleichsetzen: $y_K = y_E$ $\frac{1}{2}x^2 + 5 = 3,5x$

Quadratische Gleichung in Nullform: $\frac{1}{2}x^2 - 3,5x + 5 = 0$ $| \cdot 2$

Vereinfachte Gleichung: $x^2 - 7x + 10 = 0$

Lösung mit der Formel: $x_{1|2} = \dfrac{7 \pm \sqrt{49 - 40}}{2} = \dfrac{7 \pm 3}{2}$

$x_1 = 2$; $x_2 = 5$

Bei Produktion und Verkauf von 2 bzw. 5 ME sind Erlös und Gesamtkosten gleich groß.

Bereich in dem Gewinn erzielt wird: $2 < x < 5$

Zwischen 2 ME und 5 ME wird Gewinn erzielt.

Beispiel 2

mvurl.de/k769

➲ Gegeben ist die Parabel p mit $y = x^2 - 3x$ und die Gerade g.

Welche Lage haben die Gerade g und die Parabel p zueinander?

Bestimmen Sie ggf. die gemeinsamen Punkte.

a) g: $y = x + 5$ b) g: $y = x - 4$ c) g: $y = x - 6$

mvurl.de/a1g7

Lösung

a) Schnittpunkte von p und g

Bedingung für die Schnittstellen: $y_p = y_g$ $x^2 - 3x = x + 5$

Nullform: $x^2 - 4x - 5 = 0$

Lösung mit der Formel: $x_{1|2} = \dfrac{4 \pm \sqrt{16 + 20}}{2} = \dfrac{4 \pm \sqrt{36}}{2}$

D > 0; zwei Lösungen (Schnittstellen): $x_1 = 5;\ x_2 = -1$

Einsetzen des x-Wertes in die Geradengleichung
oder in die Parabelgleichung ergibt
den y-Wert des Schnittpunktes.

$x_1 = 5$: $y = 5 + 5 = 10$

$x_2 = -1$: $y = -1 + 5 = 4$

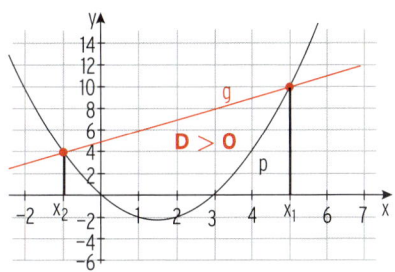

Schnittpunkte: $S_1(5 \mid 10)$; $S_2(-1 \mid 4)$

**Die Gerade g schneidet die Parabel p
in zwei Punkten.**

b) Schnittpunkte von p und g

Bedingung für die Schnittstellen: $y_p = y_g$ $x^2 - 3x = x - 4$

Nullform: $x^2 - 4x + 4 = 0$

Lösung mit der Formel: $x_{1|2} = \dfrac{4 \pm \sqrt{16 - 16}}{2} = \dfrac{4 \pm \sqrt{0}}{2}$

D = 0; eine (doppelte) Lösung: $x_1 = 2$

Berührstelle $x_1 = x_2$ $x_2 = 2$

Einsetzen des x-Wertes in die Geradengleichung
oder in die Parabelgleichung ergibt den y-Wert
des gemeinsamen Punktes: $y = 2 - 4 = -2$

Berührpunkt: $B(2 \mid -2)$

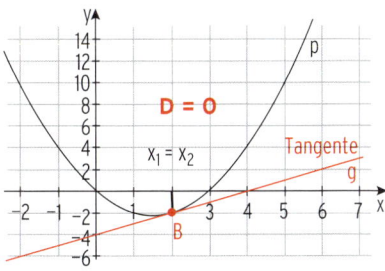

Die Gerade g berührt die Parabel p.

g ist die Tangente an p im Punkt B.

c) **Schnittpunkte von p und g**

Bedingung für die Schnittstellen: $y_p = y_g$ $\qquad$ $x^2 - 3x = x - 6$

Nullform: $\qquad\qquad\qquad\qquad\qquad\qquad$ $x^2 - 4x + 6 = 0$

Lösung mit der Formel: $\qquad\qquad\qquad$ $x_{1|2} = \dfrac{4 \pm \sqrt{16 - 24}}{2} = \dfrac{4 \pm \sqrt{-8}}{2}$

D < 0; keine Lösung

Die Gerade g schneidet die

Parabel p nicht.

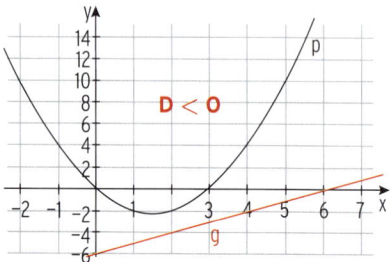

Beachten Sie

Gegenseitige Lage der Parabel p und der Geraden g

Bedingung für die x-Koordinate: $\qquad\qquad\qquad\qquad$ $y_p = y_g$

Dies führt auf eine quadratische Gleichung: $\qquad\qquad$ $ax^2 + bx + c = 0$

Bestimmung der Lösung ggf. mit der Formel: $\qquad\quad$ $x_{1|2} = \dfrac{-b \pm \sqrt{b^2 - 4ac}}{2a}$

Die Anzahl der Lösungen hängt von der Diskriminante D ab.

$$D = b^2 - 4ac$$

D > 0	**D = 0**	**D < 0**
zwei Lösungen p und g **schneiden** sich in **zwei verschiedenen** Punkten.	**eine (doppelte) Lösung (Berührstelle)** p und g **berühren** sich. g ist Tangente.	**keine Lösung** p und g haben **keinen gemeinsamen** Punkt.

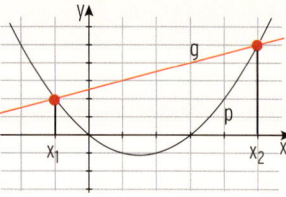

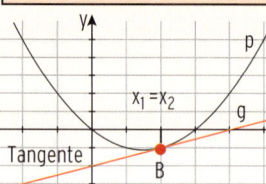

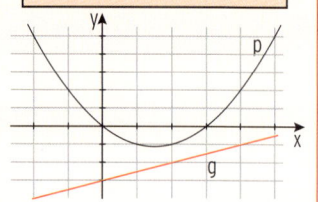

Aufgaben

1 Welche Lage haben die Gerade g und die Parabel p zueinander?
Bestimmen Sie ggf. die Schnittpunkte.

a) p: $y = -\frac{1}{2}x^2$; g: $y = \frac{2}{3}x$

b) p: $y = x^2 + 3x$; g: $y = x - 1$

c) p: $y = x^2 - 3x - 2$; g: $y = -\frac{1}{3}x - 1$

d) p: $y = x^2 + 3x - 2$; g: $y = x - 3$

e) p: $y = x^2 + 6x - 8$; g: $y = 4(x - 3)$

f) p: $y = \frac{1}{4}x^2 + 3$; g: $y = 7$

2 Gegeben sind die Parabel p und die Gerade g.
Untersuchen Sie, ob p und g gemeinsame Punkte besitzen. Bestimmen Sie
gegebenenfalls die Koordinaten. Wie liegen Parabel und Gerade zueinander?

a) p: $y = x^2 - 3x + 1$; g: $y = -x + 4$

b) p: $y = x^2 - 5x - 6$; g: $y = -6x$

c) p: $y = x^2 + x - 5$; g: $y = 3x - 6$

d) p: $y = x^2 + x - 2{,}5$; g: $y = 0{,}5x - 1$

e) p: $y = x^2 - x - 6$; g: $y = 4x - 10$

f) p: $y = x^2 + 4x - 5$; g: $y = 5x - 10$

3

a) Berechnen Sie die Koordinaten der
Schnittpunkte von g und p.

b) In welchem Bereich liegt die
Gerade g oberhalb der Parabel?

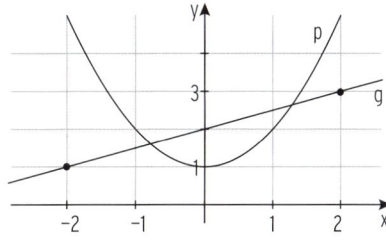

4 Die Parabel p und die Gerade g sind durch folgende Gleichungen gegeben:

p: $y = x^2 - 4x + 2$; g: $y = -\frac{1}{2}x + 2$.

a) Erstellen Sie für p eine Wertetabelle mit x = −1; 0; 1; 2; 3; 4.
Zeichnen Sie p in ein rechtwinkliges Koordinatensystem ein (1 LE ≙ 1 cm).

b) Bestimmen Sie rechnerisch die Scheitelkoordinaten von p.

c) Berechnen Sie die Schnittstellen von p mit der x-Achse.

d) Zeichnen Sie die Gerade g in das Koordinatensystem ein.

e) Bestimmen Sie rechnerisch die Koordinaten der Schnittpunkte der Parabel p mit
der Geraden g.

5 Die Gesamtkosten eines Betriebes werden beschrieben durch
$y = x^2 + 4x + 40$; $0 \leq x \leq 12$. Der Verkaufspreis pro ME beträgt 18,00 €.

a) Zeichnen Sie die Gesamtkostenkurve und die Erlösgerade in ein geeignetes
Koordinatensystem ein.

b) Berechnen Sie die Gesamtkosten und den Erlös für eine Ausbringungsmenge (x)
von 3 ME und 5 ME.

c) Bestimmen Sie rechnerisch den Bereich, in dem der Betrieb Gewinn erzielt.

mvurl.de/7zzh

3.3 Schnittpunkte von zwei Parabeln

Beispiel 1

⮕ Gegeben ist die Parabel p mit $y = -x^2 - 2$.

Wie liegen die Parabeln p_1, p_2 und p_3 zur Parabel p?

a) p_1: $y = x^2 - x - 5$ b) p_2: $y = x^2 - 3x - 0{,}875$ c) p_3: $y = x^2 - x$

mvurl.de/shih

mvurl.de/hugq

Lösung

a) Schnittpunkte von p und p_1

Bedingung: y-Werte gleichsetzen $-x^2 - 2 = x^2 - x - 5$

Nullform: $2x^2 - x - 3 = 0$

Lösung mit der Formel: $x_{1|2} = \dfrac{1 \pm \sqrt{1 + 24}}{4} = \dfrac{1 \pm \sqrt{25}}{4}$

D > 0; zwei Lösungen (Schnittstellen): $x_1 = 1{,}5;\ x_2 = -1$

Schnittpunkte: $S_1(1{,}5 \mid -4{,}25)$; $S_2(-1 \mid -3)$

Die Parabel p schneidet die Parabel p_1

in zwei Punkten.

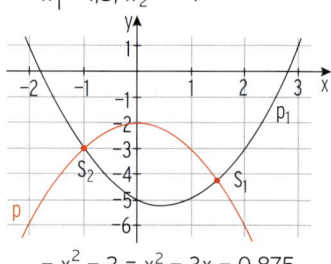

b) Schnittpunkte von p und p_2

Bedingung: y-Werte gleichsetzen $-x^2 - 2 = x^2 - 3x - 0{,}875$

Nullform: $2x^2 - 3x + 1{,}125 = 0$

Lösung mit der Formel: $x_{1|2} = \dfrac{3 \pm \sqrt{9 - 9}}{4} = \dfrac{3 \pm \sqrt{0}}{4}$

D = 0; eine (doppelte) Lösung: $x_1 = 0{,}75;\ x_2 = 0{,}75$

Berührpunkt: $B(0{,}75 \mid -2{,}56)$

p berührt p_2 im Punkt B.

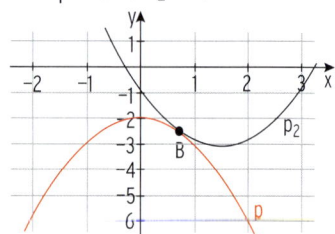

c) Schnittpunkte von p und p_3

Bedingung: y-Werte gleichsetzen $-x^2 - 2 = x^2 - x$

Nullform: $2x^2 - x + 2 = 0$

Lösung mit der Formel: $x_{1|2} = \dfrac{1 \pm \sqrt{1 - 16}}{4} = \dfrac{1 \pm \sqrt{-15}}{4}$

D < 0; keine Lösung

Die Parabel p schneidet die

Parabel p_3 nicht.

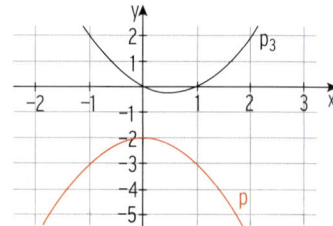

Beispiel 2

⊃ Die Parabeln p und p_1 sind gegeben durch ihre Gleichungen
p: $y = x^2 + 2$; p_1: $y = x^2 - 4x + 5$.
Zeigen Sie, dass p und p_1 genau einen Punkt gemeinsam haben.

Lösung

Schnittpunkte von p und p_1

Bedingung: y-Werte gleichsetzen $x^2 + 2 = x^2 - 4x + 5$

Nullform ist eine **lineare Gleichung:** $4x - 3 = 0$ (Quadrate fallen weg)

Eine (einfache) Lösung: $x_1 = 0{,}75$

Einsetzen des x-Wertes in eine
Parabelgleichung ergibt den y-Wert

des Schnittpunktes: $y = 0{,}75^2 + 2 \approx 2{,}56$

Schnittpunkt: $S_1(0{,}75 \mid 2{,}56)$

Die Parabel p schneidet die Parabel p_1

in einem Punkt.

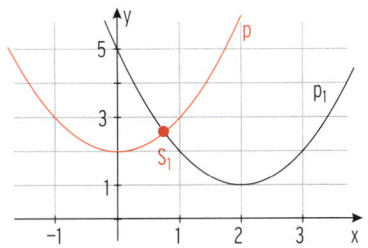

Beachten Sie

Gegenseitige Lage der Parabeln p_1 und p_2

Bedingung für die x-Koordinate: $y_p = y_g$

Dies führt auf eine quadratische Gleichung (*): $ax^2 + bx + c = 0$

Bestimmung der Lösung ggf. mit der Formel: $x_{1|2} = \dfrac{-b \pm \sqrt{b^2 - 4ac}}{2a}$

Die Anzahl der Lösungen hängt von der Diskriminante D ab.

$$D = b^2 - 4ac$$

D > 0	**D = 0**	**D < 0**
zwei Lösungen	**eine (doppelte) Lösung**	**keine Lösung**
p_1 und p_2 **schneiden sich** in **zwei verschiedenen** Punkten.	(Berührstelle) p_1 und p_2 **berühren** sich.	p_1 und p_2 haben **keinen gemeinsamen** Punkt.

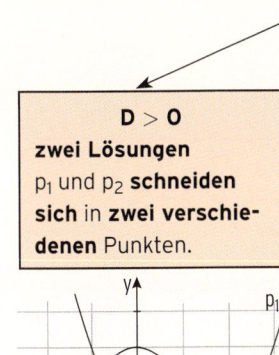

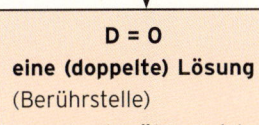

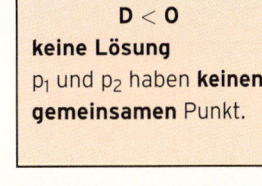

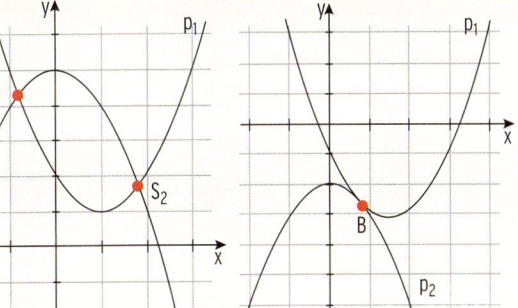

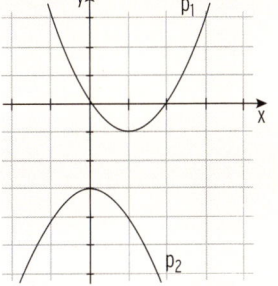

(*) Das Gleichsetzen kann auch auf eine lineare Gleichung führen.

Aufgaben

1 Gegeben sind die Parabeln p_1 und p_2.
Bestimmen Sie die Koordinaten der Schnittpunkte der beiden Parabeln.
Welche Lage haben die beiden Parabeln zueinander?

a) p_1: $y = x^2 + 3x$ $\qquad\qquad$ p_2: $y = 0{,}5x^2$

b) p_1: $y = 2x^2 + 8$ $\qquad\qquad$ p_2: $y = x^2 + 6x - 1$

c) p_1: $y = x^2 - 3x + 1{,}5$ $\qquad\qquad$ p_2: $y = -2{,}5 + x + x^2$

d) p_1: $y = (x - 3)^2 - 2$ $\qquad\qquad$ p_2: $y = -x^2 + 4$

2 Bestimmen Sie die Gleichungen von zwei Parabeln, die sich in den Punkten
A(0 | 4) und B(1 | 3) schneiden.

3 Ordnen Sie jedem Schaubild die passende
Parabelgleichung zu. Begründen Sie Ihre Wahl.
Wo schneiden sich die beiden Parabeln?

$y = x^2 - 1{,}5$

$y = (x - 1{,}5)^2$

$y = (x - 1)^2 - 1$

$y = x(x + 2)$

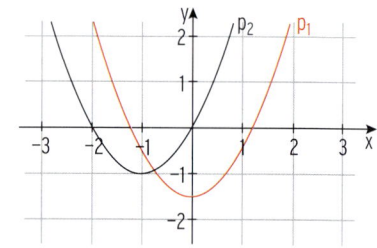

4 In der Abbildung sind die Parabeln p_1
und p_2 dargestellt.

a) Bestimmen Sie jeweils eine Gleichung von p_1
und p_2.

b) Wieviele Schnittpunkte von p_1 und p_2
sind zu vermuten.
Berechnen Sie die Schnittpunkte
von p_1 und p_2.

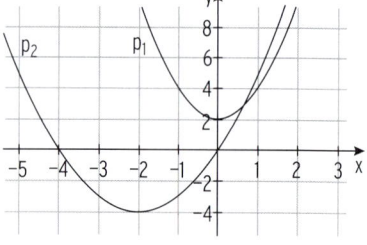

5 Gegeben ist die Parabel p_1 durch die Gleichung $y = (x - 3)^2 - 1$.

a) Ermitteln Sie den Scheitelpunkt der Parabel p_1 und berechnen Sie die Koordinaten
der Schnittpunkte von p_1 mit den Koordinatenachsen.

b) Eine zweite Parabel p_2 hat den Scheitelpunkt S(0 | −7) und geht durch den
Scheitelpunkt von p_1.
Bestimmen Sie die Schnittpunkte von p_1 und p_2.

Was man wissen sollte ... über Parabelgleichungen

- **Gleichung der Normalparabel**

    $y = x^2$

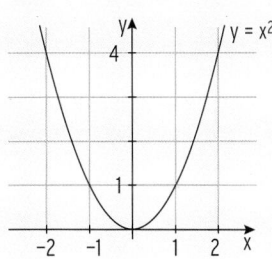

- **Parabelgleichung mit**

    $y = ax^2 + c$

    Scheitelpunkt S(0 | c)

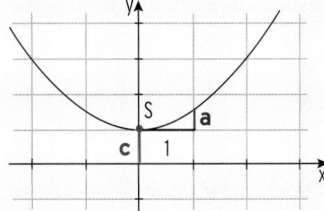

- **Parabelgleichung in Scheitelform**

    $y = (x - d)^2 + e$

    Scheitelpunkt S(d | e)

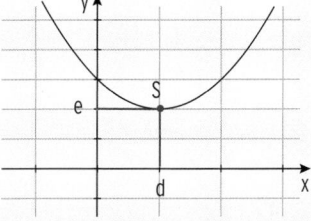

- **Parabelgleichung in allgemeiner Form**

    $y = x^2 + bx + c$

    x-Koordinate des Scheitelpunktes: $x_S = -\dfrac{b}{2}$

    Einsetzen von x_S in die Parabelgleichung ergibt
    den y-Wert y_S des Scheitelpunkte.

    Scheitelpunkt S(x_S | y_S)

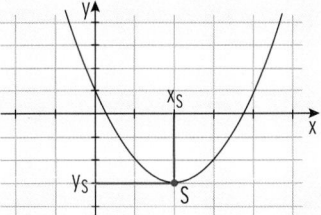

Was man wissen sollte ... über die gegenseitige Lage von Parabel und x-Achse, Parabel und Gerade, zwei Parabeln

Die Untersuchung auf gemeinsame Punkte führt auf eine quadratische Gleichung (*).

Die Anzahl der Lösungen hängt von der Diskriminante D ab.

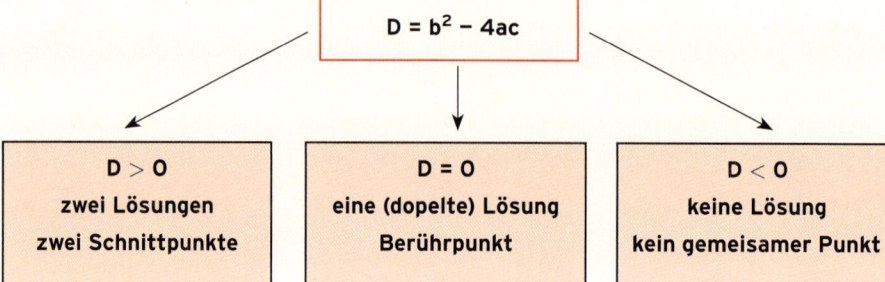

$$D = b^2 - 4ac$$

D > 0	D = 0	D < 0
zwei Lösungen	eine (dopelte) Lösung	keine Lösung
zwei Schnittpunkte	Berührpunkt	kein gemeisamer Punkt

· **Parabel und x-Achse**

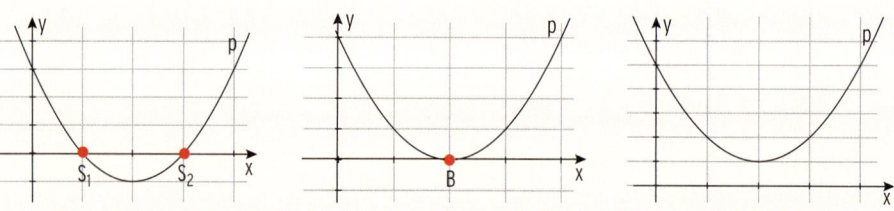

· **Parabel und Gerade**

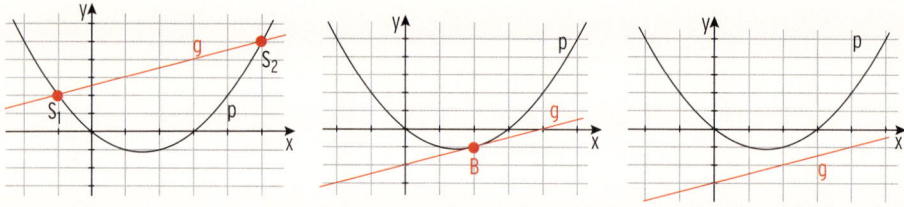

· **zwei Parabeln**

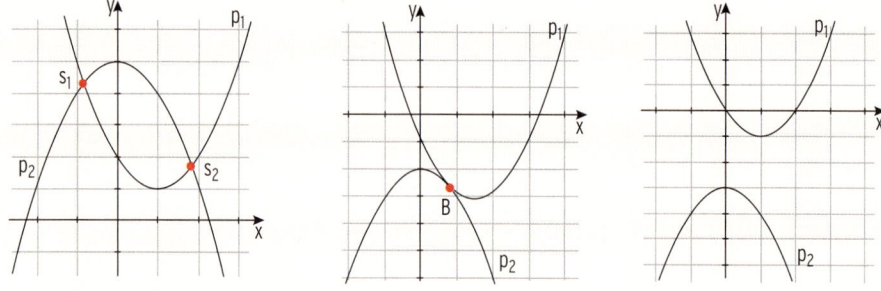

(*) Die Bestimmung der Schnittstelle bei Parabel und Parabel kann auch auf eine lineare Gleichung führen.

4 Anwendungen von Parabeln

Beispiel

⮑ Viele Brückenbögen haben die Form
einer Parabel, d.h., ihr Verlauf lässt
sich durch eine quadratische Funktion
beschreiben. Der Bogen einer Brücke ist
ein Parabelträger mit der Spannweite
l = 30 m und der größten Höhe h = 6 m.
Berechnen Sie die Länge der 5 in gleichen Abständen vertikal angebrachten
Spannstäbe.

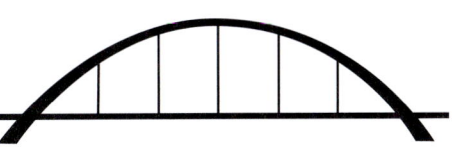

Lösung

Parabelgleichung bestimmen.

Sinnvolle Wahl eines Koordinatensystems

Die y-Achse verläuft durch den Scheitelpunkt.
Die Schnittpunkte mit der x-Achse
sind dann: $N_1(-15 \mid 0)$; $N_2(15 \mid 0)$

Ansatz: $y = a\,x^2 + c$
Die größte Höhe ist 6 (m) in x = 0.
c = 6

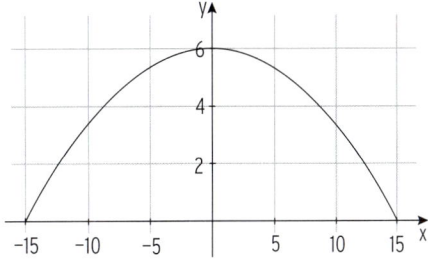

Parabelgleichung:
Punktprobe mit $N_2(15 \mid 0)$ ergibt:

$$y = a\,x^2 + 6$$
$$0 = a \cdot 15^2 + 6$$
$$0 = a \cdot 225 + 6$$
$$a = -\frac{6}{225}$$

Parabelgleichung:

$$y = -\frac{6}{225}x^2 + 6$$

Berechnung der Länge der Spannstäbe (y-Werte)

y- Werte berechnen

x	0	5	10
y	6	5,33	3,33

Die Spannstäbe sind 3,33 m, 5,33 m, 6 m, 5,33 m
und 3,33 m lang.
Beachten Sie hierbei die Symmetrie.

Aufgaben

1 Eine Brückendurchfahrt ist 6,60 m hoch und 8 m breit (s. Abb. 1).
Ein Fahrzeug ist 3 m breit und 4,80 m hoch. Kann dieses Fahrzeug noch unter der Brücke hindurchfahren?

Abb. 1

2 Bei den olympischen Spielen werden beim Diskuswerfen Scheiben verwendet, deren Form sich näherungsweise durch ein Parabelstück (s. Abb. 2) beschreiben lässt (alle Angaben in cm).
Das Parabelstück wird beschrieben durch $y = -2{,}5\,x^2 + 9{,}025$.

a) Berechnen Sie den Durchmesser und die Dicke des Diskus.

b) Um gute Flugeigenschaften und eine hohe Haltbarkeit zu erzielen, entwickelt ein Sportinstitut einen Diskus, bei dem die Kante aus Stahl (siehe Markierung in der Skizze) und der Rest aus einem anderen Material besteht.
Im Querschnitt lässt sich die Stoffgrenze beschreiben durch eine Gerade mit der Gleichung $y = \frac{65}{8}$. Wie dick ist der Diskus an der Stoffgrenze?

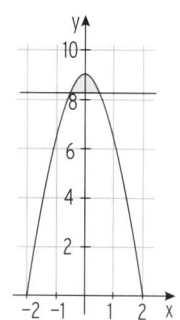

Abb. 2

3 Der Bogen einer Kette verläuft (näherungsweise) wie eine Parabel (s. Abb. 3).
0,5 m vom Aufhängepunkt entfernt, hängt die Kette 0,2 m durch. Jan behauptet, dass der (maximale) Durchhang mindestens 0,6 m beträgt. Überprüfen Sie diese Behauptung.

Abb. 3

4 Alexander gießt mit dem Wasserstrahl eine kleine Planze (s. Abb. 4). Er hält den Wasserschlauch in einer Höhe von 1,40 m.
Der Verlauf des Wassers kann durch eine Parabel beschrieben werden. Der Scheitelpunkt ist 2,2 m (waagrecht) von ihm entfernt und hat eine Höhe von 4 m.

a) Geben Sie eine mögliche Parabelgleichung an.

b) In welcher Entfernung befindet sich die Pflanze?

Abb. 4

Test zur Überprüfung Ihrer Grundkenntnisse

1 Bestimmen Sie die Parabelgleichungen
von p_1, p_2 und p_3 aus der Abbildung.
Welche Parabeln können mit der Schablone
gezeichnet werden?
Berechnen Sie die Schnittpunkte von
p_2 und p_3.

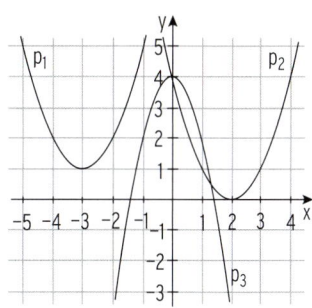

2 Die Normalparabel wird um 3 nach rechts und anschließend um 2 nach oben verschoben.
Bestimmen Sie den Scheitelpunkt und die Gleichung der verschobenen Parabel.

3 Berechnen Sie die gemeinsamen Punkte der Parabel p mit der x-Achse.

a) p: $y = x^2 + 2x - 24$ **b)** p: $y = x^2 - 8x + 16$ **c)** p: $y = 2x - \frac{1}{3}x^2$

4 Die Parabel p und die Gerade g sind durch folgende Gleichungen gegeben:

$$p:\ y = x^2 - x - 2 \qquad p:\ y = x + 1$$

a) Berechnen Sie die Schnittpunkte von p mit der x-Achse.

b) Geben Sie die Schnittpunkte von p und g an.

5 Gegeben ist die in der Abbildung
dargestellte Parabel p.

a) Ordnen Sie der Parabel p die richtige
Gleichung zu und begründen Sie
Ihre Wahl.

   (1) $y = x^2 + 3$

   (2) $y = (x + 2)^2 - 1$

   (3) $y = x^2 - 4x + 3$

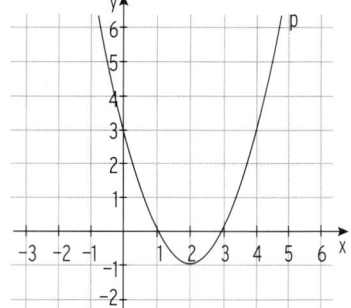

b) Eine Gerade schneidet die Parabel p in $x_1 = -1$ und $x_2 = 4$.
Bestimmen Sie Gleichung dieser Geraden durch Rechnung.

c) Bestimmen Sie die Schnittstellen von p und p*: $y = 2x^2 - 2$.

16 Bohner u.a. - ISBN 978-3-8120-0119-9

5 Darstellung nicht-quadratischer Zusammenhänge

5.1 Exponentielles Wachstum

Beispiel 1

➲ Papa Kurt schenkt seinem Sohn 1000 €.
Er bietet ihm folgende Alternative an:

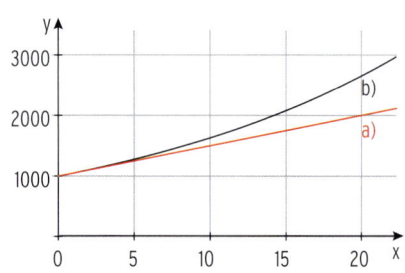

a) Der Sohn erhält jedes Jahr weitere 50 €.

b) Der Betrag 1000 € wird zu 5 % Zinsen angelegt.
Beschreiben Sie die Entwicklung des Kapitals im Laufe von 20 Jahren.
Nennen Sie Argumente für die bessere Alternative.

Lösung

a) Nach 10 Jahren: 1500 €

Nach 20 Jahren: 2000 €

Kapital nach n Jahren:

$K_n = 1000 + 0,05 \cdot 1000 \cdot n$

$K_n = 1000 + 50 n$

Konstante jährliche Zunahme um d = 50.

Das Kapital erhöht sich jedes Jahr um 50 €,

also **linear.**

Bemerkung: Mit $y = 1000 + 50x$ wird eine Gerade beschrieben.

Beachten Sie

Beim **linearen Wachstum** nimmt die Größe y immer **um den gleichen Summanden d zu,** wenn die Größe x um 1 zunimmt.

---

b) Kapital nach 1 Jahr: $K_1 = 1000 \cdot 1,05 = 1050$

Kapital nach 2 Jahren: $K_2 = 1050 \cdot 1,05 = (1000 \cdot 1,05) \cdot 1,05 = 1000 \cdot 1,05^2$

$K_2 = 1102,5$

Kapital nach 10 Jahren: $K_{10} = 1000 \cdot 1,05^{10} = 1628,89$

Kapital nach 20 Jahren: $K_{20} = 1000 \cdot 1,05^{20} = 2653,30$

Kapital nach n Jahren: $K_n = 1000 \cdot 1,05^n$ (Zinseszinsformel)

Jedes Jahr wächst das Kapital mit dem **Wachstumsfaktor q = 1,05.**

Das Kapital erhöht sich **exponentiell.**

Ergebnis: Alternative b) ist vorteilhafter (s. Abb.).

Bemerkung: Mit $y = 1000 \cdot 1,05^x$ wird das exponentielle Wachstum beschrieben.
Gleichung in allgemeiner Form: $y = a \cdot q^x$

Beachten Sie

Beim **exponentiellen Wachstum** wächst die Größe y immer **mit dem festen Faktor q,** wenn die Größe x um 1 zunimmt.

Zinseszinsformel

$$K_n = K_0 \cdot q^n$$

K_n: Endkapital (Kapital nach n Jahren) K_0: Anfangskapital

$\frac{p}{100}$: Zinssatz $q = 1 + \frac{p}{100}$: Zinsfaktor   n: Zeit in Jahren

---

Beispiel 2

➲ Herbert hat 600,00 € für 3 Jahre bei einer Bank fest angelegt. Er hat einen Zinssatz von 4 % vereinbart. Die Zinsen werden jährlich dem Kapital gutgeschrieben und im folgenden Jahr mitverzinst. Über welches Kapital kann er nach 3 Jahren verfügen?

Lösung

Zinseszinsformel: $K_n = K_0 \cdot q^n$

Mit K_0 = 600 (in €); q = 1 + 0,04 = 1,04; n = 3: $K_n = 600 \cdot 1{,}04^n = 674{,}92$

Herbert kann nach 3 Jahren über ein Kpital von 674,92 € verfügen.

Beispiel 3

➲ Eine Bakterienkultur vermehrt sich in den ersten fünf Stunden exponentiell. Das **exponentielle Wachsen** wird beschrieben durch $y = 2200 \cdot 1{,}804^t$. y gibt die Anzahl der Bakterien nach t Stunden an. Beschreiben Sie, wie sich die Anzahl der Bakterien entwickelt.

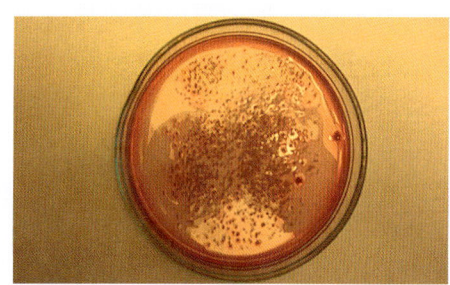

Lösung

t = 0 (Anfangsbestand): y = 2200
Wachstumsfaktor q = 1,804
Stündlich nimmt die Zahl der Bakterien um 80,4 % zu. Nach etwa 4,8 Stunden wird die Zahl 40 000 überschritten.

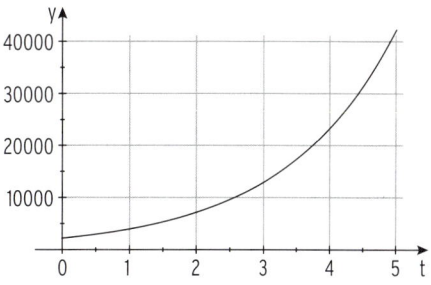

Aufgaben

1 Ein Anleger möchte sein Kapital von 8 000,00 € fünf Jahre fest anlegen.
Berechnen Sie das Endkapital bei folgendem Zinssatz:

a) 3 %   b) $\frac{5}{100}$ c) 6 %   d) 7,25 %

2 Auf welches Endkapital wachsen 500,00 € (mit Zinseszinsen) an?

a) 3 % in 7 Jahren   b) 2 % in 10 Jahren

c) 4,5 % in 20 Jahren   d) 10 % in 40 Jahren

3 Berechnen Sie die fehlenden Größen (mit Zinseszinsen).

	Anfangskapital	Zinssatz	Zeit	Endkapital
a)	1000,00 €	4 %	3 Jahre	
b)	8 000,00 €	3,25 %	8 Jahre	
c)	1 €	10 %	100 Jahre	

4 Zum 18. Geburtstag bekommt Herbert 4 000,00 € von seinem Opa.
Der Opa möchte, dass Herbert dieses Geld langfristig anlegt. Herbert geht zu einer Bank, die ihm folgendes Angebot unterbreitet (Anlagedauer 30 Jahre):

Garantierte Mindestverzinsung: 0,5 %
Realistische Verzinsung: 0,75 %
Optimistische Verzinsung: 1,5 %

Mit welchem Kapital kann Herbert nach 30 Jahren rechnen?

5 Bei einem Kettenbrief soll eine Nachricht über soziale Netzwerke an 10 weitere Personen geschickt werden, von denen jeder wiederum an 10 weitere Personen diese Nachricht schickt. Wie viele Personen erhalten diese Nachricht bei 6 "Durchgängen"?

6 Für eine Langzeitstudie werden in ein abgegrenztes Versuchsgelände 50 Mäuse ausgesetzt. Erfahrungsgemäß vermehrt sich diese Mäuseart unter optimalen Bedingungen um 30 % jedes Jahr.

a) Was hat diese Aufgabe mit der Zinseszinsformel zu tun?

b) Mit wie vielen Mäusen ist in 5 Jahren zu rechnen?

c) Nach welcher Zeit hat sich die Anzahl der Mäuse ungefähr verdoppelt?

5.2 Sinuskurve

Viele Vorgänge in der Natur laufen "wiederholt", d. h. **periodisch** ab:

Wasserstand bei Ebbe und Flut, Lungenatmung, Schallwelle, Pendeluhr, Mondphasen.

Mithilfe von Messungen erhält man Daten. Durch deren Darstellung in einem rechtwinkligen Koordinatensystem erkennt man den periodischen Verlauf.

Beispiele

1) Die Tageslänge (Zeit zwischen Sonnenaufgang und Sonnenuntergang) ändert sich im Laufe eines Jahres. Am Diagramm erkennt man, dass sich dieser Ablauf jedes Jahr wiederholt. Die Funktion, die die Veränderung der Tageslänge beschreibt, hat die Periode ein Jahr.

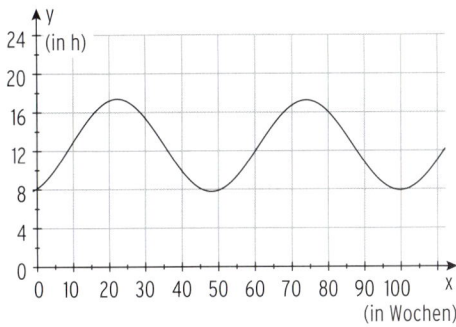

2) Die Gezeiten verhalten sich nahezu periodisch. Damit lässt sich der Wasserstand voraus-berechnen. Das Diagramm zeigt die Änderung des Wasserstands an der Nordsee für zwei Tage im März 2008.

   Dabei ist x die Zeit in Stunden, x = 0 entspricht 0:30 Uhr am 9.03.2008, y der Wasserstand in Meter über Seekartennull.

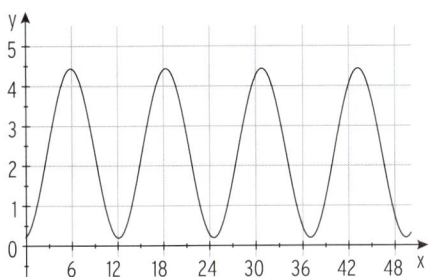

mvurl.de/c4h6

Sinus-Werte für beliebige Winkel

Der Winkel liegt zwischen 0° und 90°

Z. B.: $\alpha = 30°$: $\sin 30° = \frac{1}{2}$

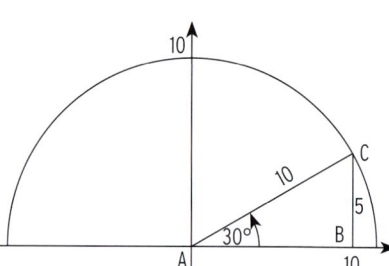

Zeichnerische Darstellung

Man legt die Spitze A des **rechtwinkligen Dreiecks**
in den Ursprung eines rechtwinkligen
Koordinatensystems.

Man zeichnet einen Kreis mit Radius 10 cm und
Mittelpunkt A. Der Winkel $\alpha = 30°$ wird im Punkt A
angetragen. Die Gegenkathete ist 5 cm lang.

$\sin \alpha = \frac{5 \text{ cm}}{10 \text{ cm}} = 0,5$.

Wählt man für die Länge der Hypotenuse
1 Längeneinheit (z. B. 10 cm $\triangleq$ 1 LE), erhält man

$\sin \alpha = \frac{0,5 \text{ LE}}{1 \text{ LE}} = 0,5$.

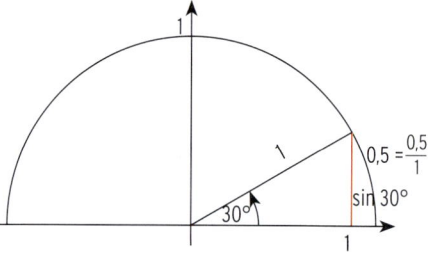

In diesem Fall entspricht die Länge der
Gegenkathete dem Sinus-Wert (im Einheitskreis).
Hinweis: Der Kreis mit dem Radius 1 LE
             heißt **Einheitskreis.**

Der Winkel liegt zwischen 90° und 180°

Z. B.: $\alpha = 150°$
$\sin (150°)$ wird festgelegt als die Länge der blau
markierten Strecke.
Es gilt: $\sin (150° = \sin 30° = 0,5$

Der Winkel liegt zwischen 180° und 210°

Z. B.: $\alpha = 210°$

Es gilt: $\sin 210° = - \sin (30) = - 0,5$

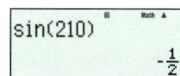

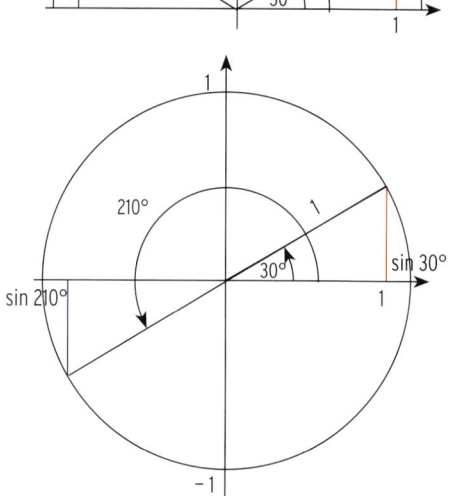

Aufgaben

1   Berechnen Sie mit einem Hilfsmittel. Runden Sie ggf. auf 2 Dezimalen.

a) $\sin 145°$ b) $\sin 225°$ c) $\sin 312,5°$

d) $\sin 170°$ e) $\sin 320°$ f) $\sin (-30°)$

Schaubild mit y = sin α

Der Zusammenhang zwischen dem Winkel α und y = sin α lässt sich im Koordinatensystem darstellen.

Beispiel

➲ Gegeben ist das Schaubild K mit y = sin α.
  Erstellen Sie eine Wertetabelle für K mit 0° ≤ α ≤ 360°
  Zeichnen Sie K in ein Koordinatensystem ein.

Lösung

α	0°	15°	30°	45°	60°	75°	90°	180°	195°	210°
y = sin α	0	0,26	0,5	0,71	0,87	0,97	1	0	− 0,26	− 0,5

Schaubild mit y = sin α für
0° ≤ α ≤ 360°

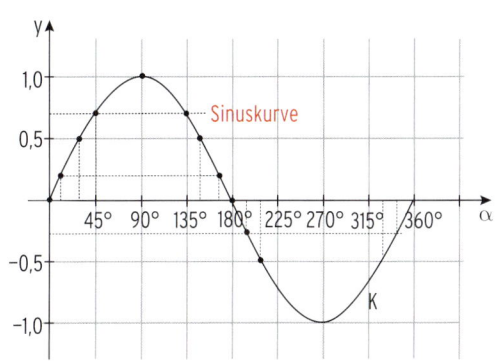

Schaubild
mit y = sin α gezeichnet für
− 540° ≤ α ≤ 540°

Eigenschaften
· Amplitude: 1
· Periode: 360°
· sin 0° = sin 180° = sin 360° = 0

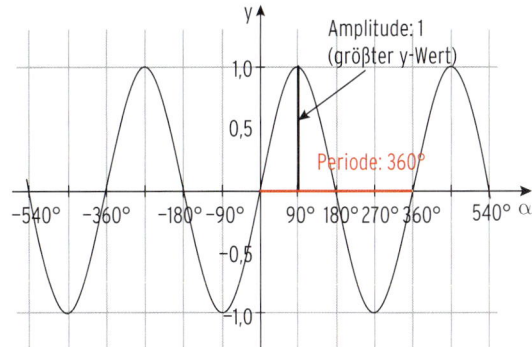

Aufgaben

1 Zeichnen Sie das Schaubild K mit y = sin α; − 450° ≤ α ≤ 450° mithilfe einer Schablone.

VIII   Prüfungsvorbereitung

Aufgabe 1

A. Gegeben sind die Geraden g und h.

   1. Zeichnen Sie die x-Achse und die
       y-Achse so ein, dass die Gerade g
       durch den Punkt A(1 | 1) geht und
       die Gerade h durch den Punkt B(− 2 | − 1).

   2. Geben Sie die Gleichungen der
       beiden Geraden an.

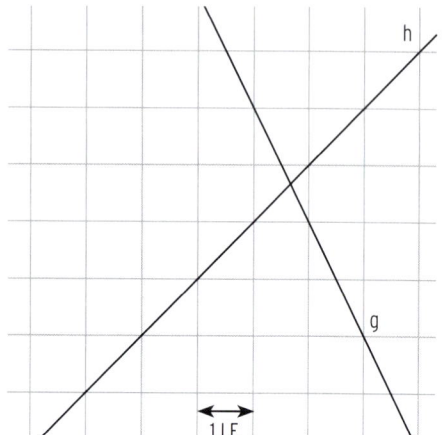

B. Gegeben ist das folgende Schaubild.

   1. Berechnen Sie den Flächeninhalt
       des Fünfecks OABCD.

   2. Bestimmen Sie tan α.

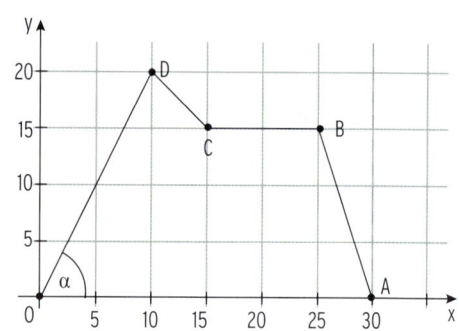

C. Zwei Brüder, die sich in ihrem Alter um sieben Jahre unterscheiden, sind zusammen
39 Jahre alt. Wie alt ist der jüngere Bruder?

D. Eine senkrechte quadratische Pyramide hat die Grundkante a = 4 cm und die
Seitenkante s = 5 cm.

   1. Berechnen Sie die Diagonale d der Grundfläche und die Höhe h der Pyramide.

   2. Berechnen Sie das Volumen V.

   3. Berechnen Sie den Winkel, der von der Diagonalen d und der Seitenkante s
       eingeschlossen wird.

Aufgabe 2

A. Gegeben sind die Geraden g_1, g_2 und g_3 mit

g_1: $y = -x + 4$

g_2 verläuft parallel zur x-Achse durch den Punkt A(2 | − 1)

g_3 verläuft durch B(− 2 | − 3) und C(2 | 5).

1. Zeichnen Sie die drei Geraden in ein Koordinatensystem ein.

2. Berechnen Sie den Steigungswinkel der Geraden g_3.

3. Bestimmen Sie die Gleichung von g_3.

4. Berechnen Sie den Schnittpunkt von g_1 und g_3.

5. Die Geraden g_1, g_2 und g_3 bilden ein Dreieck.

   Berechnen Sie den Flächeninhalt des Dreiecks.

B. Ersetzen Sie die Symbole durch die fehlenden Werte.

$2a^2b - 32b^3 = 2b(a + \triangle)(a - \square)$

C. Zwei Stäbe verschiedener Länge stehen senkrecht im Abstand von d_1 = 30 cm zueinander auf dem Boden. Der kleinere Stab ist l_1 = 40 cm lang. Ein schräg einfallender Lichtstrahl berührt beide Stäbe am oberen Ende und trifft d_2 = 60 cm vom kleineren Stab entfernt auf dem Boden auf.
Konstruieren und berechnen Sie die Länge l_2 des größeren Stabes
(Konstruktion im Maßstsb 1 : 10).

D. Der Körper in nebenstehender Abbildung besteht aus einem Zylinder und einem aufgesetzten Kegel. Der Radius r der kreisförmigen Grundfläche beträgt 3 cm. Die Höhe des Zylinders h_z beträgt 8 cm, die Höhe des Kegels h_K beträgt 5,5 cm.

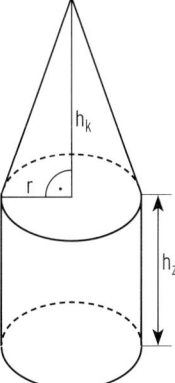

1. Berechnen Sie das Volumen des gesamten Körpers.

2. Auf den unveränderten Zylinder soll ein anderer Kegel passgenau aufgesetzt werden.

   Welche Höhe muss der neue Kegel haben, damit das Volumen des gesamten Körpers 295 cm^3 beträgt?

Aufgabe 3

A. In der Abbildung sind die Gerade g
und die Parabel p dargestellt.

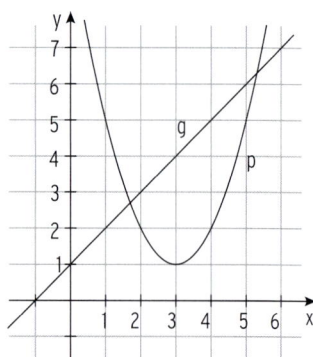

1. Bestimmen Sie eine Gleichung
   von g und von p.

2. Berechnen Sie die Koordinaten der
   Schnittpunkte von p und g.

3. Die Gerade h ist parallel zu g
   und berührt die Parabel p.
   Bestimmen Sie mithilfe einer Zeichnung
   den Berührpunkt und die Gleichung von h.

4. Die Parabel p und die Gerade g schließen im 1. Feld eine Fläche ein.
   Schüler eines Gymnasiums haben verschiedene Ergebnisse für den Inhalt dieser
   Fläche ermittelt: $A_1 = -4{,}5$; $A_2 = 3{,}4$; $A_3 = 7{,}8$; $A_4 = 14{,}3$.
   Welche Ergebnisse können nicht richtig sein? Begründen Sie Ihre Vermutung.

B. Eine halbkugelförmige Schale soll 500 ml
Flüssigkeitsmenge fassen.
Berechnen Sie den Innendurchmesser der Schale.

C. Bei Erkrankungen der Atemwege verwendet man z. B. Sprays, bei denen mit jedem
Sprühstoß dieselbe Menge Wirkstoff abgegeben wird. Eine Spraydose enthält
eine Lösung mit $6{,}3 \cdot 10^{-2}$ g Wirkstoff. Der Inhalt soll für 450 Sprühstöße reichen.

1. Wie viel Milligramm (mg) Wirkstoff sind in einem Sprühstoß enthalten?

2. Bei jedem Sprühstoß werden $3{,}6 \cdot 10^8$ Wirkungspartikel freigegeben.
   Welche Masse hat ein derartiges Partikel?

Aufgabe 4

A. Eine ägyptische Pyramide hat eine quadratische Grundfläche mit der Seitenlänge
a = 106 m und ist 62 m hoch.

  1. Berechnen Sie die Länge einer Seitenkante.

  2. Berechnen Sie den Inhalt der in der Skizze fett umrandeten Fläche.

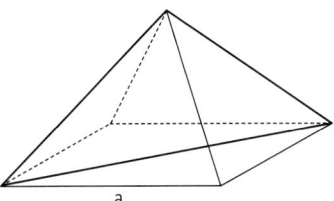

B. Die Parabel p hat den Scheitelpunkt S(3 | − 4) und schneidet die x-Achse in x_1 = 1.

  1. Zeichnen Sie p in ein Koordinatensystem ein.

  2. Bestimmen Sie die zweite Schnittstelle von p mit der x-Achse.

  3. Geben Sie eine Gleichung von p an.

  4. Spiegeln Sie p an der x-Achse.

      Welche Punkte bleiben bei der Spiegelung unverändert?

C. Um die Strecke x in einem unwegsamen Gelände zu bestimmen, werden die Strecken
a, b, und c gemessen (vgl. Skizze). Die Strecken a und c sind parallel.

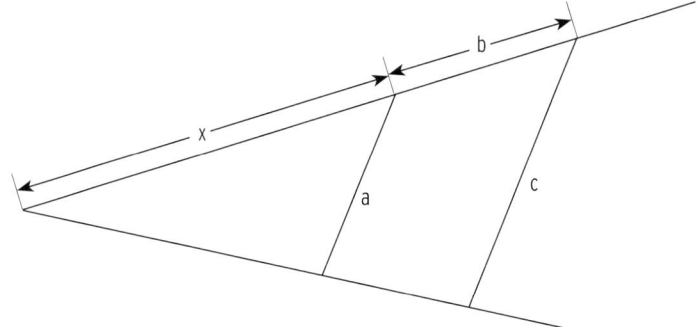

Dabei ist a = 300 m, b = 250 m und c = 400 m.
Berechnen Sie x.

Aufgabe 5   (Zwei Seiten)

A. Gegeben sind die vier Parabelgleichungen durch:

p_1: $y = x^2 + 1$ $\qquad\qquad\qquad$ p_2: $y = (x - 1)^2 - 2$

p_3: $y = x^2 + 4x + 5$ $\qquad\qquad$ p_4: $y = 2x^2 - 2$

Die gezeichneten Gitternetzlinien dienen der Orientierung. Sie sagen nichts über die

Lage des Koordinatensystems und den verwendeten Maßstab aus.

Passen Sie die einzelnen Koordinatensysteme den gegebenen Parabeln an.

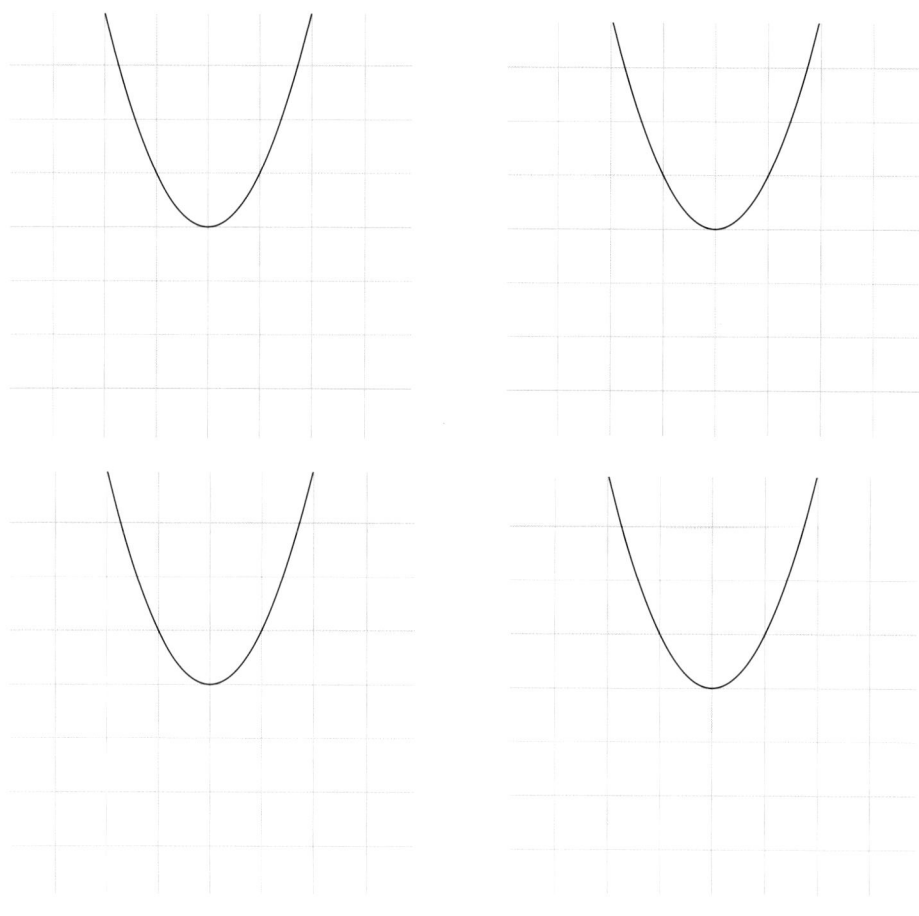

B.   Die Abbildung zeigt den Eingang eines 3,5 km
langen Eisenbahntunnels.
Wieviel Kubikmeter Erdmaterial wurden beim Bau
des Tunnels abgefahren?

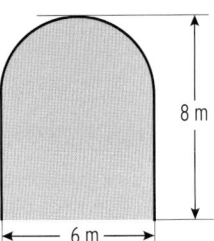

C. Gegeben ist das nebenstehende Schaubild

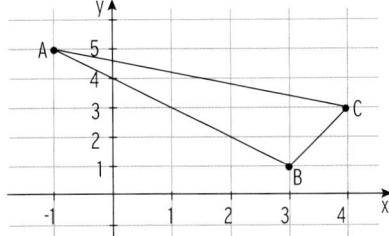

1.   Bestimmen Sie die Koordinaten

der Punkte A, B und C.

2.   Geben Sie die Geradengleichungen

der Dreiecksseiten an.

3.   Bestimmen Sie den Inhalt und den Umfang

des Dreiecks ABC.

Die erforderlichen Längen dürfen nicht gemessen werden, sondern sind mithilfe

der Koordinaten zu bestimmen.

4.   Geben Sie die Koordinaten eines Punktes D an, sodass das Viereck ABCD

ein Parallelogramm ist.

IX Anhang

1 Lösungen der Modellierungen und Tests

Modellierung einer Situation
Lehrbuch Seite 11

a) Umfang = 400: $x + 80 + 80 = 400$

$x = 240$

Die Länge beträgt 240 m.

b) Umfang = 400: $x + 2a = 400$

Term für x: $x = 400 - 2a$

Sinnvolle Werte für x: $0 < x < 400$

c) Umfang = 400: $x + 2a = 400$

Mit x = 2a: $2a + 2a = 400$
$4a = 400$

a-Wert: $a = 100$
x-Wert: $x = 2a = 2 \cdot 100 = 200$

Flächeninhalt: A = a · x $A = 100 \cdot 200 = 20000$

Der Flächeninhalt beträgt 20000 m².

d) Zusätzliches Gesamtgewicht: $\frac{1}{4}t + \frac{2}{3}t + \frac{1}{5}t = \frac{15}{60}t + \frac{40}{60}t + \frac{12}{60}t = \frac{67}{60}t > 1\,t$

Der Anhänger ist überladen.

Test zur Überprüfung Ihrer Grundkenntnisse
Lehrbuch Seite 47

1 $T_1 = -2x^2 - 16x - 32$ $T_2 = -2(x^2 + 8x + 16) = -2x^2 - 16x - 32$

2

a) $(a + 3)(a - 4) = a^2 - a - 12$

b) $(3x - 4)(3 + x) = 3x^2 + 5x - 12$

c) $5(1 - 2a)(a + 2) = 5(-2a^2 - 3a + 2) = -10a^2 - 15a + 10$

3

a) $(x + 6)^2 = x^2 + 12x + 36$

b) $(4u - 3)^2 = 16u^2 - 24u + 9$

c) $2(x + 8)(x - 8) = 2(x^2 - 64) = 2x^2 - 128$

4

a) $5^4 \cdot 5^3 = 5^{4+3}$ richtig

b) $5^7 = 5^4 + 5^3$ falsch $5^7 = 5^4 \cdot 5^3$

c) $5^7 = (5^4)^3$ falsch $(5^4)^3 = 5^{4 \cdot 3} = 5^{12} \neq 5^7$

5

a) $4x^3 \cdot 2x^2 + 5x^4 \cdot x - 6\,\frac{x^7}{x^2} = 8x^5 + 5x^5 - 6x^5 = 7x^5$

b) $a^2 \cdot b^3 \cdot c^4 - 7a \cdot b \cdot b^2 \cdot c - 8\,\dfrac{a^3 \cdot b^5 \cdot c^5}{a \cdot b^2 \cdot c} = a^2 \cdot b^3 \cdot c^4 - 7a \cdot b^3 \cdot c - 8a^2 \cdot b^3 \cdot c^4$

$= -7a \cdot b^3 \cdot c - 7a^2 \cdot b^3 \cdot c^4$

6 $\quad \dfrac{\triangle}{16b} = \dfrac{5a}{4b} = \dfrac{30a^2}{\bigcirc} = \dfrac{25a}{\square}$

$\dfrac{20a}{16b} = \dfrac{5a}{4b} = \dfrac{30a^2}{24ab} = \dfrac{25a}{20b}$

$\triangle = 20a; \quad \bigcirc = 24ab; \quad \square = 20b$

7

a) $424178 = 4{,}24178 \cdot 10^5$ b) 3,9 Millionen $= 3{,}9 \cdot 10^6$ c) $650\,000 = 6{,}5 \cdot 10^5$

d) $0{,}0007 = 7 \cdot 10^{-4}$ e) $0{,}0000008 = 8 \cdot 10^{-7}$ f) $\dfrac{1}{1000} = 10^{-3}$

8

a)

n-ter Aufprall	0	1	2	3	4	5
Höhe h nach dem n-ten Aufprall in m	1 $= 0{,}9^0$	0,90 $= 0{,}9^1$	0,81 $= 0{,}9^2$	0,729 $= 0{,}9^3$	0,6561 $= 0{,}9^4$	0,5905 $= 0{,}9^5$

b) Höhe h nach dem 8-ten Aufprall: $h = 0{,}9^8 = 0{,}430$

Die Höhe nach dem 8-ten Aufprall beträgt 43 cm

c) $h = 0{,}9^{11} = 0{,}314 > 0{,}3$

Die Behauptung ist falsch.

d) $h = 0{,}9^n$

Modellierung einer Situation
Lehrbuch Seite 48

a) Vergleich der Angebote

Angebot A

Zinsen: Z = 281,25 €

Angebot B

Zinsen: $Z_1 = \dfrac{K \cdot p \cdot t}{100 \cdot 12} = \dfrac{30000\ € \cdot 2,5 \cdot 3}{100 \cdot 12} = 187,50\ €$

$Z_2 = \dfrac{K \cdot p \cdot t}{100 \cdot 12} = \dfrac{30000\ € \cdot 2 \cdot 2}{100 \cdot 12} = 100,00\ €$

Insgesamt: $Z = Z_1 + Z_2 = 187,50\ € + 100,00\ € = 287,50\ €$

Angebot C

Zinsen: $Z_1 = \dfrac{K \cdot p \cdot t}{100 \cdot 12} = \dfrac{20000\ € \cdot 2,75 \cdot 5}{100 \cdot 12} = 229,17\ €$

$Z_2 = \dfrac{K \cdot p \cdot t}{100 \cdot 12} = \dfrac{10000\ € \cdot 2 \cdot 5}{100 \cdot 12} = 83,33\ €$

Insgesamt: $Z = Z_1 + Z_2 = 229,17\ € + 83,33\ € = 312,50\ €$

Die Familie Cerone sollte das Angebot A annehmen.

b) Die Formel $Z = \dfrac{K \cdot p \cdot t}{100 \cdot 12}$ nach p umstellen: $p = \dfrac{Z \cdot 100 \cdot 12}{K \cdot t}$

Werte einsetzen: $p = \dfrac{281,25\ € \cdot 100 \cdot 12}{30000\ € \cdot 5} = 2,25$

Der Zinssatz beträgt 2,25 %.

c) Längenangaben in m

Breite: x   Die Länge ergibt sich aus x + 4

Flächeninhalt A = 180: $x \cdot (x + 4) = 180$

Quadratische Gleichung: $x^2 + 4x - 180 = 0$

abc-Formel: $x_{1|2} = \dfrac{-b \pm \sqrt{b^2 - 4ac}}{2a}$

Mit a = 1, b = 4 und c = −180: $x_{1|2} = \dfrac{-4 \pm \sqrt{4^2 - 4 \cdot 1 \cdot (-180)}}{2 \cdot 1}$

$x_{1|2} = \dfrac{-4 \pm \sqrt{736}}{2}$

$x_1 = 11,56$ $(x_2 = -15,56)$

Breite: 11,56; Länge: 11,56 + 4 = 15,56

Die Breite des Bauplatzes ist 11,56 m, die Länge 15,56 m.

Test zur Überprüfung Ihrer Grundkenntnisse
Lehrbuch Seite 82

1

a) $x = \dfrac{19}{4}$ b) $x = 4$ c) $x = -\dfrac{36}{7}$ d) $x = -7$

e) $x = 1$ f) $x = \dfrac{14}{5}$ g) $x = \dfrac{49}{17}$ h) $x = 6$

2

a) $x_{1|2} = \pm 3$ b) $x_1 = -4$; $x_2 = 1$ c) $x_{1|2} = 4$ d) $x_1 = 0$; $x_2 = 5$

3

a) Die Umformung ist falsch.   Die Zeichen in der Klammer wurden nicht alle umgedreht.

Lösen der Gleichung:

$3 - (5 - 2x) = 6x + (12 - x)$

$3 - 5 + 2x = 6x + 12 - x$

$x = -\dfrac{14}{3}$

b) Die Umformung ist falsch. -1 wurde nicht durch 4 geteilt.

Lösen der Gleichung:

$4(1 - 5x) = 5x - 1$ $| : 4$

$1 - 5x = \dfrac{5}{4}x - \dfrac{1}{4}$

$\dfrac{5}{4} = \dfrac{25}{4}x$

$\dfrac{1}{5} = x$

Alternative:

$4(1 - 5x) = 5x - 1$

$4 - 20x = 5x - 1$

$5 = 25x$ $| : 25$

$\dfrac{1}{5} = x$

4

a) $L = \{\dfrac{5}{16}\}$ b) $D = \mathbb{R} \backslash \{2\}$; $15 = x - 2$; $L = \{17\}$

5 Umformung:

$s = \dfrac{1}{2}at^2 + b$ $| - b$

$s - b = \dfrac{1}{2}at^2$ $| \cdot 2$

$2s - 2b = at^2$ $| : t^2$

$\dfrac{2s - 2b}{t^2} = a$

6 $h = \dfrac{V}{\pi\, r^2}$ $r = \sqrt{\dfrac{V}{\pi \cdot h}}$

7

a) $x_1 = 3$ einsetzen: $3^2 + 10 \cdot 3 + \Box = 0$

$\Box = -39$

b) Quadratische Gleichung: $x^2 + 10x - 39 = 0$

Lösungen: $x_1 = 3$; $x_2 = -13$

Die weitere Lösung ist -13.

17 Bohner u.a. - ISBN 978-3-8120-0119-9

Modellierung einer Situation
Lehrbuch Seite 83

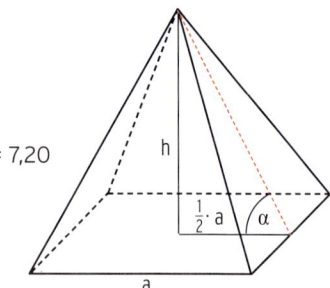

a) Volumenformel:

$$V = \frac{1}{3} a^2 \cdot h$$

Umstellen nach h:

$$h = \frac{3 \cdot V}{a^2}$$

Werte einsetzen:

$$h = \frac{3 \cdot 86{,}4}{6^2} = 7{,}20$$

Die Spitze liegt in einer Höhe von 7,20 m.

b)

$$\tan \alpha = \frac{h}{\frac{1}{2} \cdot a} = \frac{7{,}20}{\frac{1}{2} \cdot 6} = 2{,}4$$

$$\alpha = 67{,}38°$$

c) Volumenformel (Halbkugel):

$$V_H = \frac{1}{2} \cdot \frac{4}{3} \pi r^3 = \frac{2}{3} \pi r^3$$

Werte einsetzen:

$$V_H = \frac{2}{3} \pi \cdot 3{,}88^3 = 122{,}34$$

Vergleich der Volumina:

$$\frac{V_H}{V} = \frac{122{,}34}{86{,}4} = 1{,}42$$

Das Volumen der Halbkugel würde um 42 % vom Pyramidenvolumen abweichen.

d) Oberfläche der Halbkugel:

$$O_H = \frac{1}{2} \cdot 4\pi r^2 = 2\pi r^2$$

Werte einsetzen:

$$O_H = 2\pi \cdot 3{,}88^2 = 94{,}59$$

Kosten:

$$75 \cdot 94{,}59 = 7094{,}25 \quad \textit{Einheiten: } \frac{€}{m^2} \cdot m^2 = €$$

Man müsste mit 7094,25 € Kosten rechnen.

Test zur Überprüfung Ihrer Grundkenntnisse
Lehrbuch Seite 138

1 Begründung
Die Eckpunkte des Dreiecks ABC befinden sich auf
einem Kreis und die Grundseite geht duch den Mittelpunkt des Kreises.
Der Winkel ∢ ACB ist ein rechter Winkel.

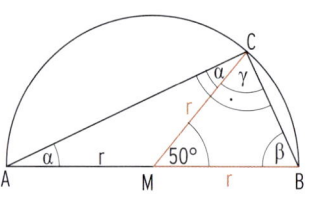

Winkelberechnung
Das Dreieck MBC ist ein gleichschenkliges Dreieck mit dem Schenkel r: $\beta = \gamma$
Die Summe der Innenwinkel im Dreieck beträgt 180°: $50° + \beta + \gamma = 180°$
Mit $\beta = \gamma$: $50° + 2\gamma = 180°$
   $2\gamma = 130° \qquad | : 2$
   $\gamma = 65°$
Das Dreieck AMC ist ein gleichschenkliges Dreieck mit dem Schenkel r.
Der Winkel bei C ist ein rechter: $\alpha + \gamma = 90°$
Winkel α: $\alpha = 90° - \gamma = 90° - 65° = 25°$
Ergebnis: $\alpha = 25°; \ \beta = \gamma = 65°$

2 2. Strahlensatz: $\qquad\qquad\qquad\qquad\dfrac{\overline{CD}}{\overline{BE}} = \dfrac{\overline{AC}}{\overline{AB}}$

Umformung: $\qquad\qquad\qquad\qquad\overline{CD} = \dfrac{\overline{AC}}{\overline{AB}} \cdot \overline{BE}$

Werte einsetzen: $\qquad\qquad\qquad\overline{CD} = \dfrac{90}{30} \cdot 14 = 42$

Der See ist 42 m breit.

3

a) Höhe des Tunnels in m: $\qquad\qquad\qquad r = 6$

Grundfläche (Querschnittsfläche): $\qquad G = \dfrac{1}{2} \cdot \pi \cdot 6^2 = 56{,}55$

Länge des Tunnels: $\qquad\qquad\qquad l = \dfrac{V}{G} = \dfrac{11304}{56{,}55} = 199{,}89$

Der Tunnel ist 6 m hoch und hat eine Länge von 199,89 m.

b) Fläche (Mantelfläche): $\qquad\qquad A = \dfrac{1}{2} M = \dfrac{1}{2} \cdot 2\,\pi\,r \cdot \ell = \pi\,r \cdot \ell$

Werte einsetzen: $\qquad\qquad\qquad A = \pi \cdot 6 \cdot 199{,}89 = 3767{,}84$

Es sind ca. 3768 m^2 zu bestreichen.

4 Volumenformel (Halbkugel): $\qquad\qquad V_H = \dfrac{1}{2} \cdot \dfrac{4}{3} \pi\,r^3 = \dfrac{2}{3}\pi\,r^3$

Umformung nach r: $\qquad\qquad\qquad r^3 = \dfrac{3 \cdot V_H}{2 \cdot \pi}$

3-te Wurzel ziehen: $\qquad\qquad\qquad r = \sqrt[3]{\dfrac{3 \cdot V_H}{2 \cdot \pi}}$

Werte einsetzen (262 mℓ = 262 cm^3): $\quad r = \sqrt[3]{\dfrac{3 \cdot 262}{2 \cdot \pi}} = 5{,}00$

Der Radius beträgt 5 cm.

Volumen des Zylinders: $\qquad\qquad V = \pi\,r^2 h = \pi \cdot 5^2 \cdot 17 = 1335{,}18$

Der Zylinder hat ein Volumen von ca. 1335 cm^3 = 1,335 ℓ.

5 Die Höhe der Pyramide

erhält man aus: $\qquad\qquad \tan 60° = \dfrac{h_P}{2{,}25}$

Auflösen nach h_P: $\qquad\qquad h_P = 2{,}25 \cdot \tan 60°$

$\qquad\qquad\qquad\qquad h_P = 3{,}90$

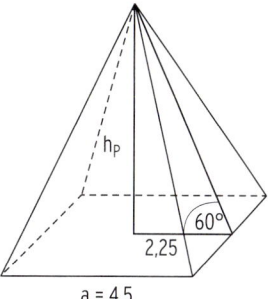

Das Dach des Kirchturms hat die Höhe 3,90 m.

Die Mauern des Kirchturms sind 9 m hoch.

Der Kirchturm hat dann eine Gesamthöhe von 12,90 m.

Modellierung einer Situation
Lehrbuch Seite 139

Baumdiagramm

d: Dichtung ist dedekt.

$\overline{d}$: Dichtung ist einwandfrei (nicht defekt).

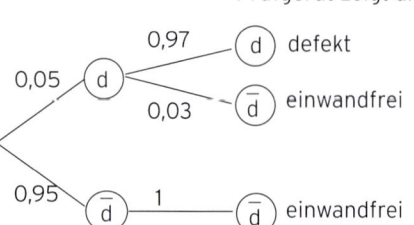

Prüfgerät zeigt an:

0,97 (d) defekt

0,05 (d)

0,03 $(\overline{d})$ einwandfrei

0,95 $(\overline{d})$ 1 $(\overline{d})$ einwandfrei

A: d d

$P(A) = 0{,}05 \cdot 0{,}97 = 0{,}0485$

B: d $\overline{d}$ oder $\overline{d}$ $\overline{d}$

$P(B) = 0{,}05 \cdot 0{,}03 + 0{,}95 = 0{,}9515$

Mit dem Gegenereignis: $B = \overline{A}$

$P(B) = P(\overline{A}) = 1 - P(A) = 1 - 0{,}0485 = 0{,}9515$

Kosten: $20\ ct \cdot 0{,}0485 + 2\ ct \cdot 0{,}9515 = 2{,}873\ ct.$

Die zu erwartenden Kosten pro Dichtung betragen ca. 2,87 ct.

Test zur Überprüfung Ihrer Grundkenntnisse
Lehrbuch Seite 163

1

a) A: 1 2 oder 2 1; $P(A) = 2 \cdot (\frac{1}{5})^2 = \frac{2}{25} = 0{,}08$

b) B: 1 2 oder 2 1; $P(B) = 2 \cdot \frac{1}{5} \cdot \frac{1}{4} = \frac{1}{10} = 0{,}1$

c) C = B; $P(C) = P(B) = 0{,}1$

2 d: Ventil ist defekt; p = 0,031
    $\overline{d}$: Ventil ist einwandfrei; p = 0,969
    Zweimal Ziehen mit Zurücklegen
    $P(A) = P(\overline{d}\ \overline{d}) = 0{,}969 \cdot 0{,}969 = 0{,}939$
    $P(B) = P(d\ \overline{d}\ \text{oder}\ \overline{d}\ d) = 2 \cdot 0{,}031 \cdot 0{,}969 = 0{,}060$

3

a) Zweimal Ziehen ohne Zurücklegen

$P(A) = P(r\ r\ \text{oder}\ w\ w\ \text{oder}\ b\ b) = \frac{10}{30} \cdot \frac{9}{29} + \frac{15}{30} \cdot \frac{14}{29} + \frac{5}{30} \cdot \frac{4}{29} = \frac{32}{87} \approx 0{,}368$

b) $P(b) = \frac{5}{30} = \frac{1}{6}$

$P(B) = P(b\ b\ \text{oder}\ \overline{b}\ b) = \frac{5}{30} \cdot \frac{4}{29} + \frac{25}{30} \cdot \frac{5}{29} = \frac{1}{6}$

Die Ereignisse sind gleich wahrscheinlich.

4

Testergebnis ist

a) Baumdiagramm

d: gedopt
p: Testergebis ist positiv.
$\overline{p}$: Testergebnis ist nicht positiv, d. h. Testergebnis ist negativ.

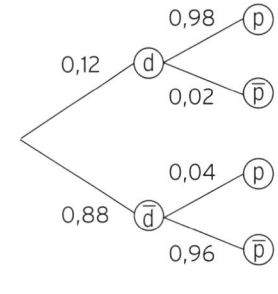

b) $P(E_1) = 0,12 \cdot 0,98 = 0,1176$
$P(E_2) = 0,88 \cdot 0,04 = 0,0352$
$P(E_3) = 0,12 \cdot 0,02 + 0,88 \cdot 0,96 = 0,8472$

5 Erwartungswert für den ausbezahlten Betrag

$2\,€ \cdot 0,1 + 5\,€ \cdot 0,05 + 10\,€ \cdot 0,01 = 0,55\,€ \neq 1\,€$
Die Tombola ist nicht fair.

Modellierung einer Situation
Lehrbuch Seite 164

a) Tarif „one": $y = 0,30x + 5$ Tarif „more": $y = 0,25x + 15$

Hinweis: Cent umrechnen in €, damit man die gleichen Einheiten hat.

30 Cent = 0,30 €; 25 Cent = 0,25 €

b) Schaubild

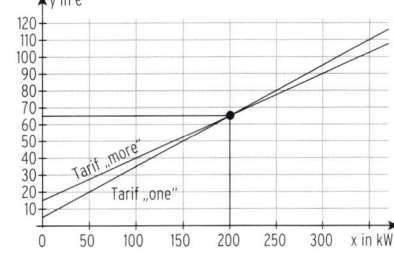

c) Aus dem Schaubild ablesen:

Ab einem Verbrauch von 200 kWh

wird der Tarif „more" günstiger als
der Tarif „one".

Die Kosten betragen 65 €.

Rechnerisch:

y-Werte gleichsetzen:

$0,30x + 5 = 0,25x + 15$	$\mid -0,25x$
$0,05x + 5 = 15$	$\mid -5$
$0,05x = 10$	$\mid : 0,05$
$x = 200$	

Einsetzen von x = 200 in eine der beiden

Gleichungen z. B. $y = 0,30x + 5$ ergibt: $y = 0,30 \cdot 200 + 5 = 65$

d) Kosten pro Monat bei 250 kWh bisher: $y = 0,25 \cdot 250 + 15 = 77,50$

Neue Gleichung mit 20 € Grundpreis: $y = mx + 20$

Die Kosten bleiben beim neuen Tarif gleich, also betragen sie 77,50 €.

Kosten 77,50 € bei 250 kWh:	$77,50 = m \cdot 250 + 20$	$\mid -20$
(Punktprobe mit P(250 $\mid$ 77,50))	$57,50 = m \cdot 250$	$\mid : 250$
	$0,23 = m$	

Der neue Preis beträgt 23 Cent pro kWh.

Test zur Überprüfung Ihrer Grundkenntnisse
Lehrbuch Seite 197

1

a) $S_x(1,5 \mid 0)$; $S_y(0 \mid -1)$ **b)** $S_x(2,5 \mid 0)$; $S_y(0 \mid 5)$ **c)** kein S_x; $S_y(0 \mid -3)$

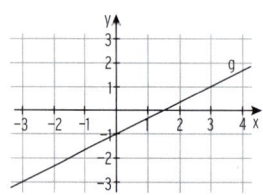   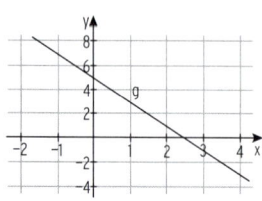   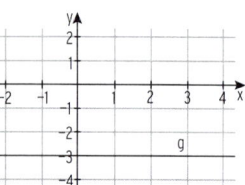

2   g: $y = \frac{3}{8}x + 1$

a) Achsenschnittpunkte

mit der y-Achse: $S_y(0 \mid 1)$

mit der x-Achse: $y = 0$ $\frac{3}{8}x + 1 = 0$

$\frac{3}{8}x = -1$

$x = -\frac{8}{3}$

Schnittpunkt: $S_x\left(-\frac{8}{3} \middle| 0\right)$

Zeichnung:

b) Punktprobe: $-6 = \frac{3}{8}(-18) + 1$

$-6 = -5,75$ falsch

P liegt nicht auf der Geraden g.

c) Zu g parallele Gerade h: $y = \frac{3}{8}x + b$

h schneidet die x-Achse in x = 3: $0 = \frac{3}{8} \cdot 3 + b$

$b = -\frac{9}{8}$

Gleichung von h: $y = \frac{3}{8}x - \frac{9}{8}$

3 Geradengleichungen

g: $y = -\frac{3}{2}x + 2$

h: $y = \frac{1}{3}x - 1$

Schnittpunkt von g und h

$S(1,64 \mid -0,45)$

4 Die Gerade geht durch die Punkte
A $(4 \mid -1)$ und B $(-1 \mid 3)$.

Steigung: $m = \frac{3 - (-1)}{-1 - 4} = -\frac{4}{5}$

Einsetzen von A $(4 \mid -1)$ in $y = -\frac{4}{5}x + b$ ergibt: $-1 = -\frac{4}{5} \cdot 4 + b$ $\left| + \frac{16}{5} \right.$

$b = \frac{11}{5}$

Gleichung: $y = -\frac{4}{5}x + \frac{11}{5}$

5 Geradengleichung: $\qquad$ $y = 280 - 15\,x$

Zeit x in Monaten; Verbleibender Betrag y in €

Schnittstelle mit der x-Achse: $\qquad$ $0 = 280 - 15\,x$

$$280 = 15\,x$$

$$\frac{280}{15} = x$$

$$x = 18,7$$

Schnittpunkt mit der x-Achse: $\qquad$ $S_x(18,7 \mid 0)$

Bedeutung: Nach 18,7 Monaten, (also 18 Monatsraten + Restzahlung) ist das Darlehen zurückbezahlt.

6

a) Tarif 1: $y = 24{,}99$; y in €.

Tarif 2: $y = 14{,}99 + 0{,}09\,x$; x in Minuten, y in €.

b) Schnittstelle berechnen: $\qquad$ $24{,}99 = 14{,}99 + 0{,}09\,x$

$$0{,}09\,x = 10$$

$$x = 111{,}1$$

Wenn Sie 111 Minuten telefonieren, sind die Kosten gleich.

Wenn Sie 100 Minuten telefonieren, wählen Sie Tarif 2.

Wenn Sie 200 Minuten telefonieren, wählen Sie Tarif 1.

Modellierung einer Situation
Lehrbuch Seite 198

Anzahl der Motorboote ist x; Anzahl der Elektroboote ist y.

Gesamtzahl der Boote ist 37: $\qquad$ $x + y = 37$

Einnahmen betragen 1220 €: $\qquad$ $40x + 30y = 1220$

Lösung des linearen Gleichungssystems: $\qquad$ $x = 11;\ y = 26$

Der Bootsausleiher besitzt 11 Motorboote und 26 Elektroboote.

Modellierung einer Situation
Lehrbuch Seite 208

a) Der Scheitelpunkt liegt auf der y-Achse.

Der Bogen ist 192 m hoch.

Scheitelpunkt $S(0 \mid 192)$

Die x-Achse verläuft auf der Höhe des Bodens.

Der Abstand der x-Achsenschnittpunkte beträgt 192 m.

Ansatz mit Symmetrie zur y-Achse: $\qquad$ $y = ax^2 + 192$

Punktprobe mit $S_{x_1}(96 \mid 0)$ oder $S_{x_2}(-96 \mid 0)$: $\quad 0 = a \cdot 96^2 + 192$

$$a = -\frac{1}{48}$$

Gleichung der Parabel: $\qquad$ $y = -\frac{1}{48}\,x^2 + 192$

b) 45° entspricht m = 1.

Ansatz für die Geradengleichung:	$y = x + b$
Punktprobe mit F(− 96 | 0):	$0 = -96 + b$
	$b = 96$
Geradengleichung:	$y = x + 96$

Schnittpunkte von Parabel und Gerade

y-Werte gleichsetzen:	$-\frac{1}{48}x^2 + 192 = x + 96$
Quadratische Gleichung in Nullform:	$-\frac{1}{48}x^2 - x + 96 = 0$
Lösungen der Gleichung:	$x_1 = 48; \ x_2 = -96$
y-Wert des Schnittpunktes:	$y = 48 + 96 = 144$

Der Lichtstrahl trifft den Bogen in einer Höhe von 144 m.

Test zur Überprüfung Ihrer Grundkenntnisse
Lehrbuch Seite 241

1 $p_1: y = (x + 3)^2 + 1$ $p_2: y = (x - 2)^2$ $p_3: y = -2x^2 + 4$

Die Parabeln p_1 und p_2 können mit der Schablone gezeichnet werden.

Schnittpunkte von p_2 und p_3: $S_1(0 \mid 4)$; $S_2(\frac{4}{3} \mid \frac{4}{9})$

2   S(3 | 2) $y = (x - 3)^2 + 2$

3

a) $S_{x_1}(-6 \mid 0)$; $S_{x_2}(4 \mid 0)$

b) $S_{x_{1|2}}(4 \mid 0)$

c) $S_{x_1}(0 \mid 0)$; $S_{x_2}(6 \mid 0)$

4

a) $S_{x_1}(2 \mid 0)$; $S_{x_2}(-1 \mid 0)$ b) $S_1(-1 \mid 0)$; $S_2(3 \mid 4)$

5

a) Scheitelpunkt S(2 | − 1)

$y = (x - 2)^2 - 1$

$y = x^2 - 4x + 3$ Gleichung (3)

b) $x_1 = -1$; $y_1 = (-1 - 2)^2 - 1 = 8$ A(− 1 | 8)

$x_2 = 4$; $y_2 = (4 - 2)^2 - 1 = 3$ B(4 | 3)

Steigung m: $m = \frac{y_2 - y_1}{x_2 - x_1} = \frac{3 - 8}{4 - (-1))} = \frac{-5}{5} = -1$

Ansatz für die Geradengleichung: $y = -x + b$

Punktprobe mit B(4 | 3): $3 = -4 + b$

$b = 7$

Geradengleichung: $y = -x + 7$

c) Schnittstellen von p und p_1: $x_1 = -5$; $x_2 = 1$

2 Mathematische Zeichen

Vergleiche

$a = b$ a ist gleich b

$a \neq b$ a ist ungleich b

$a < b$ a ist kleiner als b

$a \leq b$ a ist kleiner oder gleich b

$a > b$ a ist größer als b

$a \geq b$ a ist größer oder gleich b

$a \approx b$ a ist ungefähr gleich b

$a \triangleq b$ entspricht, z. B. $1\,\text{LE} \triangleq 1\,\text{cm}$

Logische Zeichen

$a \wedge b$ a und b

$a \vee b$ a oder b

$a \Leftrightarrow b$ a gleichwertig (äquivalent) b

$a \Rightarrow b$ aus a folgt b

Mengen und Zahlen

$\mathbb{N}$ Menge der natürlichen Zahlen mit null

$\mathbb{N}^*$ Menge der natürlichen Zahlen ohne null

$\mathbb{Z}$ Menge der ganzen Zahlen

$\mathbb{Q}$ Menge der rationalen Zahlen

$\mathbb{R}$ Menge der reellen Zahlen

$\mathbb{R}^*$ Menge der reellen Zahlen ohne null $\mathbb{R}^* = \mathbb{R}\backslash\{0\}; x \in \mathbb{R}; x \neq 0$

$\mathbb{R}_+$ Menge der positiven reellen Zahlen mit null; $x \in \mathbb{R}; x \geq 0$

$\mathbb{R}_+^*$ Menge der positiven reellen Zahlen ohne null; $x \in \mathbb{R}; x > 0$

$x \in M$ x ist Element von M

$x \notin M$ x ist nicht Element von M

$\{x \in M \mid \dots\}$ Menge aller x aus M, für die gilt …

$\{a, b, c, d\}$ Menge mit den Elementen a, b, c, d

$A \subseteq B$ A ist Teilmenge von B

$A \cap B$ Schnittmenge von A und B

$A \cup B$ Vereinigungsmenge von A und B

$A \setminus B$ Differenzmenge von A und B

$\varnothing$ leere Menge

∞ unendlich

$[a; b] = \{x \in \mathbb{R} \mid a \leq x \leq b\}$

$[a; b) = \{x \in \mathbb{R} \mid a \leq x < b\}$ auch $[a; b[$

$[a; \infty) = \{x \in \mathbb{R} \mid a \leq x < \infty\}$

$|a|$ Betrag von a

a^n a hoch n; n-te Potenz von a

$\sqrt{a}$ Quadratwurzel aus a; $a \geq 0$

$\sqrt[3]{a}$ 3. Wurzel aus a; $a \geq 0$

Gleichungen

D   Definitionsbereich

L   Lösungsmenge

Geometrie

$P(x \mid y)$ Punkt P mit den Koordinaten x und y

(AB) Gerade durch A und B

AB   Strecke mit den den Endpunkten A und B

$\overline{AB}$ Länge der Strecke AB

ABC   Dreieck mit den Endpunkten A, B und C

$g \parallel h$ g ist parallel zu h

$g \perp h$ g steht senkrecht auf h

3 Geogebra-und Videoliste

Liste aller Geogebra-Dateien

Thema	Adresse	QR-Code	Seitenzahl
Binomische Formeln	mvurl.de/rnye		26
Der Potenzwert	mvurl.de/7xiw		34
Punkte in das Koordinatensystem einzeichnen	mvurl.de/5hv4		86
Satz des Thales	mvurl.de/klf3		84
Kongruenz	mvurl.de/pqvo		91
Ähnlichkeit	mvurl.de/kfct		92
Strahlensätze	mvurl.de/ucrk		94
Kegel	mvurl.de/rcyj		98
Kugel	mvurl.de/nua9		101
Zylinder, Kugel und Kegel	mvurl.de/uuar		102
Satz des Pythagoras	mvurl.de/2l3c		103
Simulation: Gesetz der großen Zahlen	mvurl.de/b2n7		147
Ursprungsgeraden einzeichnen mit Steigungsdreieck	mvurl.de/x86d		169
Geraden einzeichnen mit Steigungsdreieck	mvurl.de/prs1		172
Übung zur Geradengleichung	mvurl.de/xvlj		174
Geradengleichung aufstellen aus 2 Punkten	mvurl.de/kljk		178

Thema	Adresse	QR-Code	Seitenzahl
Geraden schneiden	mvurl.de/x3tg		187
Parabelgleichung mit den Koeffizienten a und c	mvurl.de/6jpk		213
Parabelgleichung mit Koeffizienten d und e (Scheitelform)	mvurl.de/4pjo		218
Parabelgleichung in Scheitelform mit allen Koeffizienten	mvurl.de/bj73		218
Scheitelform und allg. Form der Parabelgleichung	mvurl.de/y2oe		227
Schnitt Gerade und Parabel (Scheitelform)	mvurl.de/k769		231
Schnitt Gerade und Parabel ($y = x^2 + bx + c$)	mvurl.de/a1g7		231
Schnitt Parabel und Parabel (Scheitelform)	mvurl.de/shih		234
Schnitt Parabel und Parabel ($y = x^2 + bx + c$)	mvurl.de/hugq		234
sin und cos am Einheitskreis (für LPE Darstellung nicht-quadratischer Zusammenhänge)	mvurl.de/c4h6		246

Liste aller Videos

Thema	Adresse	QR-Code	Seitenzahl
Einführung in Geogebra	mvurl.de/1ltl		26
Zahl mal Klammer	mvurl.de/71os		23
Klammer mal Klammer	mvurl.de/x7sp		24
Bruchrechnen	mvurl.de/vbwv		31
Lineare Gleichungen	mvurl.de/kjir		52

Thema	Adresse	QR-Code	Seitenzahl
Reinquadratische Gleichungen	mvurl.de/rxqg		72
Gemischtquadratische Gleichungen	mvurl.de/7s7q		75
Satz des Thales	mvurl.de/uavk		84
Kegel	mvurl.de/kwk7		98
Kugel	mvurl.de/z6do		101
Sinus	mvurl.de/c45y		119
Kosinus	mvurl.de/12mx		123
Erwartungswert	mvurl.de/hh4w		159
Geradengleichung aufstellen aus Punkt und Steigung	mvurl.de/ikks		175
Geradengleichung aufstellen aus 2 Punkten	mvurl.de/dsc5		178
Schnitt von Geraden	mvurl.de/99yq		186
Lineares Gleichungssystem	mvurl.de/5s53		199
Parabelgleichung mit a und c	mvurl.de/vc5z		213
Parabelgleichung in Scheitelform	mvurl.de/v8u4		216
Parabel schneidet Gerade	mvurl.de/i5nt		230
Schnitt Parabel mit Parabel	mvurl.de/7zzh		234

4 Stichwortverzeichnis

W

Y

Z

Abbildungsverzeichnis

S. 33: K.-U. Hässler - Fotolia.com • **S. 34:** industrieblick - stock.adobe.com • **S. 47:** www.colourbox.de • **S. 49:** Cristian Schwier - stock.adobe.com • **S. 57:** merla - stock.adobe.com • **S. 58:** Syda Produtions- stock.adobe.com • **S. 59:** pizuttipics - Fotolia • **S. 59:** pizuttipics - Fotolia • **S. 61:** www.colourbox.de • **S. 61:** www.colourbox.de • **S. 65:** Christian Schwier - stock.adobe.com • **S. 66:** www.colourbox.de • **S. 80:** donatas1205 - stock.adobe.com • **S. 86:** www.colourbox.de • **S. 91:** chones - stock.adobe.com • **S. 91:** chones - stock.adobe.com • **S. 93:** chones - stock.adobe.com • **S. 93:** chones - stock.adobe.com • **S. 93:** chones - stock.adobe.com • **S. 93:** chones - stock.adobe.com • **S. 102:** wacomka - stock.adobe.com • **S. 102:** masterzphotofo - stock.adobe.com • **S. 106:** matimix - istock.com • **S. 113:** Constantine Pankin - www.colourbox.de • **S. 116:** chanyanut ganpanjanee - istock.com • **S. 136:** chones - stock.adobe.com • **S. 136:** chones - stock.adobe.com • **S. 136:** Yuri Schmidt - stock.adobe.com • **S. 138:** azgek - www.colourbox.de • **S. 139:** Ingo Bartussek - Fotolia.com • **S. 140:** V. Petö - adpic.de • **S. 146:** Sergey Novikov - www.colourbox.de • **S. 162:** www.colourbox.de • **S. 163:** scerpica - stock.adobe.com • **S. 194:** seanlockephotography - stock.adobe.com • **S. 197:** Paulo Vitor Martins - www.colourbox.de • **S. 198:** Daniela Stärk - www.colourbox.de • **S. 199:** Paulo Vitor Martins - www.colourbox.de • **S. 200:** Paulo Vitor Martins - www.colourbox.de • **S. 200:** Paulo Vitor Martins - www.colourbox.de • **S. 201:** Paulo Vitor Martins - www.colourbox.de • **S. 230:** Gorodenkoff - adobe.stock.com • **S. 230:** Gorodenkoff - adobe.stock.com • **S. 240:** Mikhail Olykaynen - Fotolia.com • **S. 250:** sommai - stock.adobe.com •